浙江省新型重点专业智库—宁波大学东海研究院
浙江省海洋发展智库联盟

东海海洋经济高质量发展的实践与探索

胡求光　陈琦　马劲韬 ◎著

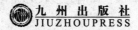

九 州 出 版 社
JIUZHOUPRESS

图书在版编目（CIP）数据

东海海洋经济高质量发展的实践与探索／胡求光，
陈琦，马劲韬著 . -- 北京：九州出版社，2023.8
　ISBN 978-7-5225-2129-9

　Ⅰ.①东… Ⅱ.①胡… ②陈… ③马… Ⅲ.①东海—
海洋经济—区域经济发展—研究—中国 Ⅳ.①P74

中国国家版本馆 CIP 数据核字（2023）第 169675 号

东海海洋经济高质量发展的实践与探索

作　　者　胡求光　陈　琦　马劲韬　著
责任编辑　李创娇
出版发行　九州出版社
地　　址　北京市西城区阜外大街甲 35 号（100037）
发行电话　（010）68992190/3/5/6
网　　址　www. jiuzhoupress. com
印　　刷　唐山才智印刷有限公司
开　　本　710 毫米×1000 毫米　16 开
印　　张　17. 5
字　　数　305 千字
版　　次　2024 年 1 月第 1 版
印　　次　2024 年 1 月第 1 次印刷
书　　号　ISBN 978-7-5225-2129-9
定　　价　98. 00 元

序 言

　　近年来，海洋经济作为我国经济发展的重要支撑和新的增长点，受到了广泛关注。蕴藏丰富资源的海洋既是人类赖以生存的"第二疆土"和"蓝色粮仓"，也是世界各国推动经济社会发展、参与国际竞争的战略要地。随着经济全球化和区域经济一体化进程持续加深，以及新冠疫情、俄乌冲突等"黑天鹅"事件陆续出现，海洋与国家战略利益、经济命脉的联系越发紧密。在世界百年未有之大变局与中华民族伟大复兴交织激荡的大背景下，作为拥有18000多千米大陆海岸线、11000余个沿海岛屿以及约300万平方千米管辖海域的海洋大国，中国充分发挥得天独厚的海洋资源优势，积极释放蓝色经济的巨大发展潜能，以掌握海洋话语权和主导权为目标，培育壮大海洋新兴产业，改造升级海洋传统产业，并在海洋生物、深海勘探、环境监测等科研重点领域统筹布局，不断夯实海洋经济高质量发展的根基，加快海洋强国建设步伐以推进中华民族的伟大复兴、助力社会主义现代化强国的全面建成。

　　作为"中国走向海洋、发展海洋的摇篮"，东海海域曲折绵长的海岸线、辽阔宽广的蓝色国土以及星罗棋布的岛周礁群为苏浙闽沪三省一市发展海洋经济提供了坚实基础，在国家海洋强国战略指引下，东海各省市地区分别根据地方禀赋特征和发展实际，针对性制定了海洋强省（强市）战略举措，如江苏根据省委省政府"全省都是沿海，沿海更要向海"决策部署，在"十四五"海洋经济发展规划中强调，打造"两带一圈"一体联动全省域海洋经济空间布局；浙江在全省第十四次党代会报告中提出"5211"海洋强省行动，明确"海洋强省"和"国际强港"两大战略目标；福建制定《加快建设"海上福建"推进海洋经济高质量发展三年行动方案（2021—2023年）》《福建省"十四五"海洋强省建设专项规划》，推进"海上福建"的战略擘画；上海在"十四五"规划中进一步表示"提升全球海洋中心城市能级，服务海洋强国战略"，着力建成国际海洋中心城市。经过社会各界的不懈努力，东海三省一市在关心海洋、认识海洋、经略海洋方面取得了一系列丰硕成果，海洋经济稳步增长、产业结构持续优化、创新驱动成效凸显、绿色转型加速推进，但随着海洋经济事业向更高阶段迈进，开发不深、保护不足、特色不显、体系不全等深层次矛盾和问题也在逐渐显现。

在"高质量发展海洋经济、加快建设海洋强国"的关键时期，宁波大学东海研究院胡求光教授领衔撰写《东海海洋经济高质量发展的实践与探索》一书，聚焦海洋经济的"先行者"与"主力军"——东海三省一市，从多维度视角出发，在细致梳理宏观背景、实践经验与发展成效的同时，深入分析短板不足、薄弱环节与突破重点，明确提出前进方向、提升路径与对策建议，以期为更好地"关心海洋、认识海洋、经略海洋"建言献策、添砖加瓦。该书以东海三省一市为着眼点，全面梳理海洋强国和海洋经济强省建设的战略擘画，系统解读海洋及相关产业新分类体系的高瞻远瞩；在深入分析东海海洋经济高质量发展水平的同时，从第一、第二、第三及生态产业视角切入，对三省一市在经略海洋过程中呈现的新特点、新态势和新成果进行提炼总结，对开发能力不足、产业层次较低、基础研究薄弱等深层次矛盾和问题展开学理分析；聚焦于政府职能的充分发挥，立足于海洋产业政策的探索实践，对海洋产业政策的演变逻辑、阶段特征和实际效用进行深度剖析，以期在复杂动荡的形势中把握前进方向，助力海洋资源禀赋的深度挖掘、产业链现代化水平的全面提升以及经济、生态和社会效益的和谐统一。该书是对东海三省一市在海洋经济强省建设方面的阶段性总结，也是对东海海洋经济"提质增效稳增长、谋篇布局启新章"的未来展望，对全面打造国家海洋经济高质量发展战略要地具有重要指导意义。学术贡献主要体现在以下三个方面：

第一，在系统梳理海洋强国战略的理念内涵、逻辑架构、关键要点等的同时，紧扣时代脉搏，把握发展大势，着眼于海洋及相关产业新分类体系的背景意义、修订原则和实质变化，从海洋经济提质增效、海洋环境持续改善、海洋科研砥砺向前三个角度，剖析新分类标准对苏浙闽沪三省一市高质量发展海洋经济的积极影响，明确指出其在驱动经济跃升、夯实生态根基、强化创新引擎上的正面效用，并聚焦于东海代表性产业——转型升级的海洋渔业、基础坚实的海洋船舶工业和潜力巨大的海洋旅游业，以海洋及相关产业分类结构调整为引，深入探讨各代表性海洋产业的未来前景和路径选择，积极探索东海海洋经济高质量发展的着力点、拉动力与突破口。该书对《海洋及相关产业分类》新旧变化的梳理归纳与提炼总结是对"向海图强，奋楫逐浪"的积极响应和对"经略海洋，逐梦深蓝"的前瞻远望，通过找准"关键点"、瞄准"发力点"、盯准"突破点"，在进一步明晰海洋事业新发展阶段内涵特征要求的同时，有力支撑海洋经济强省和海洋强国战略的稳步推进，有效填补当前关于海洋产业新分类体系的研究空缺，为新标准的准确把握和全面贯彻打下坚实的基础。

第二，基于产业结构、全要素生产率以及资源配置效率三个维度，对东海海洋经济高质量发展进行综合评价，并立足于苏浙沪闽三省一市在海洋第一、第二、第三及生态产业上的探索实践、建设成效、现实挑战及发展路径，明确提出应以提质增效为引、以绿色环保为要、以科技创新为核，驱动海洋渔业转型升级、行稳致远；着力强调应响应"蓝色经济"产业结构换挡提质要求，推动海洋第二产业突破"高消耗、高排放"传统模式的桎梏，向高端化、高效化、绿色化稳步迈进；清晰指出东海三省一市须全面贯彻落实新发展理念，以充分释放海洋旅游潜力、扎实提高港航服务质效、全面提升海洋科教水平为切入点，破解难题、补齐短板、打通梗阻、增创优势；系统阐述应基于"陆海统筹、保护优先"理念，加快构建政府为主导、企业为主体、社会组织和公众共同参与的海洋生态环境管理体系，以产业生态化和生态产业化为主体，有力支撑海洋生态经济的持续稳定健康发展。该书对东海海洋经济高质量发展水平的量化评估和对三省一市在海洋产业方面探索实践的深入分析，充分彰显了苏浙沪闽"扬波逐海铸辉煌，深耕蓝疆绘新篇"的奋斗进程，清晰指明了东海省市海洋经济事业的前进方向，丰富拓展了海洋强省建设的内涵特征和研究内容，在立足全局视野统筹谋划的同时，压茬推进国家战略需求的有效满足。

第三，立足于东海省市为实现海洋经济各领域各方面各环节的阶段性发展目标而制定的路线纲领，系统梳理苏浙沪闽以海洋产业培育壮大为目标的法律法规、规划方案、管理办法、规定条例、通知公告等政策文本，深入评析"九五"至"十四五"时期，三省一市海洋产业政策的阶段性演变趋势、区域性发展特征和政策工具使用情况，并着重强调应明晰海洋第一、第二、第三产业高质量发展的内在要求与现实路径，正视各地区在地理区位、资源禀赋、产业结构等方面的异质性特征，聚焦东海省市在海洋经济领域的薄弱环节与突出问题，因地制宜、精准施策、多措并举，以构建公共服务平台、拓宽金融支持渠道、完善激励约束机制为关键抓手，挖掘资源优势、优化产业布局、释放发展潜能，充分发挥海洋产业"风高浪急显韧劲，踔厉奋发创新绩"的"蓝色引擎"作用。该书通过搜集整理东海三省一市海洋产业政策相关文本，有效厘清苏浙沪闽为实现海洋经济目标而出台政策的发展脉络、演进逻辑和实施成效，并依托对政策工具的整体审视、系统剖析和深入解读，进一步抓重点、破难点、通堵点、补弱点，为东海三省一市加快推进海洋经济强省建设提供了战略指引和路径指导。

　　然而，我们也必须清醒认识到，在东海地区乃至全国范围内，海洋经济发展仍面临着一些问题和挑战。比如，资源开发利用过程中的环境保护问题、渔业养殖业的可持续发展难题、滨海旅游业的品质提升问题等。这些问题需要我们进一步深入研究和探索，寻找解决之道。

　　因此，本书不仅是对东海地区海洋经济发展实践的总结，更是对未来海洋经济高质量发展的思考与展望。我们希望通过本书的出版，能够为东海地区乃至全国各地推动海洋经济高质量发展提供有益借鉴，并为相关政策制定和决策提供科学依据。

　　祝愿《东海海洋经济高质量发展的实践与探索》一书能够取得良好的反响，为我国海洋经济高质量发展做出积极贡献！

2023. 04

目　录
CONTENTS

第一章

东海海洋强国与海洋经济强省战略

第一节 战略思想

一、海洋强国战略的提出背景

（一）国际背景

随着科学技术水平的提升和人文思想的超越，人类对海洋的开发探索在 15、16 世纪拉开序幕，世界开始正式进入"大航海时代"。"大航海时代"使得世界各地的沟通交流与商贸联系更加密切，海洋的重要性大大增强。海洋成了不同国家、社会和文化之间彼此连接的通道。葡萄牙、西班牙、荷兰相继成为第一批传统的海洋强国。此后，美国于 19 世纪末接受马汉海权论思想，以军事力量为基础，综合运用政治、经济、外交等手段，达成了控制海洋的目的，成为新的"海上霸主"。

在第二次世界大战以前，海上强权地位的获取被视为大国实力的重要标志，塑造和主导海洋秩序是海洋强国维护利益的主要手段，以强大的海上力量保持对他国的压制与威慑。二战结束后，时代的主题已经变成了和平与发展，建设海洋强国也有了新的内涵。首先，海洋科技的发展成为建设海洋强国的先决条件。二战结束的同时也兴起了第三次科技革命，其中以海上通信、海上油气开发、海工装备制造等为主的前沿海洋科技领域成为各国科技发展的重心。而美国经过第三次科技革命的洗礼，海洋科技空前发达，建立了完善的科考船体系，为其维护海上霸权地位奠定了重要的基础。其次，发展海洋经济成为建设海洋强国的重点任务。二战后，美国大力推进海洋资源勘探开发与海洋资源利用，不断拓展经济发展空间。同时，苏联也高度重视海洋渔业、海上交通运输业等海洋产业发展，海洋经济的发展为苏联参与国际海上竞争、谋求海洋强国地位提供了有力支持。在此背景下，海洋经济成为美国苏联对抗的新形势。最后，国际海洋规则的形成重塑国家海洋强国地位。二战结束后，海洋领域的竞争转向以规则塑造为主。一方面，以美国为主的沿海发达国家均围绕海洋权益维护、海洋资源开发和海岸带管理等制定制度规范，另一方面，国际上《联合国海洋法公约》的出台进一步细化了海洋权利的国家范围。在此背景下，积极参与国际海洋规则构建与治理成为海洋强国建设的重要任务。

（二）国内背景

中华人民共和国成立之初，为改善我国海上力量孱弱的情况，第一代中央领导集体提出"海防为我国今后主要的国防前线""建设一支强大的海军"等战略方针，我国开始探索建立海洋管理机构、开展海洋科学研究、兴办海洋教育，恢复、提升和完善传统海洋渔业、盐业、航运业，由此，海洋事业得到快速发展。改革开放后，服务于国民经济和社会发展成为海洋开发工作的重心，我国海洋事业发展进入新时期，党和国家领导人提出一系列重要指示和重大战略部署，包括"发展海洋事业，振兴国家经济""进军海洋，造福人民"等。在此期间，我国签署并批准了《联合国海洋法公约》，颁布了《中华人民共和国领海及毗连区法》和《中华人民共和国专属经济区和大陆架法》，以法律形式明确了管辖海域范围和权利。

党的十八大以来，我国海洋事业发展面临的国际和国内环境发生一系列新变化，为此，党中央正式提出建设海洋强国的战略部署。首先，随着我国陆地资源、陆地空间利用趋于饱和，经济社会发展对海洋的依赖程度不断提升，以往的海洋开放战略已经无法满足中国快速发展的现实需要。在此背景下，党中央确立了依海富国、以海强国、人海和谐、合作共赢的发展道路，系统阐述了海洋强国建设的战略方针，以引领海洋事业的新发展。其次，与海洋强国相比，我国海洋经济发展仍处于较低水平，海洋开发利用总体水平较低；海洋经济发展的主体仍以传统产业为主，新兴产业比重不高；对深海资源的认识和开发能力有限；海洋资源环境约束加剧，滨海湿地减少，海洋垃圾污染问题逐渐显现，防灾减灾能力有待提高；海洋基础研究较为薄弱，海洋领域核心技术与关键共性技术自给率不足，创新环境有待进一步优化，海洋科技创新能力亟须提升；海洋环境整治与灾害防治协同不足。因此，新形势下制定海洋强国战略，既是应对海洋发展新问题的必由之路，也是实现海洋强国的必然选择。

二、海洋强国战略的基本理念

（一）海洋强国的概念界定

目前学界对于海洋强国尚未有统一的概念界定，学者从不同维度对"海洋强国"进行了相关阐释。刘赐贵认为中国特色海洋强国的内涵应该包括认知海洋、利用海洋、生态海洋、管控海洋、和谐海洋 5 个方面①。殷克东教授等强调海洋强国建设应注重"质"的提升，提出海洋强国是海洋经济综合实力发达、海洋科技综合水平先进、海洋资源环境可持续发展能力强、沿海地区社会经济文化发达、海洋产业国际竞争力突出、海洋事务综合调控管理规范、海洋军事实力和海洋外交事务处理能力强大、海洋生态环境良好的临海国家②。金永明则认为中国建设的海洋强国主要有 5 个基本特征，即发达的海洋经济、先进的海洋科技、优美的海洋生态环境、高级人才队伍和强大的海上国防力量③。王芳提出"海洋强国"既是指凭借国家强大的综合实力来发展海上综合力量，又是指通过走向海洋、利用海洋来实现国家富强，两者互为因果④。综上可知，海洋强国是一个涵盖经济、科技、文化、军事等领域的复合概念，是海洋事业发展与中华民族伟大复兴历史任务的有机统一。

（二）海洋强国战略的内涵要求

海洋战略是国家用于筹划和指导海洋开发、利用、管理、安全、保护、捍卫等的全局性战略，是涉及有关海洋诸多方面的行动方针，是国家处理海上事务的总策略。海洋强国战略则是上述海洋事业发展方面综合提升的体现。倪乐雄将海洋战略定义为"一个濒海国家对海洋利益宏观的规划，包括经济、外交、政治和军事等方面，是对这几个方面的统筹考虑和计划"⑤。叶向东在《现代海洋战略规划与实践》一书中对海洋强国战略的概念做出了总结，提出海洋强国战略是"国家用于筹划和指导海洋的开发、利用和管理以及海洋安

① 刘赐贵．关于建设海洋强国的若干思考［J］．海洋开发与管理，2012，29（12）：8-10.
② 殷克东，卫梦星，张天宇．我国海洋强国战略的现实与思考［J］．海洋开发与管理，2009，26（06）：38-41.
③ 金永明．中国建设海洋强国的路径及保障制度［J］．毛泽东邓小平理论研究，2013（02）：81-85，92.
④ 王芳．中国海洋强国的理论与实践［J］．中国工程科学，2016，18（02）：55-60.
⑤ 倪乐雄．中国海权战略的当代转型与威慑作用［J］．国际观察，2012（04）：23-28.

全和保卫的指导方针,是涉及海洋经济、海洋政治、海洋外交、海洋军事、海洋法律和海洋技术诸方面的最高策略",海洋强国的内容包括"发展海洋经济综合实力、促进沿海地区社会和经济发展、提高海洋科技综合水平、提高海洋产业国际竞争力、增强海洋资源环境可持续发展能力、增强海洋事务调控管理能力以及提高海洋军事与外交实力等"①。

与此同时,随着周边环境与国际形势的深刻变化,党中央对于海洋强国战略的内涵阐释也在不断丰富和发展。党的十八大首次完整提出了海洋强国战略。此后,党的十九大报告再次提出"坚持陆海统筹,加快建设海洋强国",党的二十大报告再次强调要"发展海洋经济,保护海洋生态环境,加快建设海洋强国"。至此,习近平海洋强国思想科学体系逐步形成,海洋领域的各个方面都体现着习近平治国理政的思想与实践。习近平海洋强国思想科学体系与现阶段国家发展形势相符合,具有丰富的内涵和鲜明的时代特征,与世界发展潮流相适应。第一,应对国际挑战的时代性。依据对国际海洋时代背景的判断,冷静分析我国面临的安全形势,理智应对国家发展需求。在和平发展、合作双赢的思路指引下,建设和谐海洋为我国走和平崛起之路奠定了重要基础。第二,立足全局的战略引领性。习近平海洋强国思想深刻揭示了建设海洋强国在"四个全面"战略布局中的重要地位和独特作用,是落实党的十八大战略决策的深化、细化、具体化。第三,坚持底线思维的原则性。在涉及国家主权与核心利益问题上,习近平海洋强国思想表现出坚定的政治原则性和不可触碰的明确底线。第四,汲取思想精华的传承性。从中国特色社会主义伟大实践中吸取经验教训,从历代中央领导集体关于海洋的思想中传承精华,将其与中国特色社会主义结合起来,最终形成了习近平海洋强国思想体系。

三、海洋强国战略的逻辑架构

(一)战略目标

党中央在准确把握时代特征和世界潮流,客观分析我国海洋事业发展历程和阶段性特点的基础上,做出了建设海洋强国的重大战略部署。与传统西方海洋霸权国家的海洋战略不同,我国所遵循的海洋强国战略目标是要走一

---

① 叶向东,叶冬娜,陈思增. 现代海洋战略规划与实践 [M]. 北京:电子工业出版社,2013:95.

条具有中国特色的海洋强国建设之路，即坚持走依海富国、以海强国、人海和谐、合作共赢的发展道路，通过和平、发展、合作、共赢的方式，实现建设海洋强国的目标。具体涵盖以下几个方面。

第一，海洋经济发展。建设海洋经济强国是实施海洋强国战略的基础和核心。海洋为推动经济发展提供了重要的资源和空间，是现代经济高质量发展的关键载体。海洋经济已经成为沿海各国不可或缺的经济增长点，发展海洋经济是实现我国从海洋大国向海洋强国转变的必由之路，提高海洋经济的规模和质量正成为我国经济特别是东部沿海地区转型升级的新引擎。为落实党的十八大报告提出"发展海洋经济"的要求，要从我国经济社会发展全局出发，结合海洋经济和沿海地区发展实际，积极培育海洋经济增长新动能，提高海洋经济发展的质量和效益。

第二，海洋权益维护。习近平总书记指出，要维护国家海洋权益，着力推动海洋维权向统筹兼顾型转变，"要统筹维稳和维权两个大局，坚持维护国家主权、安全、发展利益相统一"。强有力的海上军事力量是维护海洋权益的重要保障。构建支撑地区海域安全的海军力量，打造现代化的海军战略体系，建设一支强大的人民海军，寄托着中华民族向海图强的世代夙愿。在维护海洋权益实践中，要正确把握维权与合作的关系，寻求和扩大共同海洋利益，推动海洋互利友好合作，有效维护和拓展海洋权益是建设海洋强国的前提。此外，随着深远海开发程度不断加深，海洋权益的范畴也从管辖海域推展至国际公海海域。在妥善处理周边海洋问题的同时，要积极拓展和维护国家在极地、深海等深远海的权利和利益。

第三，海洋科技创新。海洋科技创新是推动海洋经济社会深刻变革的根本动力，是贯穿海洋事业发展全局、起决定作用的关键因素。加快海洋开发进程，振兴海洋经济，关键在科技，海洋强国建设离不开科技创新的有力支撑。海洋科技创新具有投入大、风险高、周期长等特征，推动海洋科技创新需要国家政府层面的统筹引领。推动海洋科技创新既要聚焦突破海洋关键应用技术瓶颈，也要加强海洋科学、极地科学的基础研究，争取在海洋动力过程、陆海相互作用、海洋生态系统变化规律等方向实现原创性突破。同时，要提高海洋科技成果转移转化效率，加快海洋科技成果产业化。推动有效市场和有为政府更好的结合，加强知识产权保护，强化海洋科技成果转移转化市场化服务，扶持培育涉海中介服务机构和专业化技术交易平台。

第四，海洋生态文明建设。海洋生态文明是建设海洋强国的重要组成部分。海洋生态文明建设的目标是建设美丽海洋，海洋生态文明的核心在于

5

"形成并维护人与海洋的和谐关系"。在海洋资源开发方面，在确保海洋资源可持续利用的基础上，强化开发深度和广度，提高开发的科技含量，争取海洋经济增加值的最大化，提高资源利用效率。在海洋环境保护方面，要践行绿水青山就是金山银山的发展理念，建立陆海统筹治理一体化环境治理体系，不断加强海洋环境污染防治，并积极参与全球海洋环境治理，推进海洋命运共同体建设。

第五，海洋国际合作。我国提出海洋强国战略的目的不是建立海洋霸权国家，而是强调通过和平、发展、合作、共赢的方式，推进海洋强国建设。《中华人民共和国国民经济和社会发展第十四个五年规划和2035年远景目标纲要》多次提到涉海国际合作，"以沿海经济带为支撑，深化与周边国家涉海合作"；积极发展蓝色伙伴关系；深化与沿海国家在海洋环境监测和保护、科学研究和海上搜救等领域务实合作；参与北极务实合作，建设"冰上丝绸之路"。与国际各方共建合作之海，积极构建海洋合作伙伴关系是我国海洋事业发展过程中始终坚持的原则，也是我国走和平崛起之路的必然选择。

（二）战略原则

第一，坚持陆海统筹原则。我国是陆海兼备型的国家，陆海统筹是从我国陆海兼备的国情出发，在进一步优化提升陆域国土开发的基础上，以提升海洋在国家发展全局中的战略地位为前提，加强海洋在资源环境保障、经济发展和国家安全维护中的作用，通过海陆资源开发、交通通道建设、生态保护等领域的统筹协调，促进海陆两大系统的协调发展、优势互补和良性互动。党的十九大报告中专门强调要"坚持陆海统筹，加快建设海洋强国"。

第二，坚持开发与保护并重原则。在阐述建设海洋强国战略时，习近平总书记强调要保护海洋生态环境，着力推动海洋开发方式向循环利用型转变；要下决心采取措施，全力遏制海洋生态环境不断恶化趋势，让我国海洋生态环境有一个明显改观，让人民群众吃上绿色、安全、放心的海产品，享受到碧海蓝天、洁净沙滩；要高度重视海洋生态文明建设，持续加强海洋环境污染防治，保护海洋生物多样性，实现海洋资源有序开发利用，为子孙后代留下一片碧海蓝天。

第三，坚持科技兴海原则。在建设海洋强国的道路上，要发挥海洋科技创新的核心引领作用，培育海洋经济增长新动能、拓展海洋开发空间、推动海洋资源可持续利用等都离不开科技创新的有效支撑。实施科技兴海战略，努力构建科技自主创新体系，促进海洋科技创新和成果高效转化，加强科技人才培养，进一步加大科研机构扶持力度，为建设海洋强国提供有力保障。

第四，坚持合作共赢原则。我国要实现海洋强国的战略目标，不是走西方海权强国"扩张性、掠夺性"崛起的霸权之路，而是走具有中国特色的合作共赢发展道路。我国积极加入全球治理行动中，倡导和推动"一带一路"倡议，以实际行动倡导和推动构建海洋命运共同体，推动构建"经济上谋求合作共赢、政治和安全上谋求和平安全、文化上谋求包容互鉴、生态上谋求清洁美丽"的世界海洋秩序。

第五，坚持依法治海原则。全面推进依法治海是提高政府公信力和执行力的迫切需要。建设法治政府的公信力，提升广大行政管理者的执行力，是党中央和国务院对各级行政管理部门提出的基本要求，也是人民群众的关切和期望所在。要积极运用法治思维和方式，推进海洋资源和海洋环境的依法管理，增强海洋综合管理能力，为建设海洋强国奠定法治基础。

（三）战略手段

第一，立足全局，不断加强顶层设计。从建设海洋强国的全局出发，党和国家相继出台了《中国海洋 21 世纪议程》《中华人民共和国海域使用管理法》《中华人民共和国海岛保护法》《全国海洋功能区划》《全国海洋经济发展规划纲要》《国家海洋事业发展规划纲要》《全国海洋经济发展"十三五"规划》《"十四五"海洋经济发展规划》等一系列政策制度，使海洋强国战略更加系统化、法制化、科学化，为建设海洋强国提供了重要的理论依据和战略指导，有利于全面应对海洋强国建设中出现的危机与挑战。

第二，以海富国，推动海洋经济高质量发展。海洋经济的发展一方面缓解了陆地资源环境压力，拓展了经济发展空间；另一方面培育了海工装备制造、海洋生物医药、海洋新能源开发等新兴海洋产业，成为沿海地区重要的经济增长点。党的十八大以来，我国发展海洋产业，不断增强海洋资源开发能力，海洋产业结构不断优化，海洋经济整体实力不断增强，海洋经济总产值从 2012 年的 5 万亿元增长至 2021 年的 9 万亿元。

第三，注重创新，打造海洋科技创新高地。在海洋强国战略指导下，国家科技部、国家海洋局等有关部门调动各方面力量，深入实施建设海洋科技创新驱动发展战略，在海洋深水、绿色、安全以及核心关键共性技术等方面取得了多项突破，有力地促进了海洋产业转型升级。一方面，以前沿热点问题为着力点，稳步提升海洋基础科学研究水平，海洋科学学科体系不断完善；另一方面，围绕海洋强国建设战略需求，着力在深远海等关键技术领域取得重大突破。党的十八大以来我国深海自主调查技术装备的研发和深远海研究水平得到大幅提升,初步形成了"多种资源、多海域、多船作业"的深海大洋勘探格局,在深冰芯钻机、载人深潜、远海资源勘测等方面取得多项突破。

第四,人海和谐,保护海洋生态环境。海洋是生命的摇篮,对维护整个地球生物圈的生态平衡起着至关重要的作用。海洋生态文明是生态文明的重要组成部分,我国始终把海洋生态文明建设纳入海洋开发总布局之中,海洋环境保护一直是海洋工作的重中之重。近年来,根据党中央、国务院建设生态文明的总体部署,逐步建立入海污染总量控制制度、不断完善海洋环境污染突发事件应急反应机制、推进海洋保护区建设,海洋生态文明建设取得显著成效。

第五,深化合作,构建海洋命运共同体。作为负责任的海洋大国,我国积极参与国际海洋治理,倡导在多边框架下解决全球性海洋问题,致力于建立各国之间互相尊重、共同发展的新型海洋伙伴关系,提出海洋命运共同体理念。中华人民共和国成立以来,我国在国际海洋事务中坚持和平利用海洋、合作处理海洋国际事务的政策,认真履行国际海洋法规定的义务,积极参与联合国海洋事务,积极参与并推动国际海洋科技、生物资源和环境保护等领域的双边、多边合作,有效维护了我国在全球的海洋利益,提升了我国在全球海洋治理中的贡献和影响力。

(四)战略保障

第一,人才保障。随着海洋经济在国民经济发展中的地位越来越高,所需要的海洋人才也越来越多。我国高度重视海洋人才培养,不断加大引进与培育力度,海洋从业人员逐步增多,基本建成了海洋科技人才队伍体系。特别是党的十八大以来,海洋科学技术进入了跨越式发展期,海洋科技人才队伍呈"指数式"发展壮大,海洋科学研究能力和条件进一步优化提升。当前,我国已有涉海科研机构约180个,全国一级涉海科技社团10余个,整建制"海洋大学"超过10所,二级"海洋学院"近50个,海洋科技人员约5万人,加上地方的科研机构,中国海洋科技人员总量超过10万人。

第二,体制保障。国家海洋事业能够顺利在很大程度上取决于管理体制的完善与否。海洋管理是一个复杂的系统性工程,涉及资源、环境、经济、文化等方面。只有理顺海洋管理各部门职能,加强部门间的综合协调,才能实现各类复杂海洋事务的有效治理。1978年以来,我国经过40多年的持续改革,逐步理顺了海洋监管部门职责及其相互关系,为海洋经济稳定健康发展奠定了良好基础。

第三，法制保障。改革开放以来，我国海洋立法取得长足进展，逐步建立起以《中华人民共和国海域使用管理法》《中华人民共和国领海及毗连区法》《中华人民共和国专属经济区和大陆架法》《中华人民共和国海洋环境保护法》等法律为支柱，以其他行政法规、部门规章和规范性文件等为补充的海洋法律体系。海洋法律制度的完善对维护国家海洋权益、保护海洋环境、优化海洋开发秩序等起着至关重要的作用，为我国海洋事业发展和海洋强国建设提供了强有力的制度保障。在海洋领域全面推进依法治海、加快建设法治海洋，是建设海洋强国的根本保证。

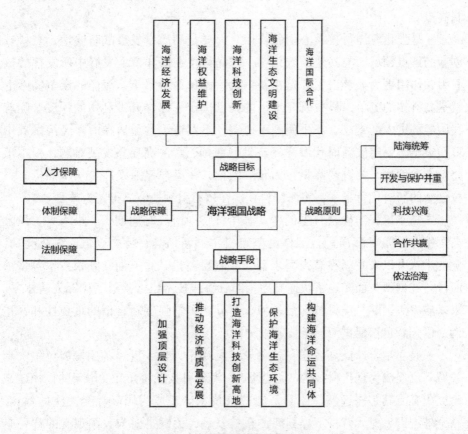

图1-1 海洋强国战略逻辑框架

第二节 战略重点

一、科技创新引领海洋强国建设

科技是第一生产力，加快建设海洋强国离不开海洋科技的创新与进步。在百年未有之大变局下，坚持科技创新、坚定科技兴海是我国应对海洋领域新风险与新挑战的必由之路。海洋科技创新需要满足新时代海洋开发利用的新需求，要在高水平上实现自主创新，在国际前沿海洋技术领域占据制高点。

一是强化海洋科技核心引领作用。海洋是高质量发展战略要地，是科技创新的焦点领域。与其他领域相比，海洋科技在海洋事业发展中所发挥的核心引领作用更为显著。尤其是在新一轮科技革命背景下，海洋的竞争实际上就是高科技的竞争，科技研究水平的高度决定了海洋开发利用的深度。随着我国经济进入新常态，不平衡、不协调、不可持续的矛盾在海洋经济发展中日益突出。要突破新时代海洋经济发展瓶颈、解决高质量发展难题，根本出路就在于创新，关键要靠科技力量。因此，在海洋事业发展步入全面依靠科技创新的新时代背景下，将海洋科技摆在核心引领地位显得尤为重要。

二是坚持海洋科技自主创新。海洋科技创新具有周期长、投入大、风险高等特点，需要海洋科技工作者坚定自主创新信念，持之以恒，久久为功。党的十八大以来我国在载人潜水器、深海滑翔机、海上油气开采技术等多项海洋科技创新方面实现了快速赶超，部分海洋技术已经接近于国际先进水平。未来应聚焦国际海洋科技前沿领域，充分认识增强创新自信的重要性和紧迫性，以创新自信促进海洋科技成果转化。

三是立足全球谋划海洋科技创新。海洋作为当今世界各国发展竞争的新领域，已经成为现代科技的"新战场"。海洋科技在海洋开发中起的作用越来越突出，尤其是深远海探测和资源开采技术已经成为国际社会关注的焦点。在全球视野、时代背景下谋划海洋科技发展，关键是要与我国现有的"一带一路"倡议、对外开放战略等相对接。要积极响应国家"一带一路"倡议，在海洋环境监测、资源勘探、气象预测、海水利用、海洋管理等多个层面全面推动跨国合作，积极主导和参与国际海洋科技创新平台建设、发展，共同应对全球面临的海洋挑战。

二、产业升级强化海洋强国建设

实现海洋强国的根本载体是海洋产业。与世界沿海的发达国家相比,我国的海洋产业发展仍然存在着很多问题:在海洋产业中海洋传统产业占比高,海洋新兴产业的占比相对较低;海洋开发利用总体水平较低,对深海资源的认知和开发能力不足;海洋产业区域布局不合理;海洋产业发展会造成海洋污染等问题。这些问题和矛盾表明,我国海洋产业仍有较大的升级空间,提升产业核心竞争力,推动海洋产业转型升级,培育海洋战略性新兴产业,是当前我国大力发展海洋经济、建设海洋强国的客观要求。

一是大力推动传统海洋产业的升级改造。传统海洋产业是海洋经济的重要支柱,对传统海洋产业升级改造是实现海洋经济可持续发展的关键。要积极推动传统海洋产业从粗放发展向精益发展转变、从要素驱动向技术驱动转变、从低端竞争向高端升级转变、从过度开发向绿色发展转变。深入推进陆海产业链协同发展,鼓励传统产业业态、模式和路径创新,拓展提升传统海洋产业价值链。改革开放以来,我国传统海洋产业经历了深刻变革,正在从单一的资源环境依赖型产业向技术知识密集型产业转型。以海洋渔业为例,海洋渔业作为"蓝色粮仓",对国家粮食安全及沿海经济社会发展起着重要的稳定器作用。随着近海资源环境形势的变化,我国海洋渔业发展战略不断调整,先后制定了规范约束近海捕捞、大力发展海水养殖、有序推进远洋渔业、创新发展深远海养殖等多个政策措施,不断优化渔业结构,明确了提质增效、绿色发展等发展目标。二是不断加大新兴海洋产业的扶持力度。国务院批复的《"十四五"海洋经济发展规划》,明确提出要打造竞争有力的现代海洋产业体系,特别是要推动海洋新兴产业蓬勃发展。今后的着力点要以海洋新兴产业为主,推动海洋新兴产业发展壮大。近10年来,中央财政先后投入近90亿元支持海洋新兴产业发展,引导创新要素向优势区域集聚,海洋科技创新能力明显提升,海洋科技成果转化速率明显加快。我国自主研发的海洋药物占全球已上市品类的近30%,海洋糖类药物研发进入国际先进行列,建成全球规模最大的海洋微生物资源保藏库。我国自主研发的兆瓦级潮流能发电机组连续运行时间保持世界领先。海水淡化工程规模达到165万吨/日,较2012年增长114%,为沿海缺水城市和海岛水资源安全提供了重要保障。

三、绿色发展支撑海洋强国建设

海洋资源环境是海洋事业发展的重要基石。随着海洋开发进程不断加快,我国海洋生态损害问题日趋严重，成为制约海洋经济发展的主要因素。2013年，习近平总书记在主持中央政治局"建设海洋强国研究"集体学习时强调，要下决心采取措施，全力遏制海洋生态环境不断恶化趋势，让我国海洋生态环境有一个明显改观。党的二十大报告再次强调要"发展海洋经济，保护海洋生态环境，加快建设海洋强国"。提升海洋生态环境质量、稳固海洋生态安全屏障、增加海洋生态产品供给，是建设海洋强国的生态根基。推动海洋绿色可持续发展，是建设海洋强国的必然要求和重点任务。

一是协调海洋经济发展与海洋生态保护关系。"十四五"期间，我国海洋生态环境治理和海洋生态文明建设面临着"双期叠加"，既是可以充分利用国际国内有利时机的战略机遇期，又是解决诸多矛盾问题、实现转折转型的爬坡过坎期；也面临着"双保任务"，既要保障发展，助力经济社会高质量发展，又要保护海洋生态环境，着力加强综合治理，持续改善生态环境质量。为此，要坚持系统观念、保持战略定力，坚持质量改善、做到稳中求进，坚持以人民为中心，以综合治理为基本策略，以治理体系和治理能力现代化为保障。二是统筹实施陆海污染联防联治战略。实施环境品质提升战略，统筹气、水、土、海等要素，以改善环境质量为核心，以深入打好污染防治攻坚战为抓手，突出多污染物协同控制和区域、流域、海域联防联控。健全陆海统筹污染治理体系，促进"河—陆—滩—海"生态系统良性循环，不断提高生物多样性，加快建设绿色可持续的海洋生态环境。三是积极推动海洋碳汇赋能海洋经济高质量发展。开展海洋碳汇交易、探索海洋增汇项目发展，不仅有利于推动我国"双碳"目标的实现，同时能够形成新的经济增长点，带来巨大的经济、社会及生态效益，助力海洋强国建设。我国作为世界海洋大国，应加快开展海洋碳汇摸底调查和监测评估，率先研发制定海洋碳汇标准并开展海洋碳汇交易试点，积极争取在未来国际竞争中占据主动权，为全球应对气候变化贡献中国方案和中国智慧。

四、陆海统筹保障海洋强国建设

陆海统筹是海洋强国建设中必须坚持的原则和路径。党的十九大报告明确指出"坚持陆海统筹，加快建设海洋强国"，2018年发布《中共中央 国务院发布关于建立更加有效的区域协调发展新机制的意见》进一步强调"推动陆海统筹发展"。2020年10月，党的十九届五中全会通过《中共中央关于制定国民经济和社会发展第十四个五年规划和二〇三五年远景目标的建议》，再一次明确提出"坚持陆海统筹，发展海洋经济，建设海洋强国"。坚持陆海统筹，既是国家区域协调发展的战略选择，也是建设海洋强国的重要途径。

一是建立健全陆海统筹的空间规划体系。坚持陆海统筹、建设海洋强国，要建立完善陆海统筹的空间规划体系。统筹陆域开发与海域利用，统筹推进海岸带和海岛开发建设，统筹近海与远海开发利用，优化海洋开发和保护格局。构建陆海统筹的国土空间开发与管制框架体系，建立陆海资源、产业、空间互动协调发展新格局。坚持以海定陆，建立陆海资源、产业、空间互动协调发展新格局。二是协同推进陆海经济统筹发展。根据海洋资源禀赋、海洋环境容量和陆域经济基础科学合理地确定海洋主导产业，通过产业链的延伸，带动相关陆域产业的发展，最终实现陆海产业关联和产业链整合。三是探索打造陆海联动开放新格局。协同推进丝绸之路经济带和 21 世纪海上丝绸之路建设，构建全面开放新格局。坚持开放发展理念，以"一带一路"建设为重点，打造陆海内外联动、东西双向互济的开放格局。

第三节 战略意义

一、维护国家海洋权益

随着海洋开发进程不断加快，海洋在沿海各国的经济社会发展和国际交流中占据越来越重要的位置。在此背景下，维护海洋权益成为各国保障国家能源安全、交通安全、经济安全的必然选择。海洋权益的内涵较为丰富，包括海洋资源的开发利用和管理权益、国际公海及海底区域的资源勘探开发权益和海上航行权益等多个方面。我国对外贸易依存度高，同时又是资源能源进口大国，维护海洋权益对我国的国家安全而言意义深远。此外，海洋权益涉及国家的主权和领土完整，要把维护海洋权益提升到国家战略高度加以重视。当前，我国正处于由大向强、由陆权国家向陆权海权兼备国家迈进的关键阶段，建设海洋强国、维护海洋权益是新时代的必然选择。海洋强国战略的提出为维护国家海洋权益指明了方向和路径。海洋实力是我国维护海洋权益的基础保障，海洋权益的维护需要强有力的海军实力做后盾，同时也需要坚实的海洋产业基础、健全的海洋管理体制等其他方面的保障。因此，着力把我国从海洋大国建设成为海洋强国，是保护我国海洋主权不受侵犯、维护国家海洋利益的根本途径。海洋强国战略的制定为国家维护海洋权益注入了"强心剂"，有利于全民海洋意识的形成，将海洋问题提升到了国家安全利益的新高度。

二、培育经济增长新动能

海洋是新时代经济高质量发展的战略要地，也是连接世界各国的大通道。当前，海洋经济已经成为世界各国经济新增长点。习近平总书记高度重视海洋经济的发展，指出"海洋是高质量发展战略要地""发达的海洋经济是建设海洋强国的重要支撑"。党的十八大以来，海洋经济以其在培育新动能、拓展新空间、引领新发展等方面的重要作用，成为沿海各省增强经济发展活力和动力的重要源泉。海洋强国建设的重要目标就是要大力发展海洋产业，使其在国民经济发展中起到更强的支撑作用。海洋是连接国际经济贸易的重要通道，在推动发展国际国内双循环过程中必须要坚持陆海统筹，推动陆海经济联动发展。一方面，丰富的海洋生物资源、海水资源、深海矿产资源、海洋可再生能源以及海域空间资源已成为沿海各省撬动发展新动能的基础与承载，海洋是未来竞争的热点领域。以海洋资源为支撑，大力发展海洋新能源产业、海洋生物医药业、深远海渔业等新兴产业，进而不断为经济发展注入新的活力。另一方面，海洋是国家与国家之间交流沟通的重要通道，海洋交通运输是联系全球经济贸易的主要运输方式。海洋运输在世界交流活动中发展迅速。海洋的纽带作用已呈现出海面、海洋上空、海水深层与海底的立体性特征，形成了海洋港口、海洋船舶运输、海洋航空运输、海洋电讯、海底铁路交通、海底公路交通等多类产业。海洋经济的纽带作用在经济全球化中日益突出，已引起沿海各国的高度重视。在海洋强国战略指导下，始终坚持以经济建设为中心，不断做大做强海洋经济，让发达的海洋经济成为拉动我国经济持续增长的重要动力。

三、打造海洋命运共同体

21世纪是人类大规模开发利用海洋的世纪。海洋的开发利用增加了人类的财富，改善了人们的生活水平，成为沿海各国重要经济增长点。然而，随着国际社会对海洋的认识程度不断加深，国家与国家之间的海洋利益竞争持续加剧。与此同时，海洋资源衰退、海洋环境污染、海洋交通安全等问题也成为国际社会关注的焦点。只有加强海上合作，不断做大海洋共同利益，共享海洋利益，避免恶性竞争，才能实现多方共赢。对于我国而言，建设海洋强国是国家发展与安全协调的需要；对于国际社会来说，就是要构建"海洋命运共同体"，维护人类共同的海洋安全和福祉。我国所提出的海洋强国战略不同于西方海上霸权，它是一种全新的以和平发展为基本原则的海洋强国道路，不仅不会损害世界各国的合法权益，而且还会促进世界各国共同的安全和繁荣，最终同国际社会共同构建海洋命运共同体。我国长期以来一直积极参与国际海洋事务，在海洋科学研究、海洋环境保护、海洋防灾减灾等领域，我国积极与周边国家和海洋大国开展了一系列海洋合作。全面深入贯彻落实开放发展理念，海上丝绸之路战略是我国"海洋强国"战略在对外开放领域的进一步深化和拓展。21世纪海上丝绸之路战略以构建利益共同体为出发点，力求共同了解和利用海洋。因此，海上丝绸之路作为一项全球海洋战略，符合我国的外交理念。我国的海洋战略以建设海洋港口和"海上修路"为切入点来避开南海争端这一较为敏感的话题。通过地缘政治优势、增强经济互补优势，真正打造互利互惠的经济共同体。由于海上丝绸之路战略蕴含着深刻的人文理念，这些人文理念可以有效地帮助世界各国在处理地区安全问题时缓和一些敏感问题，有效地缓解周边国家的担忧。

第四节　战略实践

一、东海海洋强国战略实践概况

东海作为我国的东部近海，蕴藏着丰富的石油和天然气资源，被看作是"第二个中东"，同时被誉为"中国走向海洋、发展海洋的摇篮"。东海区范围包括浙江省、江苏省、福建省和上海市4个省市地区的海域和陆域。在国家海洋强国战略指引下，东海区各省市地区分别根据地方禀赋特征和发展实际，针对性制定了海洋强省（强市）战略举措（表1-1）。具体来看，浙江早在1993年就提出"海洋经济大省"建设的战略目标，实施了《浙江省海洋开发规划纲要（1993—2010年）》，2005年制定了《浙江海洋经济强省建设规划纲要》，海洋经济发展逐步上升为全省战略，2011年《浙江海洋经济发展示范区规划》获国务院批复，浙江海洋经济发展示范区建设正式上升为国家战略，2017年浙江省第十四次党代会报告明确提出了"5211"海洋强省行动，提出"海洋强省"和"国际强港"两大战略目标。江苏省于2010年出台《省政府关于促进沿海开发的若干政策意见》，提出建设一流海洋港口、构建现代海洋产业体系等举措，2019年制定了全国首个促进海洋经济发展的地方性法规《江苏省海洋经济促进条例》，为推动海洋经济高质量发展提供有力的法律保障，2021年《江苏沿海地区发展规划（2021—2025年）》获国务院批复，发展海洋经济、加快建设海洋强省的实施意见出台实施。福建省同样高度重视海洋经济发展，2006年省委省政府专门出台《关于加快建设海洋经济强省的若干意见》，明确了建设海洋经济强省的战略目标，2012年出台《关于加快海洋经济发展的若干意见》，提出全面启动全国海洋经济发展试点工作，2021年省政府先后制定《加快建设"海上福建"推进海洋经济高质量发展三年行动方案（2021—2023年）》《福建省"十四五"海洋强省建设专项规划》，提出"海上福建"建设战略，明确到2025年基本建成海洋强省。上海市一直把发展海洋经济作为重要的战略选择，2006年印发的《上海海洋经济发展"十一五"规划》中对海洋经济发展做出系统部署，提出建设海洋经济强市，"十四五"规划中进一步明确提出要"提升全球海洋中心城市能级，服务海洋强国战略"，着力建成国际海洋中心城市。

表1-1 东海区各省市地区服务海洋强国建设的主要战略举措

地区		战略举措
东海区	浙江	建设海洋经济大省；建设海洋经济强省；打造海洋经济发展示范区；打造海洋强省、海洋强港
	江苏	促进沿海地区开发；推动海洋经济高质量发展；建设海洋经济强省
	福建	建设海洋经济强省；启动全国海洋经济发展试点；建设"海上福建"；建设海洋强省
	上海	建设海洋经济强市；建设全球海洋中心城市

在地方海洋经济强省战略指导下，东海区在海洋经济发展、海洋科技创新及海洋生态文明建设等方面取得显著成绩。首先，改革开放以来，东海区海洋经济增长迅速，是全国经济的重要增长点和区域经济发展的重要引擎。东海区海洋生产总值占全国的比重长期保持在45%以上，2021年东海区海洋生产总值突破4万亿元（图1-2）。从产业来看，海洋电力业和海洋生物医药业是东海区主要的新兴海洋产业，产值增长趋势持续扩大，2021年占海洋产业总产值的比重分别达0.8%和1.9%；滨海旅游业、海洋交通运输业和海洋渔业是东海区传统的海洋支柱产业，2021年占海洋产业总产值的比重分别为46.5%、23.2%和14.1%。从地区来看，2021年浙江省、江苏省、福建省和上海市海洋生产总值分别达9385亿元、9248亿元、11760亿元和10366亿元，

占东海区生产总值的比例分别约为 23%、22.7%、28.9% 和 25.4%。其次，东海区也是我国海洋科技创新的前沿阵地。东海区拥有国家海洋局海岛研究中心、国家海洋二所、国家海洋三所、浙江大学、厦门大学、宁波大学、上海海洋大学、浙江海洋大学等涉海高校组成的一批海洋科技创新平台，科研实力雄厚。在地方政府引导以及涉海科研院所、涉海企业的共同努力下，东海区在海水淡化、海洋装备、海洋生物资源开发和海水养殖、海洋生态保护等技术领域已处于全国领先水平，转化了一批高水平的科技成果和产品。最后，东海区是我国海洋生态文明建设的先行示范区，围绕海洋碳汇交易、海洋渔业绿色发展、海洋生态综合治理等方面进行了一系列创新探索。浙江舟山是国内首个获批的国际级绿色渔业实验基地，在现代海洋牧场建设、绿色渔业服务体系建设、绿色渔业数字化发展等方面取得诸多突破，已成为全国渔业绿色发展的典范和试验田；福建厦门市碳和排污权交易中心是全国首个海洋碳汇交易服务平台，2021 年完成了全国首宗海洋碳汇交易项目（泉州洛阳江红树林生态修复项目）。

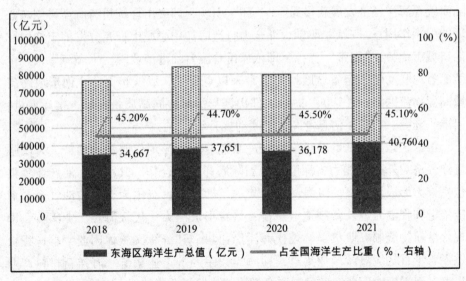

图 1-2　2018—2021 年东海区海洋生产总值及其占全国海洋生产总值比重

二、浙江省海洋经济强省战略实践

（一）战略目标

"十三五"期间，浙江省政府积极推进海洋经济发展，基本形成了以建设全球一流海洋港口为引领、以构建现代海洋产业体系为动力、以加强海洋科教和生态文明建设为支撑的海洋经济发展良好格局。为进一步提升全省海洋经济综合实力和现代化发展水平，更好地支撑海洋强省建设，《浙江省海洋经济发展"十四五"规划》指出，到 2025 年，海洋强省建设深入推进，海洋经济、海洋创新、海洋港口、海洋开放、海洋生态文明等领域建设成效显著，主要指标明显提升，全方位形成参与国际海洋竞争与合作的新优势。至 2035 年，海洋强省基本建成，海洋综合实力大幅提升，海洋生产总值在 2025 年基础上再翻一番，全面建成面向全国、引领未来的海洋科技创新策源地，海洋中心城市挺进世界城市体系前列，形成具有重大国际影响力的临港产业集群，建成世界一流强港，对外开放合作水平、海洋资源能源利用水平、海洋海岛生态环境质量国际领先，拥有全球海洋开发合作重要话语权。

（二）主要举措

第一，提升海洋经济内陆辐射能力，打造"一环、一城、四带、多联"陆海统筹海洋经济发展新格局。"一环"引领，即突出环杭州湾海洋科创核心环的引领作用；"一城"驱动，即全力打造海洋中心城市，充分发挥宁波国际港口城市优势；"四带"支撑，即依靠甬舟温台临港产业带、生态海岸带、金衢丽省内联动带、跨省域腹地拓展带来以点带线，以线扩面，全面形成跨省域商贸物流网络；"多联"融合，即山区与沿海协同高质量发展，推动海港、河港、陆港、空港、信息港高水平联动提升。

第二，建成一批世界级临港先进制造业和海洋现代服务业集群，并增强海洋经济对外开放能力，深度参与国际海洋经贸合作。其中，临港产业集群包括聚力形成两大万亿级海洋产业集群，即以绿色石化为支撑的油气全产业链集群和临港先进装备制造业集群；培育形成三大千亿级海洋产业集群，即现代港航物流服务业集群、现代海洋渔业集群和滨海文旅休闲业集群；积极做强若干百亿级海洋产业集群，即海洋数字经济产业集群、海洋新材料产业集群、海洋生物医药产业集群和海洋清洁能源产业集群。

第三，继续朝着"建设全球海洋中心城市"目标发力，由宁波、舟山分别启动推进全球海洋中心城市规划建设。建设现代化港航基础设施，打造世界级全货种专业化泊位群，持续提升宁波舟山港在国际集装箱运输体系中的枢纽地位。建设多式联运港。加快建设现代化内河航运体系，建成一批现代化内河港区。提升义乌国际陆港综合能级，打造成宁波舟山港集装箱重要拓展区。加快宁波舟山港向世界一流强港转型，发挥对浙江省海洋经济发展的核心引领作用。

第四，提升海洋生态保护与资源利用水平。"十四五"期间，浙江将优化海洋空间资源保护利用，加快实现蓝色国土空间治理现代化。加强海洋空间资源保护修复，强化海洋"两空间内部一红线"管控，持续开展"一打三整治"，加强渔场渔业资源养护。实施退田还海、滨海湿地修复、海堤生态化、沙滩修复等工程，加强历史围填海生态修复。提高海岸带防灾减灾整体智治能力，构建海洋防灾减灾"两网一区"（海洋立体观测网、预警预报网和重点防御区）新格局，完善全链条闭环管理的海洋灾害防御体制机制。

（三）实践成效

第一，浙江海洋总产值稳步提升，年平均增长率为10%。在海洋强省的建设中，随着"八八战略"的提出以及山海协作工程的推进，海陆经济联动发展成效显著，海洋产业总产值进一步提高。虽然因新冠疫情的影响，2020年增长率略有下降，但海洋生产总值仍呈上升趋势。海洋经济对浙江省经济稳进提质的支撑作用持续增强。

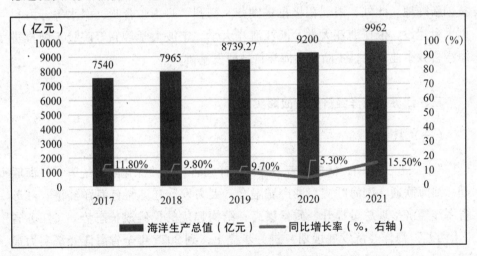

图1-3 2017—2021年浙江省海洋生产总值

第二，"一体两翼多联"格局初步形成，打造浙江世界级港口集群。为打造国内大循环战略支点、国内国际双循环战略枢纽，宁波舟山港加大与航运企业合作，持续优化航线结构，集装箱航线实现新突破。目前，宁波舟山港航线总数达300条，其中"一带一路"航线达120条，覆盖了全球200多个国家的600多个港口，全球第一大港地位更加稳固，整体社会和经济效益实现了"1+1>2"。2022年宁波舟山港完成年货物吞吐量超12.5亿吨，连续14

年全球第一；完成集装箱吞吐量 3335 万标准箱，高居全球第三。2021 年起，宁波舟山港着力将义乌陆港打造成"第六港区"，以宁波舟山港为主体，浙东南沿海港口和浙北环杭州湾港口为两翼，联动发展义乌国际陆港和湖州、金华、衢州、丽水等其他内河港口的"一体两翼多联"港口发展格局初步形成。

第三，海洋污染治理不断推进，生态环境压力得到缓解。浙江近岸海域水质状况在不断改善。自 2017 年开始，近岸海域优质水类占比不断增加，近岸海域水质稳中趋好。2021 年全省沿岸近海海域优良水质（一、二类水质）海水面积占比 46.5%，同比上升 3.1%，达到历史最高水平。各沿海城市近岸海域，温州优良水质占比 64.1%，台州优良水质占比 54.8%，舟山优良水质占比 42.5%，宁波优良水质占比 40.0%，与上年相比，舟山、宁波近岸海域优良水质比例上升。

第四，科技创新引领蓝海新"动能"。浙江充分发挥科技资源禀赋优势，坚持自主创新原则，大力推进海洋科技创新发展，在海洋信息技术、海洋高端装备制造、海洋能源开发等领域取得显著成绩。同时，浙江坚持对外开放，立足全球资源吸引和聚焦海洋科技人才和科技企业，打造国际前沿的海洋科技创新阵地。此外，浙江积极推进湖州、衢州、舟山、台州、丽水等涉海科创平台建设，依托浙江大学、浙江海洋大学、宁波大学等高等院校不断推进海洋科教事业发展，不断夯实海洋科技研发基础。

三、江苏省海洋经济强省战略实践

（一）战略目标

"十三五"时期，江苏省着力建设海洋强省，持续深化陆海统筹、江海联动、河海联通、湖海呼应、港产城融合，大力发展江苏特色海洋经济。江苏省海洋经济呈现总量提升、质量攀高、结构趋优的稳健成长态势。《江苏省"十四五"海洋经济发展规划》进一步提出，到 2025 年全省海洋经济实力显著加强，全省海洋生产总值达到 1.1 万亿元左右，占地区生产总值比重超过 8%。拥有更为优化的海洋产业结构，海洋新兴产业增加值占主要海洋产业增加值比重提高 3 个百分点，海洋制造业占海洋生产总值比重保持基本稳定；海洋科技创新更趋活跃，海洋科技研发投入持续提升，海洋基础研究能力显著提升，海洋核心装备和关键共性技术取得重大突破，区域海洋创新体系更加完善；基本形成陆海统筹、全域协同、江海联动的格局，全省海洋经济空间布局更为合理；海洋生态文明建设水平显著增强，海洋生态环境质量持续改善，近海海域水质优良面积比例达到国家下达的指标，海域和海岸线集约利用程度不断提高；智慧海洋建设全面推进，海洋综合管理体制机制不断完善，海洋应急管理体系更加健全。到 2035 年，海洋经济和科技水平位居全国前列，美丽海洋建设目标基本实现，全面建成海洋强省。

（二）主要举措

第一，2021 年，《江苏沿海地区发展规划（2021—2025 年）》获国务院批复同意，提出加快江苏沿海与上海、苏南地区的一体化步伐，促进南北跨江融合，吸引要素资源跨江北上，协同建设长三角世界级先进制造业基地和世界级城市群。江苏省自然资源厅、省发展改革委联合印发《江苏省"十四五"海洋经济发展规划》，提出打造"两带一圈"一体联动全省域海洋经济空间布局，即高起点拓展腹地海洋经济培育圈，高质量打造沿海海洋经济隆起带，高水平建设沿江海洋经济创新带。

第二，构建特色鲜明的现代海洋产业体系。江苏省主要海洋产业稳步发展，带动海洋经济总体呈现复苏态势，为全年海洋经济平稳运行奠定了良好的基础。《江苏省"十四五"海洋经济发展规划》提出要推进海洋传统产业深度转型、提升海工装备制造国际竞争力、推进海洋数字经济加速发展、有序推进沿江沿太湖地区化工产业向沿海地区升级转移、打造高端绿色临海重化产业集群。这对于传统产业生产力提升，大力发展海洋新兴产业具有重要作用。

第三，持续加强海洋重点领域的科技创新平台构建，不断强化"海洋装备"和"海洋生物"两大联盟的支撑作用，有效提升海洋科技集成创新能力和服务水平。与海洋科技创新能力较强的其他省市相比，江苏现有的海洋科技创新平台仍存在数量相对偏少、关键技术不强、科技成果转化能力较为薄弱等问题，因此《江苏省"十四五"海洋经济发展规划》专门提出要提升自立自强的海洋科技创新能力。推动海洋关键技术突破，推动建立以企业为主体、市场为导向、产学研用深度融合的技术创新体系，加快海洋科技成果转化，构建市场导向的海洋科技成果转移转化机制，打通创新与产业化应用通道。

第四，围绕建设美丽海湾这条主线，解决公众用海需求，着力解决人民群众身边突出的海洋生态环境问题，不断提升公众临海亲海的获得感和幸福感。更加注重整体保护和综合治理，以海湾（湾区）为重要单元和行动载体，陆海统筹推进海洋污染治理、生态保护和应对气候变化；更加注重示范引领和长效机制建设，强化"水清滩净、鱼鸥翔集、人海和谐"的美丽海湾示范建设和长效监管。

（三）实践成效

第一，海洋强省建设提速，海洋经济发展活力持续彰显。《2021 年江苏省海洋经济统计公报》显示，江苏"蓝色动力"海洋经济强劲，虽然 2020 年受疫情影响同比增长率下降，但海洋经济依然稳步增长。浙江省海洋经济总体向好发展，表现出较强韧性。如图 1-4 所示，2021 年江苏省海洋生产总值（GOP）达到 9248.3 亿元，海洋经济迈上 9000 亿元新台阶，较上一年增长 12.5%，增速为近三年最高。

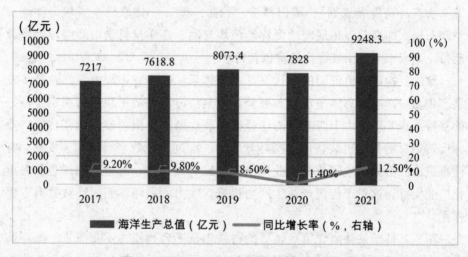

图 1-4　2017—2021 年江苏省海洋生产总值

第二，强化谋篇布局，海洋治理能力再上新台阶。2019 年 6 月 1 日，全国首部促进海洋经济发展地方性法规《江苏省海洋经济促进条例》（以下简称《条例》）正式实施。《条例》强调"沿海地区应当加强海洋资源保护利用，推进港产城联动发展""沿江地区应当实施跨江融合发展，壮大沿江海洋产业支撑带""其他地区应当推动海洋产业向内陆延伸，拓展海洋经济发展空间"。按照《条例》的规定，江苏在海洋经济规划引领、统计监测和产业发展方面做了大量工作，取得了显著成绩，覆盖全省域的海洋经济管理架构和海洋经济监测评估体系基本建立。

第三，近岸海域环境质量不断优化，海洋生态文明水平不断提高。近五年，近岸海域海水水质状况显著改善，优良（一、二类水质）海水面积比例显著高于劣质水类。2021 年，近岸海域 95 个国控水质监测点位中，达到或好于《海水水质标准》二类标准的面积比例为 87.4%，三类为 8.1%，四类为 2.8%，劣四类为 1.7%。优良（一、二类）面积比例超额完成年度目标任务，劣四类面积比例下降 7.9 个百分点。

四、福建省海洋经济强省战略实践

（一）战略目标

《福建省"十四五"海洋强省建设专项规划》指出，到 2025 年，在"海上福建"建设和海洋经济高质量发展上取得更大进步，基本建成海洋强省。海洋强省战略空间布局持续优化，基本建立现代海洋产业体系。科技创新更具动力，新增省级以上涉海创新平台 5 个，海洋新兴产业专利拥有量 6000 项，建成我国科技兴海重要示范区。海洋环境更具魅力，近岸海域水质优良比例达 86%。开放合作更具活力，福建在两岸海洋合作中先行先试作用进一步凸显。海洋治理更具效力，沿海渔船就近避风率达 93% 以上，人均水产品占有量达到 220 千克，渔民人均可支配收入不低于 3 万元。到 2035 年，在"海上福建"建设和海洋经济高质量发展上跃上更大台阶，海洋经济综合实力、海洋基础设施、海洋科技创新、海洋生态环境稳居全国前列，海洋开放合作水平迈上新高度，海洋管理体制机制进一步健全，建成具有国际竞争力的现代海洋产业基地和我国科技兴海重要示范区。

（二）主要举措

第一，持续优化海洋强省战略空间布局。坚持"海岸—海湾—海岛"全方位布局，进一步优化"一带两核六湾多岛"的海洋经济发展总体格局，着重做强两大示范引领区，提高重点海岛开发与保护水平，加快六大湾区高质量发展，推动形成各具特色的沿海城市发展格局，打造福建海洋强省建设的战略支撑空间。

第二，高质量构建现代海洋产业体系。围绕"种—养—捕—加—增"补短板强弱项，推动种业创新、养殖升级、捕捞转型、加工提质、增殖科学，打造福建"海上粮仓"。发挥深水岸线优势，大力吸引和科学布局临海产业项目，重点发展临海石油化工、临海冶金新材料、海洋船舶工业等产业，打造临海经济发展集聚区和拓展区。重点发展海洋旅游、航运物流、海洋文化创意、涉海金融等服务业，加快标准化和品牌化建设，开发新业态和新模式，实现现代海洋服务业高质量发展。突出技术创新，着重发展海洋工程装备制造、海洋信息、海洋药物与生物制品、海洋能源、邮轮游艇、海洋环保、海水淡化等七大新兴产业。

第三，高标准推进涉海基础设施建设。全面提升重点港区规模化、集约化、专业化水平，优化壮大以厦门港、福州港两个主枢纽港为核心的东南沿海现代化港口群，配套建设港铁联运一体化基础设施，打造厦门、福州等国际海运枢纽。以中心、一级渔港为主体，以二、三级渔港和避风锚地为支撑，加快推进沿海现代渔港建设工程，建设形成布局合理、定位明确、功能完善、安全可靠、环境优美、管理有序的现代渔港体系，提高渔业防灾减灾能力，推动渔业产业发展，助力渔区乡村振兴。加快补齐海洋防灾减灾配套基础设施短板，提升海洋灾害风险防治能力。

第四，高能级激发海洋科技创新动力。深入实施创新驱动发展战略，强化海洋科技自立自强，突破重点领域关键技术，加快海洋科技成果转化，夯实海洋科技创新基础。促进海洋经济高质量发展。培养引进一批海洋新兴产业等领域"高精尖缺"人才，建设海洋科学等一批涉海高峰高原学科，打造海洋领域省创新实验室等一批海洋新型创新载体。

第五，高站位打造海洋生态文明标杆。实施"碧海工程"，持续推进海洋生态保护，强化陆海污染联防联控，推动海洋生态整治修复，提升海洋生态产品的供给能力。坚持山水林田湖草沙系统治理，围绕典型生态系统，实施"蓝色海湾"综合整治和湿地修复工程，维护海洋生物多样性。建立完善生态保护补偿机制，拓展生态产品价值实现途径，推进生态产业化和产业生态化，大力发展"生态+产业"，培育海洋生态经济新业态、新模式。

第六，高水平拓展海洋开放合作空间。发挥海峡两岸融合发展示范区功能，以通促融、以惠促融、以情促融，推进闽台涉海基础设施联通，强化闽台海洋经济合作，共建海洋生态文明，增进海洋文化交流和情感认同，服务祖国统一大业。依托21世纪海上丝绸之路核心区建设，推进与"海丝"沿线国家政策沟通、设施联通、贸易畅通、资金融通、民心相通，拓展与南太平洋岛国合作空间，建设互联互通的重要枢纽、经贸合作的前沿平台、体制机制创新的先行区域、人文交流的重要纽带。充分利用泛珠三角区域合作、闽浙赣皖区域协作平台等，立足福建向海优势，服务国家重大战略实施，加强跨省合作，推进区域内山海协作，打造国内大循环的重要节点，构建海洋经济高质量发展新格局。

第七，高效能完善海洋综合治理体系。围绕海洋资源优化配置和节约集约利用，完善基于生态系统的海洋综合管理体制机制，构建现代化海洋治理体系。立足福建优势和定位,紧密围绕国家深远海发展战略需求,服务 21 世纪海上丝绸之路建设,积极参与全球海洋治理,推动构建海洋命运共同体。

(三)实践成效

第一,福建海洋经济发展稳中有进,海洋经济已成为福建经济的重要组成部分。"十三五"期间,福建海洋生产总值年均增长 14.23%,2020 年海洋生产总值突破 1 万亿元,位居全国第三。水产品人均占有量、海水养殖产量、远洋渔业产量等指标位列全国第一。2021 年福建省海洋生产总值超过 1.1 万亿元,连续七年位列全国第三,海洋经济综合实力居全国前列。图1-5 为 2017—2021 年福建省海洋生产总值。虽然海洋生产总值有波动,但波动起伏较小,总体稳定,福建省海洋生产总值年增速持续保持在 10% 以上。

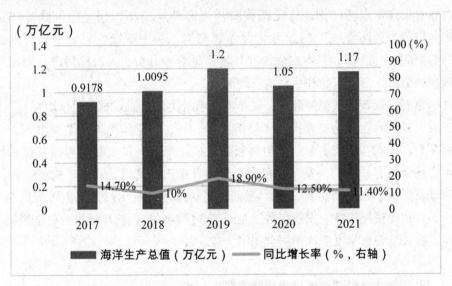

图 1-5 2017—2021 年福建省海洋生产总值

第二,渔业产业结构持续优化,渔业综合生产能力稳步提高。渔业经济指标居全国前列。"十三五"期间,全省渔业综合生产能力稳步提高。2019 年渔业经济总产值 3235 亿元、水产品总产量 815 万吨。2020 年,全省水产品总产量 833 万吨,渔业经济总产值 3136 亿元。渔业产业实现转型升级。福建省积极推动建设"海上粮仓",全省累计建成环保型塑胶渔排 56 万口、塑胶浮球筏式贝藻类养殖 30 多万亩、深水抗风浪网箱 3700 多口;"振渔 1 号""福鲍 1 号"等智能化深远海养殖平台建成投产,实现装备技术突破;培育了闽南、闽中、闽东三大水产加工产业集群和 12 个水产加工产值超过 20 亿元的渔业县。

第三，近岸海域生态环境状况保持稳定，海水质量总体良好。"十三五"期间，全省近岸海域水质稳中趋好，近岸海域一、二类海水比例达到目标要求。全省近岸海域优良（一、二类）水质比例稳步上升，劣四类水质比例逐步下降，水体富营养化总体呈下降趋势。2020 年，全省优良水质面积比例为85.2%，较 2015 年上升 5.0 个百分点。劣四类水质面积比例为 3.1%，较2015 年下降了 1.3 个百分点。虽然 2021 年优质水类比例有所下降，但下降比例不大，近岸海域水质依然良好。

第四，海洋生态保护修复成效明显，海洋环境监管能力逐步提升。沿海地区持续加强海岸带环境综合整治，实施"蓝色海湾""南红北柳""生态海岛"等一批生态修复重点项目，修复海岸线 115 千米。按照陆海统筹、全面覆盖、聚焦重点的原则，优化调整海洋生态环境监测网络，建设涵盖"沿岸—港湾—台湾海峡"的业务化海洋观测网。基于省级生态云平台，构建"海洋信息一张图"，基本实现海洋环境质量管理分析、入海排污口与海漂垃圾监视监管、海上应急和执法的管理调度。

第五，创新体系更加健全，创新环境不断优化，创新能力明显增强。"十三五"期间，全社会研发投入年均增长 18.4%，比全国平均水平高出 6.2 个百分点。国家高新技术企业总数增长两倍多。每万人口发明专利拥有量和技术市场合同交易额翻一番多。福州、厦门、泉州、龙岩、晋江、福清进入国家创新型城市和创新型县（市）行列。高新技术产业化效益指数居全国第 4位，科技促进经济社会发展指数居全国第 9 位，科技创新环境指数居全国第 9位，公民具备科学素质比例居全国第 7 位。

五、上海市海洋经济强市战略实践

（一）战略目标

"十三五"期间上海市海洋发展规划指标和重点任务基本完成，海洋生产总值稳步提升，上海市已进入向海洋强市转变的关键阶段。《上海市海洋"十四五"规划》指出，到"十四五"末，海洋资源管控科学有效，强化海域海岛监督管理，提高数字化治理水平。进一步摸清全民所有海洋资源资产家底，有效保护和集约利用海洋资源。与陆域、流域相协同的海洋资源利用、生态保护机制更加健全。不断提高海洋生态空间品质，全面落实海洋生态红线保护管控，大陆自然岸线保有率不低于 12%，海洋生态修复面积不低于 50 公顷，海洋生态质量持续改善，海洋碳汇能力和海洋绿色发展水平不断提升。海洋经济质量效益显著提升，预期全市海洋生产总值达到1.5万亿元左右，海洋新兴产业规模不断壮大。海洋科技支撑引领作用进一步提升，海洋创新要素不断集聚，全球海洋中心城市能级稳步提升。

（二）主要举措

第一，高水平保护利用海洋资源。加强海洋资源空间管控，坚持陆海统筹，统筹生态生产生活空间布局、资源供给、生态环境保护，协同编制上海市海岸带综合保护与利用规划，纳入国土空间规划"一张图"，推进基于生态系统的海岸带综合管理；统筹推动海洋绿色低碳发展，构建海洋碳汇调查监测评估业务化体系，定期开展海洋碳汇本底调查和碳储量评估，掌握海域碳源碳汇格局。推动海洋生产方式绿色低碳转型，鼓励通过技术革新降低传统海上作业能耗。

第二，高质量推动海洋经济发展。以实施临港新片区、崇明长兴岛国家海洋经济创新示范工作为契机，推进构建以新型海洋产业和现代海洋服务业为主导的现代海洋产业体系，培育经济增长新动能。深化蓝色经济空间布局，完善"两核一廊三带"的海洋产业空间布局，助力海洋产业结构优化和能级提升。拓展海洋开放合作领域，积极融入"长三角区域一体化发展"战略，协同推进长三角区域海洋产业高质量发展，加强沿海城市海洋经济沟通协调。发挥海洋城市门户功能，为21世纪海上丝绸之路建设和全球海洋治理积极服务，参与中欧蓝色伙伴关系等重大海洋国际合作项目，开展相关战略、规划、机制研究，为构建海洋命运共同体贡献"上海智慧"。

第三，提升海洋科技成果转移转化成效。发挥临港新片区、崇明长兴岛国家海洋经济创新示范效应，聚焦"政产学研金服用"，协同推动涉海科研院所、高校、企业科研力量优化配置和资源共享，推进海洋科技成果转移转化，创建海工装备创新联盟、海洋新能源产业联盟，推进海洋产业基础高级化、创新链产业链供应链现代化，服务海洋"制造"向"智造""创造"转型。支持海洋国家实验室、海洋科技创新院士工作站、海洋装备及材料研究中心、海洋综合试验场等功能平台建设，重点突破海洋智能装备、深远海勘探开发、极地考察、海洋新材料、海洋生物医药等领域"卡脖子"技术，推动北斗技术、生物技术、信息技术、新材料、新能源等创新技术和成果应用于海洋资源保护开发。

第四，高标准提升海洋灾害防御能力。推进海洋观测站网建设，编制海洋观测网中长期规划，基本形成由岸基、海基和空基组成、覆盖重点海域、岸段和海岛的海洋观测网，增强海洋立体感知能力。强化海洋预警预报服务能力，建设海洋应急预警报辅助系统，应对海上突发事故。加强海洋灾害风险防控能力，开展海洋灾害风险普查，建立海洋灾害隐患管控清单和定期排查巡查机制。提升海洋灾害应急处置能力，开展赤潮、咸潮等突发性海洋事件应急监测，健全海洋灾害应急处置预案体系，健全海洋灾害调查与评估工作机制，建立"市—区—镇"三级灾情信息员队伍，提升灾情统计报送的准确性和时效性。

第五，高效能服务重点区域发展。服务临港新片区高品质发展推进临港新片区依托海洋创新园等载体，瞄准全球海洋科技发展前沿，围绕"海洋+智造"主线，聚焦海底探测与开发、极地海洋、海洋智能装备、海洋生物医药等领域，着力打造蓝色产业集群。鼓励临港新片区生命蓝湾发展海洋生物医药，探索建立海洋基因库。做好东海大桥风电场二期升级扩建4万千瓦、三期10万千瓦、南汇60万千瓦海上风电场工程用海保障。聚焦海工装备产业发展模式创新，协调推进海洋科技创新示范基地、海洋装备协同创新园建设，打造海洋装备产业集群，重点发展高端船舶、海洋工程装备产业，提升海洋装备智能制造水平。

（三）实践成效

第一，海洋经济发展平稳有序。如图1-6所示，上海市海洋生产总值从2015年的6759亿元到2019年首次突破万亿元，2020年达到9707亿元，占全市生产总值的25.1%。2021年上海实现海洋生产总值10366.3亿元，同比名义增长6.8%，占当年全市生产总值的24.0%，上海海洋生产总值稳步提升，连续多年位居全国前列。基本形成了以临港和长兴岛双核引领，杭州湾北岸产业带、长江口南岸产业带、崇明生态旅游带协调发展，北外滩、张江等特色产业集聚的"两核三带多点"海洋产业布局。

第二，主要海洋产业强劲恢复，发展潜力与韧性彰显。海洋交通运输业发展态势良好，全年实现增加值869.9亿元，同比名义增长34.2%。根据《2021新华·波罗的海国际航运中心发展指数报告》，上海依旧位列2021年全球航运中心城市综合实力第3名。海洋船舶工业稳步发展，全年实现增加值137.9亿元，同比名义增长6.9%。与此同时，海洋油气业、海洋电力业、海洋生物医药业增长较快，全年分别实现增加值18.7亿元、6.5亿元和4.0亿元，同比名义增长分别为43.8%、47.7%和48.1%。

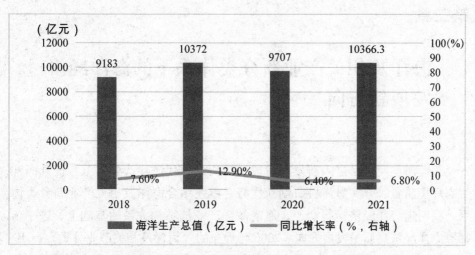

图1-6 2017—2021年上海市海洋生产总值

第三，产业结构逐步转型升级，海洋高新技术成果产业化进程加快。上海逐步形成了以传统海洋产业为主导，以海洋战略性新兴产业为新发展动能的现代海洋产业体系。优势互补、特色明显、集聚度高的"两核三带多点"的海洋产业功能布局日渐成型，区域海洋经济形成错位竞争、互补合作局面。海洋先进制造业发展成效显著，23000TEU超大型集装箱船、大型液化天然气运输等海洋产品具备较强国际竞争力，"海上大型绞吸疏浚装备的自主研发与产业化"项目的获奖，标志着"天鲸号"系列绞吸船为代表的我国海上大型疏浚装备，已成为疏浚港口航道和实施"一带一路"沿线国家海洋工程的主力军，也成为推动国家经济快速发展的强大动力。

第四，海洋环境质量总体保持稳定，海洋资源管控扎实有效。近几年，上海近岸水域水质持续改善。2021年上海海洋环境质量总体保持稳定，海域符合海水水质标准第一类和第二类的面积占25.4%，符合第三类和第四类的面积占14.4%，劣于第四类的面积占60.2%，长江河口水域水质总体稳定。上海市严格实施海岸线分类保护，实现了大陆自然岸线保有率不低于12.0%的约束性指标。建成市区两级海域动态监视监测管理系统和上海市海岛综合管理平台并投入业务化运行，海洋生态保护修复初见成效。

第二章

海洋及相关产业新分类体系下的海洋经济发展新方向

东海海洋经济已进入新发展阶段，为构建现代海洋产业体系、提升海洋生态环境质量、夯实海洋科研创新优势，亟须结合海洋及相关产业新分类体系，在明晰海洋经济运行状况、厘清海洋产业链结构关系的基础上，进一步探寻海洋经济高质量发展方向。2006 年颁布的《海洋及相关产业分类》（GB/T 20794—2006）为海洋经济统计工作和海洋经济管理活动的有效开展发挥了重要作用，但在新时代背景下，其已不能全面深入地反映中国海洋事业的发展水平，难以引导海洋经济沿着正确轨道向前发展，为满足"建设海洋强国"战略需要，《海洋及相关产业分类》（GB/T20794—2021）应运而生。本章基于海洋及相关产业分类体系的调整优化，在梳理和归纳分类标准新旧变化的同时，深入研究新标准对东海海洋经济的直接影响和间接效用，并以代表性海洋产业为引，进一步探讨东海海洋经济的未来前景和路径选择。

第一节　背景意义

蓬勃发展的海洋事业是国家兴盛富强、社会长治久安、人民幸福安康的重要保障，在新时代海洋强国建设背景下，为打造海洋高质量发展战略要地、发挥海洋经济的支撑作用、实现海洋生态环境的长效治理、奠定海洋科技创新的坚实根基，海洋及相关产业新分类体系应运而生，本研究将对新分类体系出台的时代背景、实施意义及修订原则进行详细阐述，以期为后续的影响分析夯实基础。

一、时代背景

蕴藏丰富资源的海洋既是人类赖以生存的"第二疆土"和"蓝色粮仓"，也是世界各国推动经济社会发展、参与国际竞争的战略要地。随着经济全球化和区域经济一体化进程持续加深，以及新冠疫情、俄乌冲突等"黑天鹅"

事件陆续出现，海洋与国家战略利益、经济命脉的联系越发紧密，欧美日等发达国家和以中国为代表的发展中国家均高度重视海洋生态价值、经济效益等的实现，以掌握海洋话语权和主导权为目标，积极培育壮大海洋新兴产业，改造升级海洋传统产业，并在海洋生物、深海勘探、环境监测等科研重点领域统筹布局，不断夯实海洋经济高质量发展的根基。以日本和美国为例，日本国土面积狭小，陆地资源匮乏，经济发展对海洋资源和海洋空间的依赖程度较高，为谋求海洋利益、增强国家实力，日本实施进取性的海洋经济战略，积极探索海洋渔业、海洋船舶工业发展新路径，大力扶持海洋信息、海洋生物医药等新兴产业，在细化产业分工、拓宽业务领域的同时，加速新型海洋产业体系构筑，推动海洋经济向经济社会各领域的全面渗透。美国是海洋资源开发利用最早、开发程度最高的国家，其作为海权论的发源地，不仅出台了一系列前瞻海洋战略规划，还建立完善的海洋管理服务体系，为占领全球海洋经济制高点，美国斥巨资推动海洋科技产业发展，布局世界级海洋科研机构和转化园区，在海洋可再生能源、海洋生物医药制品、海洋高端装备制造、海水淡化与综合利用等领域均保持全球领先地位。

作为拥有约 300 万平方千米海域、18000 多千米海岸线的海洋大国，积极挖掘海洋经济潜力、保护海洋生态环境、提高海洋科研水平是中国在新时代加快建设海洋强国，迈向高质量发展的题中应有之义。经过社会各界的不懈努力，中国在关心海洋、认识海洋、经略海洋方面取得了丰硕成果。在经济领域，中国海洋经济始终保持稳步增长的态势，海洋生产总值由 2001 年的9518 亿元增至 2021 年的 90385 亿元，对国民经济增长的贡献率为 8.0%，占沿海地区生产总值的比重达 15.0%，其中海洋电力业、海水利用业和海洋生物医药业等新兴产业不断壮大，海洋渔业、海洋船舶工业、海洋交通运输业等传统支柱产业加快转型步伐，海洋科研教育管理服务业的支持作用日趋凸显。在环境领域，中国海洋生态环境治理工作成绩斐然，在"十三五"期间，全国近岸海域优良水质比例由 73.4% 提高至 77.4%，入海河流Ⅰ～Ⅲ类水质断面比例上升 21.0%，劣Ⅳ类水质断面比例下降 20.0%，水环境质量呈明显改善趋势，同时，滨海湿地和岸线保护修复工作稳步推进，五年共整治修复海岸线 1200 公里，滨海湿地 23000 公顷，海洋生态环境状况基本保持稳中向好的发展态势。在科技领域，中国海洋科研创新投入持续增加，高层次人才队伍加快壮大，创新成果不断涌现，《全球海洋科技创新指数报告（2020）》指出，中国海洋科技创新能力稳步提高，其综合排名由 2016 年的第 10 位上升至第 4 位，在创新产出和创新应用领域的进展尤为迅速，已实现由第三梯队向第二梯队的跻身。

中国海洋事业已进入新的发展阶段，在海洋新产业、新业态持续涌现的同时，新问题、新挑战也不断出现。第一，海洋产业低质化、同构化问题严重，由于对已有发展路径的依赖，中国海洋经济仍未摒弃粗放式的增长方式，战略性新兴产业的辐射和引领作用并未有效发挥，技术基础薄弱、产品附加值低、市场竞争力弱等问题在海洋企业中较为普遍，并且各沿海省市尚未依据地区比较优势形成差异化发展战略，产业结构呈现趋同倾向，项目雷同、重复建设不仅导致海洋资源的浪费和破坏，还遏制了海洋产业的创新性发展。第二，海洋生态环境治理难度不断提高，随着海洋生态环境治理向"深水区"推进，近岸海域污染防治、滩涂湿地保护恢复、海洋灾害长效防控等工作逐步陷入瓶颈，局部海域水质难以改善、红树林修复进展缓慢、海洋环境监测水平不足等问题日趋凸显。第三，海洋科研人才总量不足、结构失衡、地区分布不均、领军人才匮乏等已成为制约海洋科研创新能力提升的重要瓶颈，并且由于处在后发追赶阶段，中国不仅在海洋科研资金存量方面的劣势较为明显，在海洋基础研究领域的投入也相对不足，与先进国家的差距依旧悬殊，难以突破欧美依托先发优势构筑的科研壁垒。此外，产学研未紧密结合，高校院所与企业之间缺乏有效衔接将阻碍海洋科研成果向现实生产力的转化，不利于海洋经济向高质量发展迈进。

二、实施意义

为合理界定海洋经济概念、科学划分海洋产业，中国于 2006 年颁布海洋经济领域的第一个国家标准《海洋及相关产业分类》（GB/T 20794—2006），该标准的贯彻落实，为海洋经济统计工作和海洋经济管理活动的有效开展发挥了重要作用。但随着海洋经略能力的不断提高，中国在海洋渔业、沿海滩涂种植业、海洋矿业、海洋船舶工业等多个领域均实现了较大的突破，海洋传统产业加速转型，海洋新兴产业陆续涌现，在海洋产业蓬勃发展的新阶段，2006 年版《海洋及相关产业分类》中对部分产业粗略划分的问题日渐凸显，已不能全面深入地反映中国海洋产业的发展水平，难以清晰准确地衡量海洋经济对国民经济的贡献。为满足"建设海洋强国"战略的需要，国家海洋信息中心开展了海洋及相关产业分类的修订工作，经过数年的筹备，《海洋及相关产业分类》（GB/T20794—2021）于 2021 年 12 月 31 日正式发布，并于2022 年 7 月 1 日起正式实施。对于政府而言，海洋及相关产业新分类体系的出台将推动政府实施兼具针对性、实效性和前瞻性的政策举措，通过财政补贴、税收优惠、贷款贴息等方式对相关产业进行扶持和引导，在促进传统产业向高端化、智能化、绿色化迈进的同时，有效释放新兴产业发展新动能。对于产业而言，新标准的落实将优化中国海洋产业结构，实现资源在海洋产业之间的最优配置和高效利用，尤其在高耗能和资源依赖型的传统产业对海洋经济增长的贡献率不断下降、技术知识密集型的新兴产业的重要性不断凸显的当下，调整海洋及相关产业分类结构，有助于明晰海洋产业发展潜力和未来方向，集中资源力量在前沿性、战略性、基础性领域率先实现突破，全面推进海洋事业提质增效。对于企业而言，新标准的执行将帮助企业明确战略定位和竞争优势，或在产业细分领域精耕细作，培育自主创新能力，提升专业化水平，打造品牌差异化价值，或基于自身核心业务，不断向全产业链上下游延伸，提高生产运营效率，增强抗风险能力和价值创造能力，实现资源的高效整合，以巩固和提升在全球价值链中的地位。

为抢占蓝色经济制高点，新标准大力推动海洋渔业、海洋矿业、海洋旅游业等传统产业迭代升级，高度重视海洋工程装备制造、海洋药物和生物制品、海水淡化与综合利用等新兴产业培育壮大，同时，聚焦海洋经济的长远发展，在海洋科研教育、海洋生态环境、海洋配套产业等领域进行紧锣密鼓的布局，以准确把握全球海洋经济发展战略机遇。海洋及相关产业新分类体系的出台对中国海洋事业发展具有重大意义：第一，夯实海洋经济高质量发展基础。新标准的一系列调整将促进科研创新、人才培养与海洋经济深度融合，加快构建区域特色鲜明、产业体系完善、产业结构优化的现代海洋产业架构，在逐步摒弃粗放式的海洋经济增长模式的基础上，稳步构筑陆海协调、人海和谐的海洋开发格局，实现海洋经济发展新蓝图的科学擘画。第二，筑牢海洋安全屏障。新标准以海洋经济安全、生态安全、资源安全等为核心关切，通过加快海洋高新技术推广应用、引导多元主体协同治理、促进区域协调陆海统筹，将安全发展贯穿于海洋事业发展的全过程和各领域，推动海洋生态环境质量改善、海洋资源利用效率提高、海洋产业链抵抗和恢复能力增强，不断筑牢海洋高质量发展安全屏障，有效防范和化解影响中国海洋事业的各种风险。第三，推动国家战略落地落实。新标准积极响应"碳达峰、碳中和"、粮食安全等国家战略，通过加快沿海滩涂综合利用开发、推进现代海洋牧场逐步完善健全、驱动加工体系绿色低碳发展，促进蓝碳资源生态价值和经济价值的同步实现，保障粮食总量，尤其是动物蛋白和水产品的高效供给，促使海洋渔业资源和海洋生态系统的有效恢复，为国家战略的深入实施保驾护航。

三、修订原则

为契合时代发展需要，促进海洋事业高质量发展，海洋及相关产业新分类体系遵循科学性、系统性、前瞻性、创新性、客观性、可行性等原则，围绕海洋工程装备制造、海水淡化与综合利用等新兴产业，以及海洋船舶、海洋旅游等传统产业进行了一系列修订，在推动新兴技术在海洋领域广泛应用的同时，促使海洋经济新业态新模式不断涌现，加快海洋强国建设步伐，助力中华民族伟大复兴中国梦的实现。

科学性与系统性原则并重。科学性原则指以海洋及相关产业稳定的本质属性为基础，充分衔接国家标准与国际标准，形成科学合理的产业分类体系。新分类标准以 GB/T 4754—2017《国民经济行业分类》为依据，充分借鉴第一次全国海洋经济调查的实践经验及各部门反馈意见，通过丰富海洋产业内涵、拓展海洋产业范围，清晰反映海洋经济发展态势，明确表明海洋产业未来发展重点。系统性原则指在涵盖海洋及相关产业关键要素的同时，根据其典型特征，按特定的逻辑关系构建条理清晰、层次分明的分类体系。新标准基于海洋经济活动同质性、海洋经济特殊性、海洋基本单位同质性和海洋产业归属主体性，将分类体系由 2 个类别、29 个大类、107 个中类、380 个小类，调整为 5 个类别、28 个大类、121 个中类、362 个小类，通过层层递进、逐级细分以及精简合并、归纳重构，精准把握海洋产业客观实际，全面推进海洋统计工作深度发展，在凸显各产业之间广泛存在的、复杂密切的技术经济关联的同时，保障海洋数据资料的有效提供和及时共享。

前瞻性与创新性原则并举。前瞻性与创新性原则强调新分类体系应立足高远，与国家战略同频共振，在加强前沿探索和前瞻布局的同时，以海洋科研创新为切入点，积极推动海洋科研成果转化和产业化进程，进一步挖掘海洋发展潜力，实现海洋资源与海洋经济、海洋环境的协同共进。新标准通过新增补充、细化拆分、合并精简等手段，增强海洋渔业、海洋旅游业、海洋工程建筑业等的支柱作用，保障海洋经济运行稳中向好，加速海洋工程装备、海洋生物医药、海水淡化利用等新兴产业的崛起，引领海洋经济向高质量发展阶段迈进，同时，不断夯实海洋科研教育基础，持续优化海洋公共管理服务，逐步打通上下游产业链堵点断点，促进海洋开发从近海走向深海远洋，建设绿色可持续的海洋生态环境，提高海洋科研资源配置效率和自主创新能力，为加快建设海洋强国、实现中华民族伟大复兴贡献力量。

客观性与可行性原则兼顾。客观性原则要求新分类体系从实际出发，根据新发展理念，对原有产业的名称、内容、层级等进行调整，并将已形成一定规模，且具有发展前景的新产业、新业态、新模式纳入其中，准确反映海洋经济发展阶段和海洋产业整体特征。可行性原则强调新分类体系出台的目的在于推进海洋及相关产业的数据化管理，保障海洋经济调查、监测、统计、核算、评估等工作的有序开展，故应统筹考虑产业的全面性和数据的可获得性，涵盖第一、二、三产业中涉及海洋及相关产业的全部内容。新标准在已有框架的基础上，通过更改海洋及相关产业分类代码表中类别、个别大类及若干中类、小类的条目、名称、范围和说明，进一步丰富海洋经济核心层、支持层和外围层的内涵，明确各产业的战略地位和作用，在保证海洋经济数据规范客观、科学可比的同时，为海洋经济运行监测与评估提供坚实可靠的技术支撑，全面提升海洋经济统计工作的频度、深度和广度。

第二节　实质变化

通过对比海洋及相关产业分类新旧结构可知，新标准将海洋经济分为海洋经济核心层、海洋经济支持层和海洋经济外围层，并在产业分类层面做进一步细化，把海洋经济划分为海洋产业、海洋科研教育、海洋公共管理服务、海洋上游产业、海洋下游产业等5个产业类别，下辖28个产业大类、121个产业中类、362个产业小类。本节将参考新标准根据海洋经济活动性质对海洋经济的划分，从海洋经济核心层、支持层和外围层3个方面分析海洋及相关产业分类的实质性变化。

一、海洋经济核心层

海洋经济核心层是推动海洋经济持续稳定健康发展的主导力量，是政府履行宏观调控、建设生态文明、促进科技创新的重要抓手。新分类体系将原"海洋产业"细分为"海洋产业""海洋科研教育"和"海洋公共管理服务"3个类别，海洋经济核心层仅包括拆分后的"海洋产业"。本节将根据产业大类的新增补充和调整变更，分析海洋经济核心层产业类别的实质变化。

通过对比新旧《海洋及相关产业分类》可知，"海洋产业"共新增了3个产业大类，分别为"沿海滩涂种植业""海洋水产品加工业""海洋工程装备制造业"，其中"沿海滩涂种植业"由原"海洋相关产业"大类"海洋农、林业"调整而来，"海洋水产品加工业"是从中类（原属于"海洋渔业"）

提升为大类，"海洋工程装备制造业"的部分中、小类从原"海洋相关产业"大类"海洋设备制造业"调整获得。新增上述海洋产业一方面是为响应国家发展战略，推动海洋经济同国家宏观需求相适应，如突出涉海农林业地位，积极发展沿海滩涂种植是保障我国粮食安全、维护社会稳定的重要举措，大力发展海洋工程装备制造是推进海洋强国建设、提高海洋经济竞争力的重点任务。另一方面是为与海洋产业实际发展水平相契合，如2021年中国水产品加工业总产值达4496亿元，其中海洋加工产品总量占比在80%以上，海洋水产品加工业的重要性日趋凸显，故再将"海洋水产品加工业"置于"海洋渔业"中已不符合实际，需要将其提升至大类以促进长远发展。随着海洋经济发展空间的不断拓展，我国海洋产业结构和布局日趋合理，对产业名称、内容、范围等进行调整有助于明确发展定位、聚焦重点领域，更准确清晰地反映海洋经济运行情况。新标准对各产业大类的调整主要基于以下3方面的考虑。第一，契合经济社会发展新形势，落实新发展理念。如"海洋矿业"将原中类"海滨砂矿采选"和"海滨土砂石开采"下降为小类，以保护海洋生态环境，避免资源过度开采；"海洋电力业"将原小类"海洋风能发电"提升为中类，并更名为"海洋风力发电"，在匹配海上风电快速发展现状的基础上，助力缓解能源短缺危机，促进人与自然和谐共生；"海洋工程建筑业"新增小类"跨海桥梁工程建筑"，在推动地区协调发展、提高资源整合能力的同时，促进海洋工程项目稳步实施，加快智慧港口、5G海洋牧场平台等新型基础设施建设。第二，充分发挥海洋资源禀赋，进一步挖掘海洋经济的发展潜力。如"海洋矿业"新增中类"海底矿产资源采选"，助推海洋资源开发由浅海向深海水域迈进；"滨海旅游业"更名为"海洋旅游业"，并对所属中小类进行内容调整，通过统筹兼顾滨海、近海和远洋的旅游资源，激发海洋旅游新增长点，以有效应对疫情对滨海旅游业的巨大冲击。第三，适应产业高质量发展需要，抓住产业新增长点。如"海洋船舶工业"新增中类"海洋船舶改装拆除与修理"和"海洋船舶配套设备制造"，完善海洋船舶配套产业，形成产业链生态优势以实现稳定发展；"海洋生物医药业"更名为"海洋药物和生物制品业"，新增小类"海洋原料药制造"和中类"海洋生物制品制造"，细化海洋生物医药业分类有利于促进生物技术创新与产业化，并辐射带动海洋医药深入发展；"海水利用业"调整名称为"海水淡化与综合利用业"，在加快海水淡化技术研发应用、有序推进重要海岛开发建设的同时，利用海水淡化业即将迎来的跨越性发展，为蓝色经济开拓更广阔的发展空间。

二、海洋经济支持层

海洋经济支持层是夯实海洋经济发展基础，保障海洋产业高质量发展的关键支撑，其着力于专业人才的培育、高新技术的研发和管理服务的提升，为海洋经济健康有序运行发挥了重要作用。考虑到海洋经济支持层包括的产业类别，本节将基于"海洋科研教育"和"海洋公共管理服务"的实质变化展开分析。

（一）海洋科研教育

"海洋科研教育"包括"海洋科学研究"和"海洋教育"两个大类，通过对比新旧产业结构可知，新标准对海洋科教产业的重视程度明显提高，如"海洋科学研究"将原小类"海洋自然科学研究"和"海洋社会科学研究"提升至中类，并做进一步细分，新增"物理海洋学研究""海洋气象学研究""海洋经济学研究"等产业小类。这表明科技进步是推进海洋产业专业化、精细化分工，促使海洋产业结构向高级化演变的关键，高素质人才是海洋技术服务等知识密集型产业持续稳定发展的重要支撑，加快海洋科教提质增效以改造提升传统行业、培育壮大新兴产业是新时代建设海洋强国的重要举措。

（二）海洋公共管理服务

"海洋公共管理服务"聚焦于海洋生态保护、海洋权益维护、海洋资源开发等问题，以政府行政机关及各类涉海企事业单位等为主体，生产或提供各种公共服务产品。故参考现代服务业的分类方法，从基础性服务和生产性服务两个角度分析新标准的变化及其意义。第一，海洋基础性公共管理服务持续完善。如为丰富海洋信息服务内容、提高海洋资源开发能力，合并原大类"海洋信息服务业"与"海洋环境监测预报服务"为"海洋信息服务"，并新增"海洋信息采集服务"等产业中类；为深化海洋环境统筹治理、强化海洋生态保护，将原小类"海洋和海岸自然生态系统保护"与"海洋特别保护区管理"合并为"海洋自然生态系统保护"，将原小类"海洋环境保护管理"拆分为"海洋生态修复管理"和"海洋环境保护管理"。第二，海洋生产性公共管理服务加快发展。如为充分开发利用海洋资源、激发海洋经济新增长点，新增"海洋资源管理服务""海域使用技术服务"等产业小类；为方便海洋企业开展业务、促进海洋事业发展，将原小类"海港港务船只调度""海上运输监查管理"和"海洋交通运输业管理"合并为"海洋交通运输业管理"，合并原小类"海洋遥感服务"和"海洋测绘服务"为"海洋测绘地理信息服务"。

三、海洋经济外围层

海洋经济外围层是增强海洋产业链、供应链自主可控能力，助力现代海洋产业体系完善的重要力量。为明确产业发展定位，方便政府精准施策，新标准细分"海洋相关产业"为"海洋上游相关产业"和"海洋下游相关产业"，本节将对海洋上下游相关产业的具体变化进行梳理。

（一）海洋上游相关产业

"海洋上游相关产业"包括"涉海设备制造""涉海材料制造"两个产业大类，具有高技术、高投入、高风险的特征。通过对比新旧产业分类结构，发现新标准进行了以下两方面调整。第一，积极应对市场变化，完善产业配套体系。如为满足涉海设备长期稳定的运行需要，新增"海洋渔业和水产品加工设备修理""海洋船舶辅助设备修理"等产业小类，为助力海洋战略新兴产业蓬勃发展，新增"海底传输材料制造""海洋防护材料制造"等产业中类。第二，契合海洋经济发展需要，帮助企业精准定位。如为引导涉海企业深耕主业，提高专业化发展能力，合并原小类"海洋水产品专用制冷设备制造""海洋水产品加工机械制造"等为"海洋水产品加工设备制造"，将原"海洋化工专用分离设备制造""海洋化工自动控制系统装置制造"等产业小类合并为"海洋化工设备制造"。

（二）海洋下游相关产业

"海洋下游相关产业"在为"海洋上游相关产业"提供服务的同时，需要对涉海产品进行再加工处理，进而将产品推向市场以实现经济价值。通过分析新旧产业分类结构可知：第一，新标准为涉海企业做大做强创造条件。如为拓展企业经营范围，新标准将原小类"海洋化工产品批发""海洋医药保健品批发与零售"等合并为"其他海洋产品批发与零售业"，同时，合并原小类"氮肥制造""钾肥制造"等为"海洋化工肥料制造"。涉海企业将获得新的利润增长点，还可利用新业务的开拓推进原领域的深耕。为完善涉海经营服务，新标准新增"船舶资源供应服务""劳务服务"等产业小类，并将原"涉海企业投资服务""涉海财务及税务服务"等产业小类合并为"其他涉海商务服务"，帮助海洋实体经济向提质增效迈进。第二，新标准助力产业链整合重构。为整合经济资源向产业链上下游延伸，新标准将"海洋水产品批发"和"海洋水产品零售"，"海水淡化产品批发"和"海水淡化产品零售"分别合并为"海洋水产品批发与零售"和"海水淡化产品批发与零售"。推动涉海相关企业向批零一体化发展，在避免资源重复建设、降低运营管理成本的同时，逐步激发企业规模效益，提高议价能力，为自主品牌产品的培育夯实基础。

第三节 发展影响

本节聚焦于东海海洋经济的高质量发展，从推动海洋经济提质增效、促进海洋环境持续改善、增强海洋科研创新能力三个角度探讨 2021 版《海洋及相关产业分类》对苏浙闽沪三省一市建设海洋经济强省的正面效用，以进一步凸显新分类体系在"关心海洋、认识海洋、经略海洋"方面的积极影响。

一、以提质增效为核，驱动海洋经济跃升

海洋产业新分类体系的出台，将促进苏浙闽沪海洋经济的转型升级和优化调整，加快现代海洋产业体系构建，有效保障海洋经济安全，实现稳定、均衡和可持续发展，助力海洋经济强省建设。

（一）助推海洋经济转型升级

在苏浙闽沪三省一市中，海洋经济方兴未艾，在补充陆域经济、缓解陆域压力等方面起到了关键作用，但传统的粗放发展模式已难以适应社会经济深层次发展的需要，亟须以创新为核心动力，打造高质量向海之路。海洋及相关产业新分类体系的实施将助推海洋经济向高端化、高效化、绿色化迈进。第一，高端化。新标准对海洋产业进行新增补充和细化拆分，推动资源向具有高附加值、高技术、高效益特征的海洋产业倾斜，大力培育海洋新能源、海洋工程装备等新兴海洋产业，加快关键技术等的发展以实现海洋高端产业领域的突破，同时，积极引导相关企业加大市场深耕力度、提升自主创新能力，精确匹配细分市场需求，提供差异化的产品或服务，以获得可持续的竞争优势，向价值链高端环节跃升。第二，高效化。新标准强调新兴技术在海洋领域的运用，同时，聚焦海洋信息服务、技术服务等的效能，着力生产性服务业的完善。通过加快技术融合、优化服务供给、提高管理效率，海洋产

业将更加合理高效地利用海洋资源与空间，在降低投入水平的同时，提高产出效益，实现海洋经济的高效化发展。第三，绿色化。基于绿色可持续发展理念，新标准对污染较高的海洋产业进行积极调控，强调对海洋矿产资源、油气资源等实行保护式利用，并重视海上风能等清洁能源的开发，推动可再生能源装备制造业的发展，将引领海洋经济迈向绿色化，为经济与环境协同共进的海洋强国建设添砖加瓦。

（二）培育海洋经济新增长点

海洋及相关产业新分类体系的出台将开辟海洋经济发展新领域，培育壮大海洋经济新增长点，加快释放海洋经济高质量发展的澎湃动力。东海海域不仅拥有丰富的油气资源和生物资源，波浪能与潮汐能的发展潜力也明显高于其他三大海域，此外，海陆优势兼具的海岛资源量冠绝全国（占比达66%），源远流长的海洋文化独树一帜，在此背景下，如何促进东海海洋资源的有序开发与合理利用，实现经济效益的充分挖掘进而引领海洋经济蓬勃腾飞，是苏浙闽沪亟待解决的难题。为提高海洋资源开发层次和利用水平，2021版《海洋及相关产业分类》进行了一系列针对性的修订。新标准重视海底矿产资源的采选，鼓励海洋旅游资源的挖掘，强调海洋生物制品的发展，推动海水淡化技术的应用，推动海洋信息技术服务的建设，其在加快新兴海洋技术商品化、市场化的同时，促进新旧海洋产业融合发展，通过对海洋资源进行立体式、全方位、综合性的开发，激发海洋经济新增长点不断涌现，带动海洋经济持续复苏，实现发展新突破。

（三）强化海洋经济安全保障

为契合国家战略发展需要，2021版《海洋及相关产业分类》聚焦海洋经济安全问题，对产业类别进行了大幅度的调整，在稳步推动苏浙闽沪海洋产业链优化升级的同时，着力促进"耕海牧渔"新气象的擘画。第一，新标准高度重视产业链自主可控能力的提高。为提高海洋经济产业链条的完整程度、创新水平和集聚态势，新标准大力推进纵向产业链的打造，通过将海洋船舶设备及材料制造等移入海洋经济核心层、新增海洋工程装备制造和海洋防护材料制造等具有强辐射能力的高新技术产业，引导和带动优质资源向海洋战略新兴产业集聚，加快关键核心技术的突破，打通产业链的堵点和断点。同时，新标准积极推进横向产业链的完善，通过发展海洋专业技术服务、海洋信息采集服务、涉海经营服务等生产性服务业，助力涉海企业信息交流、资源共享和专业化协作，在缩短供应链距离的基础上，确保产业链各环节的紧密衔接。第二，新标准着力推进"蓝色粮仓"建设，随着国民健康观念的增强和膳食结构的改善，以及土地资源有限、水资源短缺、化肥农药污染等问题的凸显，亟须开辟广阔的蓝色国土，加强"蓝色粮仓"建设以夯实海洋经济高质量发展的基础。新标准高度重视沿海滩涂种植业的发展，将涉海农作物种植等作为海洋核心产业进行培育，推动各级政府加大对海水农业相关领域的支持力度，统筹盐碱地、滩涂湿地、近岸海域等的综合开发，并引导社会资本有序投入，积极参与耐盐作物的培育与种植，加快滨海湿地生态系统的保护与恢复，为海洋渔业提质增效和海产品稳产保供夯实基础。

二、以绿色转型为引，夯实海洋经济基础

在东海海洋生态环境形势依然严峻复杂的当下，海洋及相关产业新分类体系的实施将通过深化海洋生态环境治理成效、增强海洋生态环境治理体系现代化水平、营造共建共治共享的海洋治理格局，对海洋生态优先和绿色发展的新路径进行积极探索，为内生发展动力的持续提升、资源与环境瓶颈约束的有效突破以及粗放型经济增长模式的稳步转型夯实基础。

（一）促进海洋生态环境长效治理

为巩固"十三五"海洋保护成效，响应"十四五"海洋治理目标，实现东海海洋生态环境质量持续改善，2021 版《海洋及相关产业分类》在积极推动海洋资源绿色科学开发的同时，大力发展海洋生态环境保护修复。第一，可持续开发利用海洋资源。新标准积极推进资源节约型、环境友好型的工程技术研究，大力发展水上水下作业装备及专用材料，通过提高精准作业、长期运维、实时调控等勘探采选能力，实现对海洋不可再生资源的绿色开发，同时，新标准着力于海上风电、潮汐能、波浪能等清洁可再生能源的利用，以提高海洋可再生能源开发利用装备制造水平为未来发展重点，通过持续打造绿色低碳转型新动能，有效释放海洋生态环境压力。第二，加强海洋生态环境保护修复。新标准积极推动海洋生态环境综合整治，通过提高海洋生物多样性保护力度、促进海洋保护区统一管理、加强陆源污染物源头控制，实现海洋生态环境的稳步改善，同时，新标准扎实推进海洋生态保护修复，通过增强对红树林等经济作物生态开发的重视程度，引导资源要素向相关领域流动，推动海洋生态环境与地方特色产业耦合协调发展，不仅实现民生福祉的持续改善，还将显著提升蓝色碳汇能力，加快"双碳"工作的落实。

（二）提升海洋生态环境治理水平

为适应海洋生态环境治理新阶段新要求，2021 版《海洋及相关产业分类》积极推进海洋信息化、数字化、智能化建设，强调现代海洋信息技术在海洋生态环境领域的有效应用，在优化海洋产业结构的同时，实现东海海洋生态环境治理水平的稳步提升。第一，加强信息化。新标准通过发展海洋信息采集服务、海洋通信传输服务以及海洋信息装备制造，促进海洋生态环境治理信息化建设，利用先进技术设备，逐步推进海洋水文气象、资源环境等的立体全面感知，实现海洋信息的实时监控、精准采集，进而增强政府部门生态环境治理能力。第二，推进数字化。为充分利用海洋信息资源、发挥现代海洋信息技术优势，新标准积极引导海洋信息处理与存储、海洋信息系统开发集成、海洋信息共享应用服务等的发展，重视新技术与海洋生态环境保护修复的交互，通过推进数字化建设，切实改变传统海洋环境治理模式。第三，迈向智能化。新标准以打通信息共享渠道、提升智能化分析水平为目标，统筹推进海洋通信网络、海底数据中心、海底光纤电缆等基础设施建设，以及核心海洋智能科技创新与信息装备研发，在全面提升海洋产业现代化水平的基础上，突破阻碍海洋生态环境可持续发展的桎梏。

（三）推动海洋生态环境多元治理

为推动东海海洋生态环境质量稳步提升，应在政府构建多元协同治理框架、企业履行生态环境治理主体责任的同时，积极引导社会组织开展志愿服务活动，着力培育社会公众的主体意识和参与能力。2021 版《海洋及相关产业分类》对海洋社会团体、海洋技术服务、海洋信息服务等进行了修订，旨在发挥社会组织的专业优势和社会纽带属性，推动公众有序参与海洋生态环境保护。第一，充分发挥社会组织作用。新标准积极推进海洋基金会的发展，以基金会为主导，凝聚社会资源和力量开展海洋生态环境问题研究，实施教育项目培养海洋后备人才，搭建高水平交流平台助推海洋产业向绿色低碳转型。同时，新标准高度重视海洋信息公共服务能力的提升，通过保障社会组织及时、准确获取海洋生态环境信息，助力其有效发挥沟通协调、监督反馈职能，切实参与政策的制定，推动相关工作的落实。第二，提高公众参与度。新标准一方面大力推动海洋生态环境科普工作，通过线上科普网站和线下教育基地，使公众形成对海洋生态环境问题成因、影响以及政府采取行动及实效的正确认识，形成良好的舆论氛围和社会合力，有效化解潜在的社会风险。

另一方面，新标准着力保障公众海洋生态环境知情权，其以现代信息技术在海洋领域的深度融合应用为契机，加快实现海洋环境保护、海洋资源开发等信息公开的常态化与精细化，切实增强公众调查研究能力和建言献策水平。

三、以科研创新为帆，拓展海洋经济空间

海洋及相关产业新分类体系以突破制约海洋经济发展和生态保护的科技瓶颈为目标，将海洋科研创新动能的加速释放作为未来发展重点，对原海洋及相关产业分类结构进行了大范围调整，通过加快海洋科研人才队伍建设、强化海洋科研资金支持力度、整合优化海洋科研资源配置，充分激发海洋科研创新的澎湃动力，不断夯实东海海洋经济的高质量发展基础。

（一）推进海洋科研人才培养

高素质的海洋科研人才队伍是海洋科研工作稳步进行、海洋科研创新能力持续提升的前提和根本。2021版《海洋及相关产业分类》对海洋自然科学研究和海洋社会科学研究进一步细分，通过明确海洋经济高质量发展要求，倒逼高校院所深化教育领域综合改革，培育契合时代发展步伐的海洋科研创新人才，推动海洋产业结构不合理和低端同质化难题的破解。第一，加强海洋学科专业点建设。新标准的修订将通过优化海洋学科专业结构、加强海洋专业内涵发展，推动博士、硕士专业点的增加、传统学科的改造以及招生人数的扩张，促进海洋高层次创新型科研人才队伍建设，加快海洋科研瓶颈难题的攻克以推动海洋装备制造、海洋新能源等的发展。第二，提升地区科研人才培养水平。新标准的修订将推动海洋科研创新人才发展战略规划的编制和实施，通过发挥政府政策性引导作用，逐步建立与海洋区域发展战略相配套的科研人才培养机制，加快形成各类海洋人才衔接有序、梯次配备、合理分布的格局。

（二）加强海洋科研资金支持

海洋科研设施的完善及人才的培育需要稳定充裕的资金作为保障，而如何配置相对有限的海洋科研资金亦是在建设海洋强国的过程中必然面临的考验。2021版《海洋及相关产业分类》对海洋科研教育等进行了大幅修订，在引导社会各界增加海洋科研投入的同时，促进海洋科研投入结构进一步优化，以切实提升苏浙闽沪三省一市的海洋科研创新水平。第一，加大海洋科研投入。新标准的修订将促使各级政府加大海洋科研财政扶持力度，聚焦于风险

高、产业化程度低的前瞻性海洋技术和瓶颈技术研发，同时，引导社会多元资本深层次进入海洋科研领域，实现海洋科研投入有效性与针对性的进步。第二，优化海洋科研投入结构。苏浙闽沪虽然在海洋科教方面成效显著，但对难度大、成本高、周期长的海洋基础研究的重视程度明显不足。新标准对海洋科学研究进行细分，强调对海洋物理学、生物学等自然科学，以及海洋经济学、法学等社会科学的基础研究，这将推动政府、企业、高校院所等面向国家海洋发展重大需求和海洋经济主战场，针对经略海洋核心竞争力的重大战略研究任务，加大海洋基础研究投入力度，通过提升各省市海洋科研创新水平，为海洋经济的做大做强创造有利条件。

（三）优化海洋科研力量结构

加快海洋科研力量结构优化，实现海洋科研跨越式发展，从跟随者向引领者转变，是苏浙闽沪三省一市推进海洋经济强省建设、加快海洋强国建设的重要任务。2021 版《海洋及相关产业分类》对海洋技术服务、海洋信息服务等的修订，第一，推进海洋科研资源优化配置，新标准通过指出海洋产业未来发展重点，明确中国海洋事业发展的切实需要，强调海洋技术服务、信息服务等对海洋资源可持续开发利用、海洋经济向价值链高端攀升的重要性，在人才、项目、资金等方面给予适度倾斜，在海洋基础科学研究、海洋工程技术研究、海洋技术服务业和海洋信息服务业之间统筹布局，实现中国海洋科研创新能力的持续增强。第二，加快产学研合作步伐，新标准的出台进一步激发社会资本活力和动力，引导其深层次进入海洋科研等重点发展领域，推进产学研深度融合。为保持竞争优势，大型海洋企业将提高对高校院所科研力量的重视程度，在提供资金支持的基础上，积极开展技术交流合作，加强关键核心技术、共性技术和前瞻性技术的联合攻关，进而实现企业自身发展瓶颈的突破，在提高市场竞争力的同时，努力向全球价值链高端攀升。

第四节　未来方向

本节将聚焦于东海海洋经济的代表性产业，即转型升级的海洋渔业、基础坚实的海洋船舶工业和潜力巨大的海洋旅游业，以海洋及相关产业分类结构调整为引，深入探讨各代表性海洋产业的未来前景和路径选择，积极探索东海海洋经济高质量发展的着力点、拉动力与突破口，以期为海洋经济强省和海洋强国战略的稳步推进提供有力支撑。

一、海洋渔业

在陆地资源日益枯竭的背景下，高效合理地开发利用海洋渔业资源既是提升海洋经济质效、推进海洋强国建设的重要战略举措，又是保障优质水产品市场供给、维护国家粮食安全的重要战略部署，还是带动渔农民就业增收、助推乡村振兴的重要战略任务。为促进海洋经济蓬勃发展、提升国家粮食安全水平，亟待充分挖掘海洋渔业发展潜力，以管理海洋渔业资源、建设现代海洋牧场、提高精深加工能力等为工作重心，通过打造新型全产业链，稳步推进海洋渔业的高质量发展。

（一）加强海洋渔业资源管理

在"十二五"和"十三五"期间，东海海洋渔业资源养护工作取得了一定成效，但当前近海渔业资源的开发量仍显著高于资源的可捕量，海洋生境也由于粗放型捕捞方式的长期沿用呈现荒漠化趋势，根据《中国渔业统计年鉴》，截至 2020 年，在苏浙闽沪三省一市中，主要从事远洋渔业的大型渔船仅占总船数的 3%、总功率的 22%，对沿岸和近海渔业资源造成巨大压力的小型和中型渔船 却占总船数的 97%、总功率的 78%，与此同时，48%的海洋捕捞产量通过对海洋生态环境和生物多样性造成严重破坏的拖网方式获得。在此背景下，亟待加强海洋渔业资源的评估调查和统计监测以推动相关方针政策的制定、细化和执行，促进海洋渔业供给侧的结构性改革，优化海洋资源保护与利用格局。通过对比海洋及相关产业分类新旧结构可知，新标准高度重视海洋渔业资源环境的监测评估，强调通过对海洋生态系统的科学调查，厘清海洋渔业资源的种群结构、空间分布和开发价值，提高数据资料的完整性、连续性和准确性，以期为海洋捕捞总量控制制度的完善、海洋渔业治理机制的优化提供科学支撑，如新增"海洋资源管理服务""海洋环境评价服务""海洋环境信息服务""海洋目标信息采集"等产业小类，将原"互联网服务"和"海洋调查与科学考察服务"合并为"海洋专题信息采集"。新分类体系的一系列调整进一步凸显了加强海洋渔业资源管理的重要性，苏浙闽沪的各级政府应着力提高海洋渔业资源调查和动态监测水平，及时掌握特定海域的渔业资源状况及其消长变化动态，依托科学系统的数据网络，深入开展海洋渔业资源生态保护研究，准确评判资源开发现状、增殖放流效果和环境修复程度，进而针对性地制定"减船转产""转产转业""休渔禁捕"等资源养护和管理政策，促进海洋渔业绿色可持续发展。

（二）推动海水养殖拓深向远

在"十二五"和"十三五"期间，苏浙闽沪的海洋养捕产量比例由 47：53 提高到 63：37，产值比例由 47：53 上升至 55：45，同时，海水养殖的单位面积产量从 11.7 吨/公顷上升至 17.9 吨/公顷，单位产值也从 1.4 万元/吨增至 1.9 万元/吨，养捕结构呈持续优化态势，养殖效益实现稳步提升，但海水养殖产品价值偏低、养殖主体"低小散"现象较为普遍、养殖方式相对粗放落后等问题依然严峻，据统计，2020 年贝藻类养殖产量占海水养殖总产量的 86%，养殖面积占比达 76%，而富含更多优质蛋白的鱼类的养殖产量占比仅有 8%，养殖面积占比堪堪超过 6%，与此同时，筏式、吊笼、底播等容易破坏海洋生态环境的养殖方式的产出依然占据海水养殖总量的 47%，而深水网箱与工厂化的养殖产量占比不足 3%。为解决渔业资源与生态环境问题，"十四五"规划纲要明确提出，应着力优化近海绿色养殖布局，加快建设高标准海洋牧场，苏浙闽沪三省一市也相继出台一系列政策措施，稳步落实国家重大战略部署，拓展蓝色养殖空间，构建高质量海洋牧场已成为发展现代海洋渔业的重要着力点。通过分析海洋及相关产业分类新旧结构可知，新标准以生态效益和经济价值的协同共进为目标，积极推动耕海牧渔的高质量发展，如新增"海洋生物资源利用装备制造及修理"，提高深远海养殖装备现代化水平，助力海洋空间资源的开发利用；将原"海水鱼苗及鱼种服务""海洋水产良种服务"等合并为"海水鱼苗及鱼种场活动"，支持优质海水种苗的培育；新增"海洋预报减灾管理"，加强海水养殖业的风险抵抗能力；拆分原中类"海洋渔业相关产品制造"，并整合为新中类"海洋水产养殖饲料与药品制造"，促进水产饲料及药物行业的转型升级以满足海水养殖绿色健康发展需要。为拓展蓝色经济发展空间、优化海洋开发空间格局，海洋渔业应以海洋及相关产业新分类体系的实施为契机，加快海水养殖由近海沿岸向深远海扩展的步伐，推动海洋牧场跨越现代化建设的"门槛"，通过转变海洋渔业的传统生产方式，促使相关产业活动在修复和优化海域生态环境、养护和增殖渔业资源的前提下有序开展，实现优质水产品和优美生态环境的有效供给以提高人民生活质量、保障国家粮食安全。

（三）提高海洋水产品加工水平

面对世纪疫情和百年变局交织叠加的严峻形势，《"十四五"全国渔业发展规划》明确指出，应在夯实初加工基础的同时，加快海洋水产品精深加工步伐，突破低端同质、无序竞争、内耗严重的发展窠臼，促进海洋水产品附加值稳步提高以满足日益升级壮大的市场需求。但据统计，在苏浙闽沪三省一市中，海洋水产品加工方式仍以冷冻、干燥等粗加工为主，冷冻品、鱼糜制品及干腌制品等初级产品占比接近 80%，并且，行业整体呈现"小而散、多而弱"的局面，2020 年三省一市水产品加工企业共计 4113 家，但规模以上仅占 24%，"夫妻店""兄弟店"众多，不仅加工设备落后，厂地分散无序，还往往缺乏规范的污水处理设备，海洋水产品加工能力的相对不足致使日益升级的市场需求难以得到有效满足。为助力经济复苏与产业振兴，海洋及相关产业新分类体系进行了一系列调整以推动海洋水产品多元化开发、多层次利用和多环节增值，如将"海洋水产品加工"从原"海洋渔业"中拆分，并提升为产业大类；合并"海洋水产品专用制冷设备制造""海洋水产品加工机械制造""海洋渔业专用包装设备制造"为"海洋水产品加工设备制造"；拆分原中类"海洋渔业相关产品制造"为新中类"海洋水产品深加工"；新增"海洋渔业和水产品加工设备修理"等。在新分类体系的引导下，各级政府应采取积极举措，鼓励企业应用先进设施装备和技术工艺，提高海洋水产品的加工深度，增强新型精深加工产品的研发力度，通过统筹推进水产品初加工、精深加工和综合利用加工，助力企业风险承受和防控能力的稳步增强，促进生产效率、产品质量以及市场竞争力的持续提升，进一步延伸拓宽产业链条、加强上下游配套协作，在优化海洋渔业产业结构的基础上，实现资源利用和效益的最大化，进而形成供需互促、产销并进的良性循环。

二、海洋船舶工业

　　发展海洋船舶工业不仅出于加快海洋资源开发利用、推动产业结构优化升级、促进海洋经济强省建设的客观需要，更是基于保障水上运输安全、维护国家海洋权益、实施海洋强国战略的现实需求。根据《中国船舶工业年鉴》和中国船舶工业行业协会可知，江苏、上海、浙江和福建拥有扎实的船舶工业基础，在国家和地方政策支持下，三省一市抢抓市场机遇，持续深化结构调整，在高端产品承接与交付、产业结构优化升级、产业链协调发展等方面取得了显著成绩，但海洋船舶工业经济效益不佳、配套产业基础薄弱、自主创新能力不足等问题依然较为严峻，为克服发展深层次问题，促进海洋经济蓬勃兴起，苏浙闽沪应以产业新分类体系出台为契机，采取一系列针对性的积极举措，加快海洋船舶工业的做强做优步伐。

(一) 加强产业协同配套

通过对比产业分类新旧类目可知，新标准聚焦于海洋船舶产业配套能力的增强，着力于海洋船舶配套本土化率的提升，通过一系列积极调整，切实强化对产业链核心环节的管控，以期构筑安全稳定的、富有韧性的产业链与供应链，如在"海洋船舶工业"中，新增产业中类"海洋船舶配套设备制造"和"海洋船舶改装拆除与修理"，并将"船舶动力系统及装置制造""船舶通讯、导航、自动控制系统制造"等由海洋经济外围层（原属海洋相关产业）调入海洋经济核心层，在"涉海材料制造"中，新增产业中类"船舶及海洋工程装备材料制造"、产业小类"海洋船舶防腐涂料制造"。在新分类体系的引导下，一方面，苏浙沪闽三省一市应着力推动海洋船舶工业产业链的扩展与延伸，在实现船舶用钢等基础原材料"保供稳价"的同时，增强关键设备的生产调度能力，推动制造企业与配套企业构建船舶总装建造的供应链条、战略伙伴关系与信任机制，切实提高海洋船舶产业集群的连接程度和发展水平，稳步建立与海洋船舶工业发展规模相适应的配套体系；另一方面，苏浙闽沪的政府主管部门和行业组织应基于海洋船舶工业发展大势和不同地域产业布局特点，针对性地对现有中小企业进行产能整合和优化集中，鼓励中小企业深耕主责主业、发挥技术优势，积极开发特色产品、拓展产品谱系，通过与大型制造企业建立利益共享、风险共担机制，促进海洋船舶工业产业链的丰富和完善。

(二) 推动信息技术应用

为提升经略海洋能力，中国船舶工业系统工程研究院提出了基于体系工程方法的"智慧海洋"工程思路，强调构建自主安全可控的海洋云环境，运用先进的信息技术手段，对涉海数据资料进行挖掘分析和融合应用以实现新需求的开发与新价值的创造，聚焦于海洋船舶工业领域，则应加快现代信息技术与船舶技术的跨界融合，推动海洋船舶工业大数据平台和共享机制的建立，助力"大而不强"发展窠臼的突破，进而实现全球产业链分工地位的跃升。海洋及相关产业新分类体系高度重视现代信息技术在海洋领域的实践应用，其以"智慧海洋"建设为契机，积极引导海洋船舶工业向智能化方向加速迈进，通过分析新旧产业分类结构可知，新标准增加了"海洋信息采集服务""海洋信息系统开发集成""海洋信息装备制造及修理"等产业中类，并将原小类"海洋数据处理服务"提升至中类"海洋信息处理与存储"，合并原"海洋基础软件服务""海洋应用软件服务"为"海洋软件开发"。在新分类体系的引导下，苏浙闽沪三省一市应抓住"工业化+信息化"在海洋领域深度融合的发展机遇，依托新一代信息技术优势，助力船舶建造及相关配套环节形成高效链接、紧密协同的产业链条，实现全流程工序的层层分解和环环紧扣，促进经济资源的优化配置、人工成本的有效降低和制造效率的显著提高，在提高船舶制造智能化与集成化水平的基础上，推动"中国制造"向"中国智造"的稳步转型。

（三）推进专业人才培育

随着中国经济高质量发展的纵深推进，海洋船舶工业已正式驶入"深水区"，在内外压力交织、风险机遇共存的背景下，亟待提高从业人员综合素养、加大专业人才培育力度、优化海洋人才队伍结构，加速推进海洋船舶高端化、智能化、绿色化发展。海洋及相关产业新分类体系在新增小类"海洋工程装备技术研究"，将原小类"海洋社会科学研究"提升至中类，并补充"海洋经济学研究"等的同时，合并原"海洋职业培训""海洋技能培训"为"海洋职业技能培训"，强调是"由院校、企业或社会机构举办的为提高海洋相关就业技能的培训活动"，且在各产业小类（所属"海洋教育"）的说明中明确指出需"经教育行政部门/教育主管部门/人力资源社会保障行政部门批准举办"。随着新分类体系的实施，苏浙闽沪应通过加强对不同工种、不同职层的分类培养，壮大船舶修造、船舶配套、海洋工程等领域的专业人才队伍，提高从业人员的理论水平、实践能力和全局意识，激发人才队伍建设的联动效应，推动建立高水平、高标准、高质量的海洋船舶专业人才教育培养体系，同时，应着力发挥政府主导及协调作用，深化地方政府、行业企业、高校院所间的合作，完善人才培养开发和评价使用机制，持续提升现有从业人员的技术水平、执业能力、职业素养和国际化视野以契合海洋船舶工业高质量发展的现实需求，全面提高中国海洋船舶专业人才的国际竞争力。

三、海洋旅游业

东海海域曲折绵长的海岸线、辽阔宽广的蓝色国土以及星罗棋布的岛周礁群为苏浙闽沪三省一市发展海洋旅游经济提供了坚实基础，但在经济衰退、地缘冲突、新冠疫情等多重因素交织叠加的大背景下，如何充分发挥海洋旅游业支撑带动作用，促进蓝色经济高质量发展，如何加快释放海洋旅游业巨大发展潜力，引领滨海城市消费投资热潮，如何全面推进海洋旅游业提质增效，满足人民日益增长的美好生活需要，已成为苏浙闽沪在深耕蓝色国土、建设海洋经济强省过程中亟待解决的难题。为突破开发不深、保护不足、特色不显、体系不全等深层次问题，三省一市需对海洋及相关产业分类体系的优化调整进行深入研究，聚焦于新增长点的培育壮大、海洋资源的保护开发以及产业配套的优化完善，准确把握海洋旅游高质量发展新方向，在横向拓展海洋旅游业态、纵向深化海洋旅游产品的同时，统筹兼顾海洋生态资源的开发与保护，稳步推进关联配套产业的协同发展。

（一）深挖海洋旅游资源

东海海域秀丽多姿的自然景观和丰富多样的生态资源蕴含着巨大的发展潜力，为海洋旅游的蓬勃兴起提供了坚实的资源环境基础，但当前低水平、浅层次的开发利用不仅造成资源的严重浪费，还导致游客多样化、品质化、中高端化的需求得不到满足。在新发展形势下，为支持海洋旅游业提档升级，海洋及相关产业新分类体系进行了一系列调整，在促进海洋旅游资源深度开发的同时，助力优质旅游产品的有效供给，如将原大类"滨海旅游业"更名为"海洋旅游业"（下属各产业中类也将类别名称中的"滨海"改为"海洋"），并在说明中强调"以亲海为目的"；新增产业小类"邮轮旅游"；拆分原"滨海游览与娱乐"为"海洋游览服务"和"海洋旅游娱乐服务"等。苏浙闽沪下辖的滨海旅游城市应积极响应国家对《海洋及相关产业分类》的修订，创新海洋旅游模式，丰富海洋旅游产品，在加强观光游览项目管理、提高游客体验质量的基础上，着力发展以海滨浴场、海上冲浪、休闲垂钓等为代表的休闲娱乐活动，同时，优化海洋旅游空间布局，逐步从滨海转向海上，从近海迈向远洋，促进海洋旅游资源的充分合理开发，通过构建富有层次性的梯度化旅游产品体系、打造完整有序的多元化海洋旅游产业链条，推动滨海城市整体旅游竞争力的提高和优质旅游品牌形象的塑造，实现游客吸引能力的增强和消费潜力的释放，进而有效发挥海洋旅游对海洋经济的支撑引领作用，巩固提升中国海洋旅游在全球旅游格局中的重要地位。

（二）加强旅游生态保护

良好的自然生态环境是海洋旅游可持续发展的重要基石，但利益驱使下的无序开发、环保意识的普遍缺乏、大量游客的持续涌入导致海洋生态系统逐渐失衡、旅游资源持续衰减。为降低海洋旅游开发对海岸、海域、海岛生态环境的负面影响，推动海洋旅游恢复重振和提质升级，助力海洋环境保护与海洋经济增长的协调统一，相较于旧版标准，2021 年版《海洋及相关产业分类》聚焦于海洋生态环境保护进行了大量调整，如将"海滨砂矿采选"由中类下移为小类；拆分原"海洋环境保护管理"为"海洋生态修复管理"和"海洋生态环境保护管理"；将"海域使用管理"更改为"海域使用与海岛保护利用管理"；新增"海洋科普服务""海洋环境评价服务""海洋环境信息服务"；合并原"海洋和海岸自然生态系统保护"和"海洋特别保护区管理"为"海洋自然生态系统保护"；等等。在新分类体系下，苏浙闽沪下辖的滨海城市应注重海洋资源开发与海洋生态保护的统筹兼顾，为海洋自然资源的开发与养护制定科学长远规划，增强资源开发主体保护生态环境的自觉意识，同时，深化海洋生态综合治理，严格推进滨海湿地生态修复工程、海岛环境保护建设项目、海洋污染监测评估工作等重点任务的落实落细，此外，深入开展海洋生态保护宣传教育活动，着力建设海洋保护区、海洋公园等科普教育基地，通过打造海洋环境信息交流共享平台，稳步提高公众参与海洋生态文明建设的自觉性与积极性，加快营造保护海洋生态环境的良好社会氛围，进而为海洋旅游夯实高质量发展根基。

（三）完善产业配套服务

丰富的海洋自然资源和巨大的生态系统服务价值为东海海洋旅游业的蓬勃兴起奠定了坚实基础，但当前深厚的海洋底蕴未充分发挥、澎湃的发展动力未有效释放，亟待加强上下游协同联动、推动关联产业协作配合以延展旅游业态边界、优化配套设施服务、支撑海洋旅游迈向高质量发展新阶段。通过对比海洋及相关产业分类新旧结构，可知新标准围绕海岛开发、交通运输、购物消费等进行了一系列调整，其举措包括但不限于：将原大类"海水利用业"更名为"海水淡化与综合利用业"，并拓展产业范围；合并原小类"远洋旅客运输""沿海旅客运输"和"滨海轮渡"为"海洋旅客运输"；新增"无居民海岛开发利用技术""海洋旅游娱乐设备修理""保险服务"等。连云港、上海、杭州、厦门等滨海旅游城市应抓住产业新分类体系出台带来的重大机遇，积极适应海洋旅游市场的发展趋势，努力引导金融、保险和社会资金有序进入海洋旅游领域，鼓励相关企业广泛参与资源开发、迅速拓展业务范围、稳步开展集约经营，通过推动海岛海水淡化工程建设、加快现代交通运输体系构建、促进海洋消费娱乐项目开发，助力海洋旅游基础设施、配套服务的优化完善，以及餐饮、住宿、游乐、购物等旅游经济增长点的有效把握，在持续提升游客海洋旅游消费体验的同时，依托上下游及关联产业协同联动的整体优势，实现海洋旅游经济的质效齐升和当地居民收入的同步增长。

第三章

东海海洋产业高质量发展综合评价

　　本章从产业结构、全要素生产率以及资源配置效率三个视角分析东海海洋经济高质量发展水平，并与渤海以及南海地区进行对比。分析结果表明：（1）2006年以来，我国海洋产业呈现由第二产业到第三产业为主导的演变，产业结构不断优化，"三二一"产业格局基本形成，对经济的贡献率不断提高。但基于创新投入、支出和效率所衡量的海洋创新综合水平并未实现持续提升，东海地区创新效率相对其他地区较低，创新绩效不高，应着重关注和采取措施。（2）通过对全要素生产率分析，发现不同地区水平虽然差异显著，但海洋经济的全要素生产率增长趋势均显著提升，不过与陆地经济相比其对于经济增加值的促进作用较低。其中东海地区总体表现亮眼，尤其是上海和江苏。（3）从资源配置角度分析，目前海陆间资源错配问题并未得到有效缓解，未来资源投入仍应从内陆向海洋转移。同时，就海洋经济而言，地区间的海洋资源市场分割问题同样严重，东海地区整体处于资源投入不足状态，各省间生产要素应进行合理分配。

第一节　海洋产业经济结构与创新绩效

　　中国海洋产业在我国海洋经济建设进程中发挥着重要作用。具体来看，海洋第一产业以海洋资源直接利用为主；海洋第二产业与陆域高技术行业联系高度紧密，是海洋各个产业高技术含量和高附加值阶段发展的基础；海洋第三产业则兼顾贴近实际应用与用户需求的交通运输、滨海旅游等业态，以及能够将知识、技术等无形生产要素导入的生产性服务业。[①] 目前我国海洋三大产业所占比重保持较为稳定的状态，总体上海洋第一、第二产业比重逐步降低，第三产业比重则逐步提高，海洋三次产业已经呈现出"三二一"的结

---

　　① 米俣飞. 产业集聚对海洋产业效率影响的分析 [J]. 经济与管理评论，2022，38（02）：147-158.

构特征，说明我国海洋经济处于快速发展并逐步优化的阶段。为系统分析我国海洋经济各产业发展现状，本节将我国沿海 11 个省根据地理位置分为东海地区、渤海地区、南海地区 3 个海域，对三大产业及创新绩效进行比较分析①。

一、海洋经济各产业发展现状描述

（一）第一产业发展现状

海洋第一产业指海洋农业，是人类利用海洋生物有机体将海洋环境中的物质能量转为具有使用价值的物品或直接收获具有经济价值的海洋生物的社会生产部门，主要包括海水捕捞业、海水养殖业以及水产品加工业等海洋渔业，以及海水灌溉农业和海洋牧业。当前，以海洋渔业为代表的海洋第一产业仍存在不少问题，如产业结构不合理、同质化竞争加剧、深加工发展滞后、远洋捕捞比例低等。但海洋第一产业是第二产业和第三产业的基础，近些年政府不断提高可持续发展意识，采取各种措施保护海洋资源，在一定程度上有效提高了海洋第一产业的发展水平。

图 3-1 为 2006—2020 年我国各海域海洋第一产业生产总值的变化趋势。从整体上看，我国海洋第一产业发展呈现稳步提升的态势，其生产总值从 2006 年的 1140.8 亿元提升到了 2020 年的 4129.0 亿元，年均增长率达 9.8%。保持我国传统海洋渔业优势依然是加强中国海洋经济建设的有力举措。从海域对比来看，2006 年东海海洋第一产业的生产总值为 376.1 亿元，占全国整体海洋第一产业生产总值的 33.0%，低于渤海地区的生产总值 481.0 亿元（占比 42.2%），但其增长迅速，2020 年东海海洋第一产业的生产总值已高达 1846.6 亿元，为当年全国第一产业生产总值贡献了 44.7%，其年均增长率达 12.3%，高于全国平均水平 2.5 个百分点，成了三大海域第一产业发展的领头羊。相比而言，渤海地区的第一产业生产总值则表现为先增后减的凸形变化趋势。以 2013 年为分界线，2013 年之前渤海海洋第一产业发展迅猛，位于全国之首，但明显后劲不足；自 2013 年之后，其生产总值不断下降，直至 2020 年才有所回暖。相较于渤海，南海虽然总产值不高，但体现了较好的增长态

---

① 东海地区包括江苏、浙江、福建、上海三省一市，南海地区包括广东、广西、海南三省，渤海地区包括辽宁、河北、山东、天津三省一市。各海域海洋经济生产总值为各省市海洋经济生产总值加总。

势，南海海洋第一产业仍有较大的进步空间。

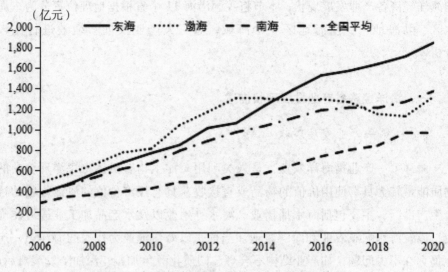

图 3-1 各海域海洋第一产业生产总值变化趋势

数据来源：中国国家海洋局

为更为直观地体现各海域海洋第一产业的发展速度，图示了三大海域海洋第一产业生产总值增长率的变化趋势（见图 3-2）。总体上看，各大海域的增长率均波动较大，相互之间差别显著，且无明显规律。其中，东海海域表

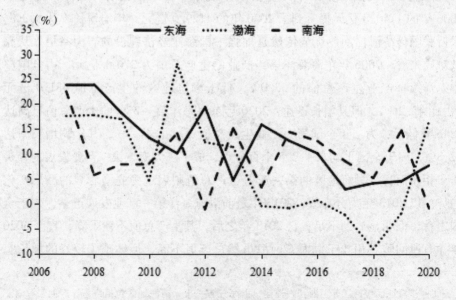

图 3-2 各海域海洋第一产业生产总值增长率变化趋势

数据来源：中国国家海洋局

现突出，历年增长率均为正值，而峰值出现在 2008 年，当年东海海洋第一产业总产值增长率高达 23.9%。相较于往年增长率的大幅波动，2017 年以来，东海海洋第一产业的增长率逐渐趋于稳定，并表现出逐年递增的态势。就 2020 年而言，东海海洋第一产业生产总值相较于 2019 年增长了 7.7%，同年渤海地区增长率为 16.6%（为渤海地区 7 年来首次正增长），南海地区增长率为-0.9%。

总的来说，东海海洋第一产业具有较大的发展潜力，在全国海洋第一产业的发展中占据主导地位。东海海域不仅拥有丰富的渔业资源，其雄厚的经济实力和突出的海洋产业高效性、创新性，可以有效突破海洋资源束缚。此外，政府对海洋环境的有效监管和干预，也促进了东海海洋第一产业的高质量发展。

（二）第二产业发展现状

海洋第二产业是对海洋初级产品或海洋自然资源进行再加工的产业，主要包括海洋油气业、海洋矿业、海洋盐业、海洋化工业、海洋生物医药业、海洋电力业、海水利用业、海洋船舶工业、海洋工程建筑业等。海洋第二产业在海洋总产值中占重要地位，它的发展壮大是对整个海洋经济的有力支撑。

图 3-3 为 2006—2020 年我国各海域海洋第二产业生产总值的变化趋势。从整体上看，我国海洋第二产业的发展呈现总体上升的趋势，2018 年之前，海洋第二产业的生产总值每年都存在着一定程度的提升，受新冠疫情冲击，2019 与 2020 两年则略微有所下降。2006 年，我国海洋第二产业生产总值为 9802.9 亿元，2020 年该值已达 26235.6 亿元，年均增长率为 7.9%。从海域对比来看，2006 年东海海洋第二产业的生产总值为 3907.0 亿元，为全国海洋第二产业生产总值贡献了 39.9%，略低于渤海地区的生产总值 4033.8 亿元（占比 41.4%）。与海洋第一产业发展类似的是，渤海海洋第二产业在后续几年发展明显放缓，而东海则保持稳健上升，其海洋第二产业生产总值于 2015 年正式赶超渤海地区。2020 年东海海洋第二产业的生产总值已高达 12636.3 亿元，占当年全国第二产业生产总值的 48.2%，在三大海域中处于领先地位。相对而言，近些年渤海海洋第二产业发展乏力，南海则持续低于全国平均水平。

同样，为更为直观地体现各海域海洋第二产业的发展速度，本文图示了三大海域海洋第二产业生产总值增长率的变化趋势（见图 3-4）。可以看到，三大海域海洋第二产业生产总值增长率逐渐收敛，也就是说，在我国工业化

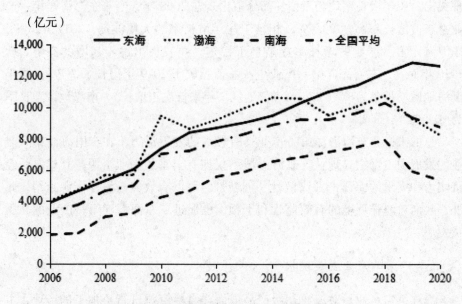

图 3-3　各海域海洋第二产业生产总值变化趋势

数据来源：中国国家海洋局

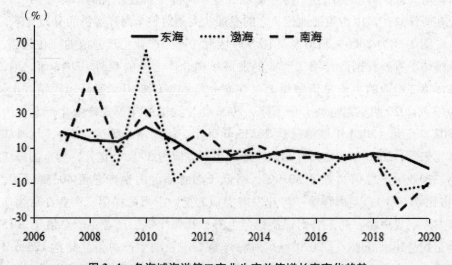

图 3-4　各海域海洋第二产业生产总值增长率变化趋势

数据来源：中国国家海洋局

进程不断加快的同时，未来各地区海洋第二产业发展将"齐头并进"。早年间渤海、南海的增长率波动较大，渤海地区曾在 2010 年实现了 65.4% 的快速增长，同年东海地区增长率为 21.9%，南海为 31.3%，全国平均增长水平达 43.0%，创造了海洋第二产业生产总值增长奇迹。正如上文所述，三大海域在 2019 年前后，海洋第二产业生产总值均有一定程度的下降，这可能是新冠疫情下劳动力流动受阻、物流运输不便等冲击带来的影响。相对而言，东海地区发展较为平稳，历年增长率没有出现较大幅度的波动（除 2020 年增长率为-1.7%，生产总值略微下降外，其他年份均为正向增长），其年均增长率达8.9%，高于全国平均水平 1.8 个百分点。

总的来看，在三大海域之中，东海海洋第二产业的生产总值的增长最为稳定，对全国海洋第二产业的发展贡献突出。近年来，东海海岸地区涌现了一大批海洋化工企业和项目，如海水淡化、海洋化肥等，长三角地区雄厚的工业化水平也为东海海洋第二产业的发展提供了强大的支撑。此外，东海是中国最大的油气田区之一，通过发挥陆地与海洋资源互补的优势，陆域第二产业的高质量发展也推动了海洋第二产业的快速增长。

（三）第三产业发展现状

海洋第三产业是指为海洋开发生产、流通和生活提供社会化服务的部门，主要以滨海旅游业、海洋交通运输业为主，还包括海洋教育业、海洋保险业、海洋金融业等。发展海洋战略性新兴产业是我国海洋经济竞争力提升的关键，但目前我国海洋第三产业的发展力度还不充分，尚有深入开发的潜力。

图 3-5 为 2006—2020 年我国各海域海洋第三产业生产总值的变化趋势。从整体上看，目前我国海洋生产增加值主要来自海洋第三产业，近年来其占总产值的比重均保持在 50% 以上，且呈现持续增长的发展势头，逐步挤压了海洋第二产业的市场份额。2006 年，我国海洋第三产业生产总值为 10276.5亿元，2020 年提升至 49193.4 亿元，年均增长率达 12.0%，海洋第三产业的发展得到了大幅提升。从海域对比来看，各海域海洋第三产业生产总值变化趋势相近，其中东海地区"独占鳌头"，其海洋第三产业的发展远远领先于其他两大海域，且各地区总产值的差距仍在不断扩大。2020 年，东海海洋第三产业的生产总值为 21703.6 亿元，占全国整体海洋第三产业生产总值的44.1%。同时，渤海与南海两地的海洋第三产业也呈现蓬勃发展的态势，2020年渤海海洋第三产业生产总值为 12906.6 亿元（占比 26.2%），南海为14583.2 亿元（占比 29.6%）。

图 3-6 为三大海域海洋第三产业生产总值增长率的变化趋势。总体上，各地海洋第三产业的发展趋势相近，除 2019 年之后受疫情冲击等影响，总产值有所回落外，各年均保持着稳定的正向增长，其中峰值出现在 2010 年为20.7%。除个别年度外，海洋第三产业的增长率均高于同期海洋生产总值增

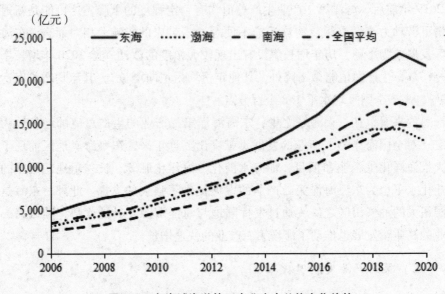

图 3-5　各海域海洋第三产业生产总值变化趋势

数据来源：中国国家海洋局

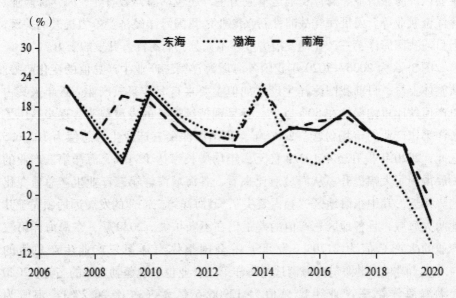

图 3-6　各海域海洋第三产业生产总值增长率变化趋势

数据来源：中国国家海洋局

长率，也高于全国第三产业增长率和 GDP 增长率，呈现出较强劲的拉动力，海洋第三产业现已成为我国海洋经济提质增效的主要动力来源。就东海地区而言，其海洋第三产业年均生产总值增长率达 11.9%，与全国平均增长水平相近。此外，渤海地区年均增长率为 11.1%，南海地区增长率则高达 13.3%，各地海洋第三产业发展势头强劲。

总的来说，各海域海洋第三产业均呈现旺盛发展的活力，其中东海是我国海洋第三产业发展的排头兵。东海利用其自身区位优势和特点，发展了形式多样的产业集群，如涉海金融服务业集群等。此外，长三角海岸线、多条沿海游船航线和海岛度假胜地也为东海海洋旅游业的发展奠定了基础。

二、海洋经济产业结构变化趋势

（一）全国海洋经济产业结构变化趋势

产业结构是指农业、工业、服务业在固定经济结构中所占的比重，在不同时期、不同地区以及不同的发展阶段，产业结构存在差异，而这种经济结构的转换与变动对经济增长有着重要影响。市场需求、技术发展水平、政府政策以及社会环境等都是推动产业结构演进的关键因素。就其根本而言，产业结构应当同经济发展水平相对应而不断变动，呈现出高级化和合理化的特征，进而推动经济高质量发展。

与陆地经济产业结构大抵相同，海洋经济产业结构的发展与演变也是需求与技术双重作用的结果，且趋于优化、协调与合理，从长期来看，与陆地产业遵循相似的基本结构演变规律。但是，受发展条件和技术水平制约，我国海洋经济产业具有开发难度大、技术要求高、关联程度低等特点，因而在产业结构的变化趋势上具有一定的特殊性。尽管如此，在政府的高度重视与支持下，我国海洋经济产业结构在整体变化上表现出积极性和向好性，不仅实现了产业结构由低级向高级的转变，还在发展水平和效率上有了很大提升。

在政策利好、智能制造发展等市场各方充分释放活力的情况下，我国海洋经济产业在"十三五"期间取得了巨大进步，产业结构持续优化，新业态新兴产业得到了快速发展，持续发挥其对于国民经济的"引擎"作用。图 3-7 刻画了 2006—2020 年我国海洋经济三大产业生产值占海洋生产总值的比重情况。具体来看：（1）第一产业变化平稳，并未在 15 年期间呈现异常波动，对于海洋经济整体的贡献率维持在 7%—8% 左右；第二产业变化幅度较大，在 2006—2010 年经历上升阶段，此后呈现逐年下降趋势，且下降势头迅猛，2020 年第三产业生产值占比减少至 33%；第三产业保持稳定增长的趋势，且在近十年增长速度加快，对海洋经济的贡献率高达 60% 以上。（2）我国海洋经济产业结构不断经历着动态演进和优化调整，逐渐呈现出"三二一"的结

构，整体上符合产业结构演变的一般规律，三大产业比例由起初的 7：46：47
调整至 7：33：60，第三产业成为推动海洋经济发展的主导产业，海洋经济发
展的协调性、合理性、可持续性增强。

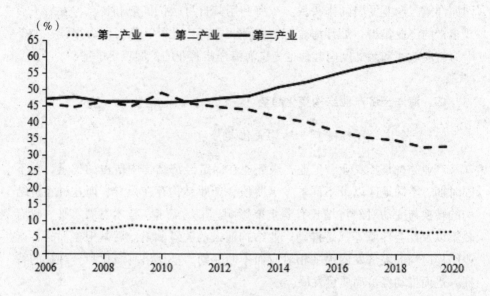

图 3-7　2006—2020 年我国海洋经济三大产业占比情况

数据来源：中国国家海洋局

　　进一步观察沿海 11 个地区海洋经济产业结构的变化趋势，如图 3-8 所
示。整体而言，绝大多数地区第三产业所占比重高于第一、第二产业，与全
国海洋经济产业结构形态趋同，表明随着我国进入经济发展新阶段，在经过
战略性调整和有意识推动发展后，海洋经济产业结构得到了明显的优化和升级。
但从图中仍能看出，各个地区的产业结构以及其变化趋势存在差异。（1）就三
大产业占比而言，山东、广西、海南等地第一产业占比高于全国平均水平，
产业结构还处于初步发展的阶段。而上海、天津两个直辖市享有发展优势，
第一产业所占比例较小，产业结构居于较高水平，远超我国海洋经济产业结
构平均优化程度。此外，天津、江苏两地第二产业比重近年来仍较大，上海、
海南两地受政策和地理因素影响，第三产业发展迅速。（2）就产业结构而言，
辽宁、天津、上海、浙江等地基本符合"三二一"的产业结构，河北、山东、
江苏等地近年来产业结构虽得到调整，但第二、第三产业之间差距较小，格
局尚不稳定，有待进一步优化提升。

　　综上所述，可以将我国海洋经济产业结构归纳为两个阶段：第一阶段为调

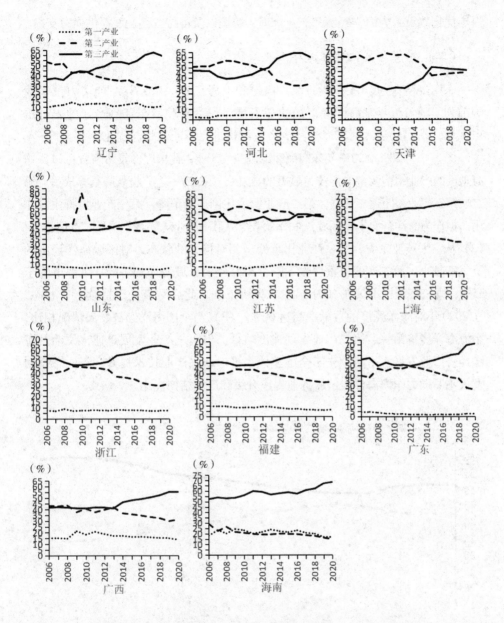

图 3-8　2006—2020 年沿海 11 个省市海洋经济三大产业占比情况

数据来源：中国国家海洋局

整阶段（2006—2011 年），即第二、第三产业交替演化，产业结构形式并未完全
稳定；第二阶段为优化阶段（2011 年至今），即第三产业占主导地位，"三二
一"的产业格局不断巩固。从整体上看，我国海洋经济三大产业均具有较好的
后续发展潜力，但不同地区海洋经济产业结构存在差异，政府应当"因地制宜"

提出优化政策,为海洋经济和产业合理、协调以及可持续性发展提供强力支撑。

(二)东海与其他地区海洋产业结构比较分析

东海经济区包含江苏、浙江、福建和上海三省一市,其综合实力位于我国前列。随着近年来海洋经济的快速发展,作为新政策与新兴产业的先行试点区域,东海经济区对其海洋经济产业结构进行不断调整与优化。

图3-9为2006—2020年东海海洋经济三大产业占比情况。具体来看:(1)东海地区的产业结构调整取得较为显著的成功,"三二一"产业格局基本成型,第二、第三产业差距逐年递增,第二产业所占比例逐渐下降,第三产业发挥主导作用。但作为海洋资源丰富区域,东海海洋经济第一产业优势并不明显,产值较低。(2)从三大产业来看,第一产业比重处于相对持平的状态,对区域海洋经济的贡献率较小,第二产业比重缓慢下降,2020年对区域海洋经济的贡献率下降至35%,第三产业比重仅在2009年左右有所下降,此后一直处于持续上升状态,在2020年对海洋经济的贡献率高达60%。(3)与全国海洋经济发展情况相比,东海海洋经济第一、第二产业发展速度略低,但第三产业发展迅速,拉动其海洋经济产业发展水平略领先于全国整体水平。新兴产业技术提升、新业态蓬勃发展不断助力东海海洋经济服务业提速升级和产业结构优化。

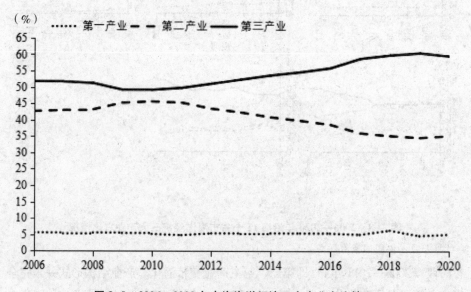

图3-9 2006—2020年东海海洋经济三大产业占比情况

数据来源:中国国家海洋局。

图3-10为2006—2020年渤海海洋经济三大产业占比情况。具体来看:

（1）从产业结构来看，2015 年以前，渤海海洋经济第二产业所占比重仍处于较高水平，此后经过调整，渤海海洋经济基本实现"三二一"的产业格局，且近年来产业结构优化升级显著。（2）从三大产业来看，第一产业比重处于相对持平的状态，对区域海洋经济的贡献率较小，第二产业比重虽然在 2010 年有明显上升，但之后一直处于逐年下降的状态，2020 年对区域海洋经济的贡献率下降至 37%，第三产业比重持续上升，在 2020 年对海洋经济的贡献率高达 57%。（3）与全国海洋经济发展水平相比较，第一、第三产业发展速度较慢，第二产业发展速度较快，整体而言发展水平略滞后于全国水平。

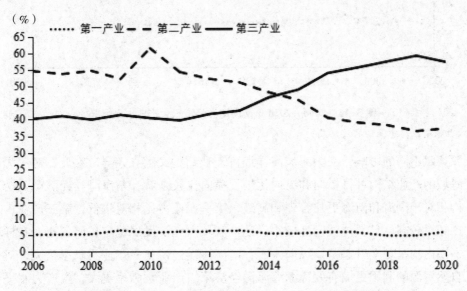

图 3-10　2006—2020 年渤海海洋经济三大产业占比情况

数据来源：中国国家海洋局

图 3-11 为 2006—2020 年南海海洋经济三大产业占比情况。具体来看：（1）从产业结构来看，南海海洋经济第三产业始终占据主导地位，且自 2006 年以来与第二产业差距逐渐增大，相较于东海和渤海更早实现"三二一"的产业格局。（2）从三大产业来看，第一产业比重处于相对持平的状态，且对区域海洋经济的贡献率较大，第二产业比重基本呈现逐年下降趋势，在 2020 年对区域海洋经济的贡献率低于 25%，第三产业比重持续上升，在 2020 年对海洋经济的贡献率高达 65%。（3）与全国海洋经济发展水平相比较，第二产业发展速度较慢，第一、第三产业发展速度较快，整体而言发展水平高于全国水平。

渤海和南海两大海域作为我国海洋经济发展同等重要区域和示范区，与东海有一定的相似性与可比性，但受不同地区经济发展特征、市场需求、资

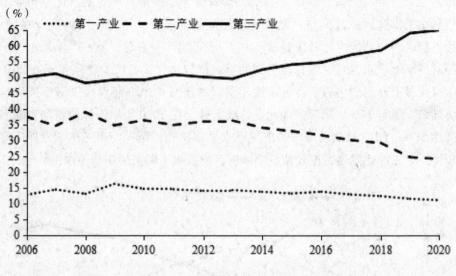

图3-11 2006—2020年南海海洋经济三大产业占比情况

数据来源：中国国家海洋局

源禀赋不同的影响，三大海域海洋经济产业结构又存在差异。在此，对三大海域的产业结构进行横向和纵向比较。横向比较来看，东海海洋经济产业结构相对于渤海和南海更加合理和高级，第一产业占比相对较低，第三产业占比相对较高，且整体波动性较小，助推区域内经济发展稳定，但各地区在样本期内均呈现上升趋势。纵向来看，南海海洋经济第一产业贡献率最大，对自然资源的利用更加有效，渤海海洋经济第二产业贡献率更大，生产力水平占有相对优势，东海海洋经济第三产业整体水平更高，服务业发展迅速，对社会效益与经济效益的处理更加全面和综合。尽管如此，东海海洋经济第一产业的贡献率较小，并未达到全国水平，对资源的开发使用仍需要调整与完善。另外，结合图3-8来看，区域内部各地区产业结构模式不一。东海区域内，江苏省海洋经济产业结构类型和发展阶段与其他省市都不同；渤海区域内，各地产业结构相同，辽宁省处于相对领先地位；南海区域内，海南省表现出较为明显的不一致。

三、海洋经济创新绩效

（一）涉海创新投入现状分析

在我国科技强国的进程中，海洋科技是不可或缺的关键部分。海洋竞争实际上是科技竞争，海洋开发深度取决于技术水平的高度，应当加快推动海洋经济向创新引领型转变。① 海洋经济高质量发展必须要把创新作为第一动力，以海洋创新带动区域产业升级、扩大海洋开放度、提高综合服务能力，深入落实创新驱动发展战略。

科技创新水平受创新投入的影响，科研人员和科研经费是创新投入的关键组成部分。图 3-12 为 2011—2019 年我国涉海创新投入情况。从整体上看，无论是海洋科研机构研究与试验发展（R&D）经费投入总值还是科研从业人员数量都呈现波动上升趋势，表明当前海洋经济创新活力较强，海洋科技研究势头较好，具有较大发展潜力。2011—2015 年，我国经费投入总值与研发人员数量持续上升，海洋经济处于快速发展阶段，其间，经费投入总值同比增长率在 2014 年高达 20%，研发人员数量同比增长率在 2015 年也突破 10%。2015—2017 年受经济危机影响，与此同时海洋经济进入转型新阶段，整体形势较差，在科研经费投入和研发人员投入方面呈现出阶段性的下降趋势。2017 年以来，涉海创新投入再次恢复活力，保持稳定增长趋势，但受新冠疫情影响，科研经费投入在 2018 年有所减少，研发人员投入增长速度较 2017 年有所放缓。

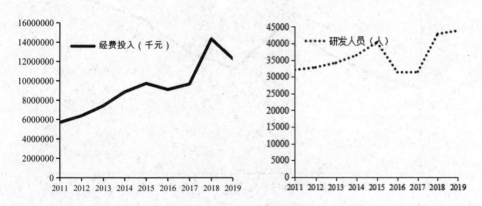

图 3-12　2011—2019 年我国涉海创新投入情况

数据来源：中国国家海洋局

（二）创新效率的变化趋势

科技创新水平同样受创新效率的影响，可以用单位涉海研发投入的专利

---

① 《关于发展海洋经济 加快建设海洋强国工作情况的报告》——2018 年 12 月 24 日第十三届全国人民代表大会常务委员会第七次会议。

产出量来衡量。提高创新效率、简化烦琐管理、加快科研成果转换是当前海洋经济发展的重中之重,是海洋经济能否最大程度上调动创新积极性,建立高效、科学、完善创新体系的关键问题。

一般而言,可以用投入产出比来表示效率,单位投入的产出水平越高,效率越高。因此,在分析创新效率之前,首先对涉海创新产出情况加以说明,如图 3-13 所示。在创新产出方面,发明专利创新程度相对较高,能较好地反映海洋经济科技创新水平。具体来看,发明专利数量与专利申请受理数近年来呈波动上升趋势,2016—2019 年发明专利数和专利申请受理数年均增长分别达 12.1%、12.7%,表明海洋经济创新水平虽有所起伏但整体显著提高。此外,在 2016 年之前,我国发明专利数量明显多于其受理数,但随着近年来海洋创新环境改善、创新成果转换加速,专利申请受理数涨势强劲,海洋创新硕果累累。

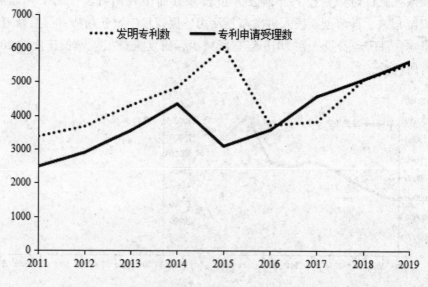

图 3-13 2011—2019 年我国涉海创新产出情况(单位:件)

数据来源:中国国家海洋局

图 3-14 刻画了 2011—2019 年我国海洋经济创新效率的变化趋势,分别以单位研发投入的专利产出量和单位研发人员的专利产出量来衡量创新效率。具体来看:(1)单位研发投入的专利产出量在近年来呈下降趋势,由上文分析可知,我国海洋经济经费投入总值不断加大,但在专利的发明和申请量上增加的空间较小,可见当前科技创新的积极性并未达到预期效果,从该方面看,海洋经济创新效率并不高,除了在 2014 年和 2018 年有显著上升外,整

体变化形势并不乐观。（2）单位研发人员的专利产出量近年来呈波动上升趋势，整体效率由 2011 年的 10.5% 上升至 2015 年的 15.0%，此后一年效率降低，之后效率提升至 12.6%，高于初始水平。尽管如此，在科技研发人员投入不断加大、结构不断优化的情况下，创新效率并未显著提高，可见我国海洋经济自主创新能力仍需进一步增强，保证科研投入充足的情况下更要注重科研产出的数量和质量，以建立完善激励机制和创新体系的方式来激发科技研发的热情与活力。

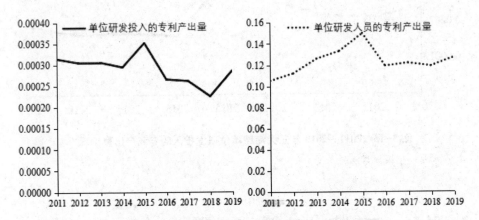

图 3-14 2011—2019 我国海洋经济创新效率变化趋势

数据来源：中国国家海洋局

　　总体来看，我国海洋经济近年来科研成果显著、创新能力显著提高，不断取得新成效。第一，海洋创新人力资源结构持续优化。科学研究与试验发展人员总量稳步上升，R&D 人员学历结构不断优化。第二，海洋创新经费规模显著提升。海洋经济创新经费规模稳中有升，科研人员投入数量呈逐年递增趋势。第三，海洋创新产出成果持续增长。海洋产业相关专利发明数、申请数持续增加，相关领域创新活力激增。第四，海洋创新效率稳步提高。能够以较少的科研人员和恰当的科研经费投入撬动更多的科研产出，整体效率较高。但由于科研成果转换率较低，海洋科技创新效率无法保证持久的稳定性，很难满足当前快速发展的海洋经济对海洋创新的需求。

　　（三）东海与其他地区海洋创新效率比较分析

　　图 3-15 和图 3-16 分别为 2011—2019 年东海、渤海和南海三大海域创新效率水平的变化趋势。相比较而言，在三大海域中，东海海洋创新效率近年来处于最低水平，其中 2019 年单位研发投入的专利产出量甚至低于 2011 年，

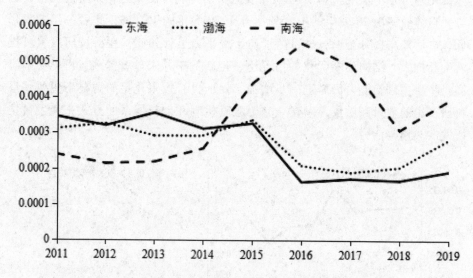

图 3-15　2011—2019 年三大海域单位研发投入的专利产出量情况

数据来源：中国国家海洋局

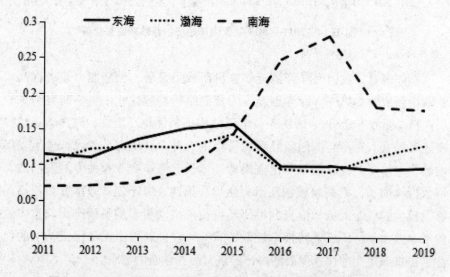

图 3-16　2011—2019 年三大海域单位科研人员的专利产出量情况

数据来源：中国国家海洋局

表明东海海洋研发投入并没有实质性提高该地区创新效率和创新水平，而单位科研人员的专利产出量虽基本呈稳定状态，但也能看出其创新效率与科研力量并不十分匹配。此外，与全国海洋创新效率相比，东海海洋创新效率略低，可见东海地区在提高效率方面仍需大力改善。

反观渤海海洋近年来在创新方面的表现，无论是单位研发投入的专利产出量还是单位科研人员的专利产出量，在整体上呈现波动上升趋势，在 2016 和 2017 年更是实现了超高水平，即使后期出现了下降情况，但 2019 年的创新效率仍高于往年大多数时间的水平。此外，很明显可以看出渤海海洋的创新效率远高于全国海洋经济的创新效率，是带动我国提高整体创新水平和拉动我国海洋科技进步的中坚力量。而南海海洋创新效率变化情况与东海趋同，略好于东海地区，但略低于全国水平。

海洋科技效率能够很好地反映海洋科技成果转换为生产力的效率和效益，加强海洋科研领域的资金和人员投入，提高科研资源利用效率，可以有力推动海洋领域科技进步，考虑到海洋科技在各科研领域中占据的重要位置，也有利于促进中国整体科技水平的进一步提升。基于上述分析，渤海地区海洋创新效率最高，南海次之，东海最低，可见东海地区在海洋科技创新方面急需全力加强、奋起直追，避免因科技创新滞后而影响未来发展。

四、小结

近年来我国海洋经济在产业规模、产业结构、创新科技多个方面取得了巨大成效，在国民经济中的地位越发关键。在新冠疫情反复、地缘政治局势紧张的情况下，海洋经济仍然展现出强大的韧劲和潜力，为国家经济发展做出了重要贡献。

我国海洋经济在产业结构和创新科技上取得的进步可以概括为以下三个方面：其一，海洋经济总量再上新台阶，质量全方位提升。从三大产业的发展来看，整体展现出较强的生命力和强劲的拉动力，进一步推动海洋经济高质量、全方位、多维度发展；从三大产业的贡献来看，第一产业相对比较平稳，第二、第三产业波动幅度较大，但第三产业保持总体上升趋势，对海洋经济增长的贡献率保持较高水平。其二，产业结构持续优化，新兴产业蓬勃发展。我国海洋经济实现了对传统经济产业结构的优化与升级，主要表现在三大产业增势强劲、"三二一"产业格局基本形成、高附加值产业发展提升。其三，海洋科技创新能力显著增强，关键领域取得重要进展。一方面，创新投入与产出不断增加，创新活力持续释放，自主创新能力进一步增强，并在高端装备制造、能源等领域获得重要进展。另一方面，产业数字化、信息化程度不断提升，相关产业科技创新连接成效显著，且不断实现科技创新与科技机制创新同步提升。

但值得注意的是，我国海洋经济发展仍面临诸多挑战。（1）海洋发展战略滞后于发展需求。如海洋经济发展不平衡、管理机制体制相对滞后、总体开发滞后但局部开发过度等。（2）产业结构需进一步巩固。目前"三二一"产业格局虽已基本形成，但仍存在诸多不确定因素影响，应当协调好三大产业之间的关系，更多发挥第三产业对经济的带动作用。（3）海洋科技创新能力不足，缺乏核心竞争力。近年来，我国通过大力推进海洋科技创新，取得了一些重大成果，形成了较为完整的海洋科技创新管理体系。但相对于海洋科技发达国家，我国的海洋科技创新机制还不完善，科技创新能力不强，科技创新效率低下，总体发展水平相对滞后，缺乏核心竞争力。

第二节　全要素生产率分析

著名经济学家，诺贝尔奖得主保罗·克鲁格曼（Paul krugman）曾经说过："生产率并不是一切，但长期来看生产率几乎意味着一切。"要素投入的增加也能在短期内促进经济的快速增长，但受到边际报酬递减的规律制约，依靠要素投入增加以拉动经济增长的方式是不可持续的。因此，要保持海洋经济的长期、可持续发展，必须从提升全要素生产率着手。基于上述理由，本小节将重点分析我国沿海各地区海洋经济与陆地经济的全要素生产率，通过时间趋势分析以及跨区域比较分析，发现东海地区海洋经济高质量发展的亮点与不足，在今后的发展中需要进一步挖掘亮点、弥补不足，最终实现海洋经济与陆地经济协调发展，促进整体经济高质量发展。在进行全要素生产率的分析之前，首先对本节估计地区海洋经济全要素生产率的方法做简单的介绍。受到数据可得性的限制，无法得到最新的涉海企业相关投入产出数据，因而我们采用地区层面的数据进行估计。

一、生产率估计方法介绍

目前文献中估计全要素生产率的方法十分多样化，但是为学界广泛接受的是采用计量经济学的方法估计生产函数，值得注意的是，全要素生产率作为残差项进行估计时，由于企业或者地区在进行投入要素的选择时，多数依据其自生全要素生产率的大小，决定其生产规模和投入要素的多少，因而会导致整个估计模型存在内生性问题。随着计量经济理论研究的深入，在传统的 OLS 方法基础上，TFP 测算的参数方法在不断演变和发展，以最大程度缓解内生性问题带来的不利影响。为缓解内生性问题，逐步演化出工具变量法（IV）、广义矩估计（GMM）（Blundell and Bond，1988）①，以及基于微观数据的半参数方法，如 OP 和 LP 方法（Olley and Pakes，1996；Levinsohn and Petrin，2003）②③，后续为缓解 OP 和 LP 方法存在的函数相依问题，又扩展出 ACF 等半参数方法。

　　鉴于本报告以省级面板数据为分析对象，考虑到涉海数据异常匮乏，使得工具变量的寻找变得困难重重，并且半参数估计方法需要构建高次多项式，对样本量要求很高。本报告综合考虑数据可得性以及方法的合理性与适用性，仅使用随机前沿模型对不同省市海洋经济全要素生产率进行估计，该模型假设异质性部分与解释变量不相关，根据异质性部分分布的不同形式，演化出技术效率不变随机前沿模型，例如：正态-半正态模型（Pitt and Lee，1981）④、正态-截尾正态模型（Battese and Coelli，1995）⑤ 和技术效率时变衰减模型（Battese and Coelli，1988、1992）⑥⑦。时变衰减模型虽然放松了技术效率不变的假设，但是异质性不随时间而变、异质性和非效率没有分离，以及异质性和解释变量不相关的假设可能会导致投入弹性系数（尤其是资本弹性系数）的向下偏差，进而导致 TFPG 测算结果的向上偏差（Van Biesebroeck，2007、2008）⑧⑨。最近的研究集中于将不随时间而变的异质性与随时间而变的非效率

① BLUNDELL R W，BOND S R. Initial Conditions and Moment Restrictions in Dynamic Panel Data Models [J]. *Journal of Econometrics*，1988（87）：115-143.

② OLLEY G S，PAKES A. The Dynamics of Productivity in the Telecommunications Equipment Industry [J]. *Econometrica*，1996，64（6）：1263-1297.

③ LEVINSOHN J，PETRIN A. Estimating Production Functions Using Inputs to Control for Unobservables [J]. *Review of Economic Studies*，2003（70）：317-341.

④ PITT M，LEE L F. The Measurement and Sources of Technical Inefficiency in the Indonesian Weaving Industry [J]. *Journal of Development Economics*，1981（9）：43-64.

⑤ BATTESE G E，COELLI T J. A Model for Technical Inefficiency Effects in a Stochastic Frontier Production Function for Panel Data [J]. *Empirical Economics*，1995，20（2）：325-332.

⑥ BATTESE G，COELLI T J. Prediction of Firm Level Efficiencies with a Generalized Frontier Production Function and Panel Data [J]. *Journal of Econometrics*，1988（38）：387-399.

⑦ BATTESE G E，COELLI T J. Frontier Production Functions，Technical Efficiency and Panel Data：With Application to Paddy Farmers in India [J]. *Journal of Productivity Analysis*，1992，3（6）：153-169.

⑧ Van Biesebroeck J. Robustness of Productivity Estimates [J]. *Journal of Industrial Economics*，2007，55（3）：529-569.

⑨ Van Biesebroeck J. The Sensitivity of Productivity Estimates：Revisiting Three Important Debates [J]. *Journal of Business and Economic Statistics*，2008，26（3）：311-328.

项分离开来，演化出"真实"随机效应模型（TRE）和"真实"固定效应模型（TFE）（Greene，2005；Farsi et al.，2006；Filippini et al.，2008）①②③。

下面将对随机前沿模型做简单的介绍，由于本报告重点考察海洋经济全要素生产率，考虑到数据的可得性，样本共包含我国沿海地区 11 个省市的强平衡面板数据，因而在生产函数的选择方面，本报告选择简单的柯布-道格拉斯生产函数：

$$Y_{it} = A_{it} K_{it}^{\alpha} L_{it}^{\beta} \tag{3-1}$$

其中，i 表示沿海地区各省市，t 表示时间，研究的初始年份（2006 年）设为 1。Y_{it} 表示第 i 个省市第 t 年的产出（用地区海洋总产值表示），K_{it} 和 L_{it} 分别表示第 i 个省市第 t 年的资本存量和劳动力投入。A_{it} 为在希克斯中性技术假设下，第 i 个省市第 t 年的全要素生产率的水平值（TFP_{it}）。对于生产技术，本报告不做规模报酬不变的约束，但式（3-1）隐含着沿海地区各省市之间生产技术相同的假设。对式（3-1）两边同时取自然对数，可将其转化为线性形式的计量模型：

$$y_{it} = c + \alpha k_{it} + \beta l_{it} + \varepsilon_{it} \tag{3-2}$$

其中，y_{it}、k_{it} 和 l_{it} 分别为 Y_{it}、K_{it} 和 L_{it} 的对数形式。若所有横截面个体都拥有一样的回归方程，可以把所有数据放在一起，进行混合截面最小二乘估计。但是，混合截面回归模型忽略了横截面个体间不可观测或被遗漏的异质性。若存在个体效应，假设该个体效应不随时间变化，则残差项 ε_{it} 可以进一步分解为 v_{it} 和 u_i 两个部分：

$$y_{it} = c + \alpha k_{it} + \beta l_{it} + u_i + v_{it} \tag{3-3}$$

其中，v_{it} 为随机干扰项，u_i 为不随时间变化的省市固定效应。根据 u_i 与解释变量是否相关可进一步区分为固定效应模型和随机效应模型。若 u_i 与解释

---

① 使用这些模型的主要目的是使测算的技术效率更合理一些，本文的主题不在于测算技术效率，仅选取 TFE 一种模型。由于分行业横截面数目不大，我们使用简单的 BF（brute force）方法来回归 TFE。

② Greene W H. Reconsidering Heterogeneity in Panel Data Estimators of the Stochastic Frontier Model [J]. Journal of Econometrics, 2005 (126)：269-303.

③ Farsi M, Fillipini M, Kuenzle M. Cost Efficiency in Regional Bus Companies：An Application of Alternative Stochastic Frontier Models [J]. *Journal of Transport Economics and Policy*, 2006, 40 (1)：95-118.

变量相关，则导致最小二乘估计的不一致（*Easterly and Levine*，2001）[①]，需要用固定效应模型将 u_i 消除。若 u_i 与解释变量不相关，则需要用随机效应模型进行估计。在随机效应模型框架下，进一步对 u_i（或 u_{it}）的分布做具体假设，可以演化为不同的随机前沿模型。

二、数据来源及处理过程

本报告所研究对象包括了 2006—2020 年中国沿海 11 个省市，并将各省市的地区生产总值区分为陆地经济和海洋经济两个部门。海洋经济部门的生产总值和涉海就业人数来自《中国海洋统计年鉴》。陆地部门的生产总值和就业人数来自利用《中国统计年鉴》所报告的整体数据扣除相关海洋部门数据后得到。其中生产总值数据采用历年 GDP 平减指数进行了平减，平减指数也来自《中国统计年鉴》。遗憾的是，海洋部门的固定资产投资情况并未在《中国海洋统计年鉴》中报告。为解决海洋经济资本投入数据不可得的问题，本报告参考张军等（2004）[②] 提出的永续盘存法，核算得到整体经济的资本存量数据，$K_{it} = K_{it-1}(1 - \delta) + I_{it} / P_{it}$，其中 I_{it} 为省市 i 在年份 t 的实际固定资本形成总额，P 为固定资产投资价格指数，折旧率 δ 取值 9.6%。初期资本存量采用张军等（2004）所报告的 2000 年的相关数据，并与其所报告的 1952—2000 年数据相衔接。那么海洋部门资本存量就可以用海洋部门生产总值占整体生产总值的比重与整体资本存量的乘积得到。这种处理方式在核算海洋经济与陆地经济的资本存量时，假设海洋经济的资本产出比与陆地经济的资本产出比相同，这个假设与现实情况可能存在一定的差距，遗憾的是，目前鲜有文献对海洋经济中的资本投入量进行严谨的估计，因而本报告也只能利用有限的数据对海洋经济资本投入量进行大致估计。

三、生产函数估计结果分析

在具体实施生产函数的估计时，本报告先利用固定效应模型（FE）和随机效应模型（RE）进行估计，各投入要素产出弹性的估计结果如表 3-1 列（1）和列（2）所示。在得到相关估计结果后，基于 Hausman 检验显示应采

[①] Easterl W., Levine R. What Have We Learned from a Decade of Empirical Research on Growth? It's not Factor Accumulation: Stylized Facts and Growth Models [J]. *World Bank Economic Review*, 2001, 15 (2): 177-219.

[②] 张军, 吴桂英, 张吉鹏. 中国省际物质资本存量估算: 1952—2000 [J]. 经济研究, 2004 (10): 35-44.

用固定效应模型。而考虑到可能存在的内生性问题，进一步利用资本和劳动投入的滞后项作为工具变量，在好的工具变量难以获得的前提下，最大限度缓解内生性导致的估计偏误问题，基于固定效应模型的工具变量法（FMM）结果如列（3）所示，基于随机效应模型的工具变量法（RMM）结果如列（4）所示。同时，本报告也利用估计宏观地区全要素生产率较为常用的随机前沿模型对生产函数进行估计，其中不变技术效率（SFA1）回归结果如列（5）所示，时变技术效率（SFA2）回归结果如列（6）所示，并且根据系数 η 的回归结果①，应采用时变技术效率模型下的估计结果。接下来本文利用基于固定效应模型的工具变量法（FMM）与时变随机前沿方法（SFA2）所得结果的均值（其中 $\alpha = 0.47$，$\beta = 0.39$）为基准计算各沿海省市海洋经济全要素生产率，一个有趣的现象是不论采用何种计量模型对生产函数进行估计，投入要素的产出弹性估计值均表明生产技术展现出规模报酬递减的特征，如表 3-1 的第 5 行所示，任意模型估计得到的 $\alpha+\beta$ 值均小于 1。考虑到本报告采用的资本存量并非真实统计数据，而是假设资本产出比例固定不变估算得到，可能导致对于资本存量的产出弹性估计不准确。为此，我们同时采用 Brandt et al.（2010）② 基于生产要素报酬份额测算得到的产出弹性 $\alpha = 0.45$，$\beta = 0.55$ 作为基准产出弹性的稳健性检验。

表 3-1 生产函数产出弹性估计结果

	(1) FE	(2) RE	(3) FMM	(4) RMM	(5) SFA1	(6) SFA2
lnk	0.4735***	0.3524***	0.4663***	0.3337***	0.3684***	0.4724***
	(0.040)	(0.037)	(0.047)	(0.043)	(0.035)	(0.043)
lnl	0.4247***	0.2788***	0.4494***	0.3205***	0.3406***	0.3378***
	(0.051)	(0.060)	(0.063)	(0.084)	(0.062)	(0.039)
$\alpha+\beta$	0.8982	0.6312	0.9157	0.6542	0.7090	0.8102

---

① 设随机效应模型下的对数化生产函数为 $y'_{it} = c + \alpha k'_{it} + \beta' l_{it} + v_{it} - \xi_i + \lambda_i$，其中，$\xi_i \geqslant 0$ 为无效率项，存在两种情形：（1）$\xi_i \sim N^+(\mu, \sigma_u^2)$，且 ξ_i 与 v_{it} 相互独立，并独立于解释变量。该模型为技术效率不随时间变化的随机效应模型（SFA1）。（2）$\xi_{it} = e^{-\eta(t-T_i)}$，$\xi_i \sim N^+(\mu, \sigma_u^2)$，$\mu > 0$，$T_i$ 为个体 i 的时间维度，该模型为技术效率随时间变化的时变衰减模型（SFA2）。

② Brandt L., Zhu X. Accounting for China's Growth [J]. *IZA Discussion Paper*, 2010 (4764).

续表

	(1) FE	(2) RE	(3) FMM	(4) RMM	(5) SFA1	(6) SFA2
Cons	3.6263***	1.3536***	3.5584***	1.2825***	3.4509***	2.3658***
	(0.535)	(0.396)	(0.685)	(0.443)	(0.616)	(0.474)
Hausman	44.71***					
u					−0.5224	−0.4082
					(2.203)	(1.816)
η						−0.0159***
						(0.005)
N	154	154	143	143	154	154

注：括号内为标准误，＊＊＊，＊＊，＊分别表示显著性水平为1%，5%以及10%。数据来源于《中国统计年鉴》以及《中国海洋统计年鉴》。

（一）整体变化趋势

接着利用估计得到的C-D生产函数的要素产出弹性，进一步测算各省市海洋经济和陆地经济的全要素生产率，结果如表3-2以及表3-3所示。从表3-2的最后一列可以发现，自2006年以来，我国海洋经济全要素生产率呈现出逐年攀升的发展趋势，说明海洋经济在样本期内技术进步十分明显，全国平均全要素生产率的最高峰出现在2019年新冠疫情发生之前，而受到疫情的冲击，2020年的全要素生产率相对于2019年出现了大幅下降的情况。总体来看，不考虑疫情的影响，14年间全国海洋经济全要素生产率累计提高了40.18%，该增长幅度意味着与基准年份（2006年）相比，使用相同的资本和劳动要素投入，在2019年可以多产出40.00%的海洋GDP。同时，上述累计增长幅度换算成年均复合增长率将高达2.64%，《中国海洋统计年鉴》的数据表明，同时期沿海11个省市海洋经济等权平均年增长率约为9.35%，全要素生产率的提高可以解释同时期海洋经济增长的28.34%，即超过1/4的海洋经济增长由全要素生产率的提高所带动，表明在我国全要素生产率的快速提高已经成为促进海洋经济快速发展的重要动力。

表 3-2　各省市海洋经济全要素生产率

省市	海洋经济全要素生产率						
	2006	2008	2011	2014	2017	2019	2020
天津	5.1796	5.5274	6.7464	7.2696	6.8304	8.4679	7.3016
河北	5.9905	5.9669	5.2162	5.7974	6.0616	6.6928	6.0944
辽宁	4.3836	4.5193	4.8651	4.6714	4.1840	4.9358	4.7953
上海	8.3926	8.6605	8.7749	9.2274	10.1993	10.6129	9.6400
江苏	5.1024	5.9668	7.5588	8.1408	8.4021	8.7797	8.9687
浙江	4.4269	4.8599	5.6605	5.9450	6.2355	6.7125	6.6914
福建	4.2797	4.8142	5.2753	5.7893	6.7055	6.6743	6.1750
山东	6.0383	6.5531	7.2852	8.1033	8.8414	9.0652	8.7966
广东	5.9631	6.4507	7.3403	8.1096	8.5844	8.1778	7.6820
广西	2.9754	2.9447	2.8599	3.2178	3.6271	3.9797	3.9327
海南	2.5156	2.7233	2.9492	2.9320	3.2268	3.3453	3.3245
平均值	5.0225	5.3624	5.8665	6.2912	6.6271	7.0404	6.6729

注：数据来源于《中国统计年鉴》以及《中国海洋统计年鉴》。

（二）各省之间差异及其趋势分析

从地区来看，同样如表 3-2 的各行所示，样本期内海洋经济全要素生产率均高于全国平均水平的有天津市、上海市、江苏省、山东省以及广东省等 5 个省市，其中上海市更是表现亮眼，大幅领先其他省市。举例说明，上海市 2006 年海洋经济全要素生产率水平高达 8.3926，而同一时期海南省的海洋经济全要素生产率仅为 2.5156，上海市的海洋全要素生产率水平是海南省的 3.34 倍。该指标的差异意味着，使用相同的资本和劳动力投入，上海市得到的海洋经济增加值将是海南省的 3.34 倍。换一种更加直观的说法，若是将海南用于海洋生产的要素转移到上海市，则能够使得产出增加 223%，同时横向比较而言，与各省市之间陆地经济全要素生产率水平排序（上海、江苏、浙江、广东陆地生产率水平普遍较高）不同的是，就海洋经济全要素生产率而言，天津、上海、江苏、山东显著领先，位于第一梯队，而辽宁、广西、海南则处于相对较低水平。值得特别注意的是，虽然浙江省在陆地经济全要素生产率方面每年都显著高于全国平均水平，但其在海洋经济全要素生产率的表现上与其经济发展水平并不匹配，除发生新冠疫情的 2020 年略高于全国平均水平之外，样本期间内绝大多数时间，浙江省海洋经济全要素生产率均低于全国平均水平。与浙江省地理上邻近的福建省也存在类似的情况，海洋经济全要素生产率仅仅在 2017 年高于全国平均水平，其余时间都低于全国平均水平。该结果意味着浙江省以及福建省需要花更多的精力在海洋经济的建设和发展上，以尽快使得海洋经济的全要素生产率水平与其陆地经济全要素生产率水平相匹配。

　　该结果意味着我国沿海各省市之间全要素生产率的差异巨大。导致上述结果的原因可能有以下几个方面：首先，本报告在估计生产函数时并未考虑投入要素的质量，虽然资本投入是计算的价值，如果资本市场是有效的，那么资本的质量差异就会体现在其价格差异上，因而采用资本价值衡量资本投入在客观上已经反映了资本投入的质量。但劳动力要素的异质性并未在计量模型中有所体现，如果上海市涉海劳动力投入的质量显著高于海南省，则目前本报告所采用的方法会高估上海市与海南省的海洋全要素生产率差异。其次，由于我国各地区之间存在一定程度的市场分割，使得技术的扩散受到限制，较为先进的涉海生产技术可能会更早地在经济较为发达的地区优先推广使用，而经济发展水平相对落后的地区则会相对较晚才能得到相关的技术，从而导致不同地区之间全要素生产率存在巨大差异。最后，有可能在技术水平相差不大的条件下，经济发达的地区要素配置效率更高，意味着整个地区中的涉海企业或者是地区内部的不同区域间要素流动更加自由，使得这些地区的高效率部门可以获得更多的生产要素，从而导致在生产技术水平差不多的前提下，要素配置效率较高的地区会展现出更高的全要素生产率水平，关于这一部分的讨论，也是海洋经济实现高质量发展的应有之义和必要条件，本报告将在下一节详细讨论要素配置效率对海洋经济高质量发展的具体影响。

表 3-3　各省市陆地经济全要素生产率

省市	陆地经济全要素生产率						
	2006	2008	2011	2014	2017	2019	2020
天津	5.3645	5.9364	6.3633	6.3823	7.4898	5.6921	7.5445
河北	4.5443	4.8643	5.3054	5.3286	5.6151	5.8614	6.3158
辽宁	5.0397	5.4731	5.8907	5.8872	4.9755	6.4493	6.5286
上海	6.0304	6.8908	7.9051	8.2338	8.8729	8.7665	8.9977

省市	陆地经济全要素生产率						
	2006	**2008**	**2011**	**2014**	**2017**	**2019**	**2020**
江苏	6.0953	6.7599	7.6197	8.3716	8.8539	9.5894	9.5210
浙江	5.7641	5.9432	6.6251	7.2054	7.2080	8.0080	8.0644
福建	4.5809	4.9267	5.1962	5.5335	5.7155	5.4673	6.2569
山东	5.3037	5.7640	6.3489	6.8011	7.4610	7.6735	8.1328
广东	7.1567	7.7295	8.1669	8.2198	8.4728	8.3934	8.3804
广西	3.4050	3.6834	3.7675	3.8832	4.0809	4.3351	4.6369
海南	2.7976	3.1882	3.5963	3.3483	3.3906	3.0160	3.2121
平均值	5.0984	5.5600	6.0714	6.2904	6.5578	6.6593	7.0537

注：数据来源于《中国统计年鉴》以及《中国海洋统计年鉴》。

从陆地经济的全要素生产率来看，样本期间内沿海地区 11 个省市的陆地全要素生产率也在样本期间内出现了大幅上升的发展趋势，并且在受到新冠疫情冲击之后，仍然保持了正增长。陆地经济全要素生产率从 2006 年的 5.0984 上升到 2020 年的 7.0537，累计增长幅度达到了 38.35%，略低于海洋经济的 40.18%，考虑到陆地经济规模远大于海洋经济，该增长幅度也非常可观。该增长幅度意味着与 2006 年基准年份相比，使用相同的资本和劳动要素投入，在 2020 年可以多产出 38.35% 的陆地经济 GDP，考虑到我国陆地经济规模庞大，这一增长率为陆地经济的发展提供了强大的动力。同时，上述累计增长幅度换算成年均复合增长率将达到 2.19%，《中国统计年鉴》以及《中国海洋统计年鉴》的数据表明，同时期沿海 11 个省市陆地经济增加值等权平均年增长率约为 8.76%，陆地经济全要素生产率的提高可以解释同时期陆地经济增加值增长率的 25%，即 1/4 的陆地经济增长由全要素生产率的提高所带动，表明在我国全要素生产率的快速提高同样已经成为促进陆地经济快速发展的重要动力。

从海洋经济和陆地经济的比较来看，2006 年除河北省、上海市以及山东省之外，其余 8 个省市陆地经济全要素生产率均高于海洋经济全要素生产率。而得益于海洋经济部门全要素生产率相对更加快速的增长（基于各省均值算的海洋经济部门生产率年均增长率为 2.64%，陆地经济部门生产率增长率为 2.19%），从 2014 年开始，这一情况出现一定程度的反转，截至 2019 年，大部分省市的海洋生产率高于陆地生产率，且陆地与海洋之间的差距在逐年加大。这足以体现出，相对于陆地经济而言，我国海洋经济的快速发展，已然成为拉动我国生产率增长的重要动力。在陆地经济发展亮点相对匮乏的情况下，可以大力发展海洋经济，"向海而兴"努力挖掘海洋经济新的增长极。值得引起关注的是，受到 2020 年新冠疫情的影响，海洋经济相对于陆地经济来说遭遇了更为严重的冲击，并且这一冲击同时出现在海洋经济增长率以及全要素生产率两个方面。从海洋经济增长率来看，2020 年各地区等权平均海洋经济增长率为-6.14%，而陆地经济虽然也遭遇到了疫情的严重冲击，但是2020 年陆地经济增加值仍然保持了 5.45%的正增长。上述结果意味着相对于海洋经济来说，陆地经济的韧性相对要高很多，由于陆地经济发展时间长，规模也相当庞大，因而在遭遇负向冲击时能够较好地进行应对。反观海洋经济，虽然自 2014 年以来发展速度一度超越了陆地经济，但由于相对起步较晚，产业结构也没有陆地经济那么丰富，规模也相对小很多，当遭遇到不利的冲击时，对海洋经济整体的发展影响就会相对大得多。

从全要素生产率的变化来看亦是如此，在新冠疫情的冲击下，2020 年海洋经济全要素生产率相对于 2019 年下降了 5.22%，结合 2020 年各地区平均海洋经济增长率为-6.14%，表明海洋经济在受到疫情冲击时主要是全要素生产率出现了大幅下降，导致海洋经济增加值的下降，全要素生产率的下降可以解释海洋经济增加值下降幅度的 85%。该结果意味着，当经济出现负向冲击时，陆地经济增长乏力，而此时想要通过海洋经济寻找新的增长极，在目前看来是不现实的，由于海洋经济相对于陆地经济来说具有结构单调以及规模小等不利因素，如果韧性相对较高的陆地经济都已经开始展现出增长乏力的趋势，那么海洋经济更加不可能成为拉动经济发展的新引擎。这也说明海洋经济的发展空间巨大，未来可以将部分工作中心转向海洋经济，促进海洋经济高端化、多元化发展，挖掘海洋经济新业态，进而使其成为整体经济新的增长极。

（三）东海、渤海以及南海全要素生产率比较分析

从表 3-2 以及表 3-3 可以看到，东海三省一市的海洋全要素生产率喜忧参半，上海市和江苏省的海洋全要素生产率大幅领先于全国平均水平，但浙江省和福建省的海洋全要素生产率在样本期内的绝大多数年份中都低于全国平均水平。而从陆地全要素生产率来看，除福建省每年均低于平均水平之外，其余省市的陆地全要素生产率均高于全国沿海地区平均水平。在三大海域中，东海三省一市似乎在全要素生产率方面表现较为出色。为此，在本小节后续

的分析中将重点考察不同区域海洋全要素生产率以及陆地全要素生产率的变化趋势（结果如图 3-17 以及图 3-18 所示），并进一步剖析不同地区全要素生产率对于经济增长的贡献程度以及随时间的变化趋势（结果如表 3-4 以及表 3-5 所示）。

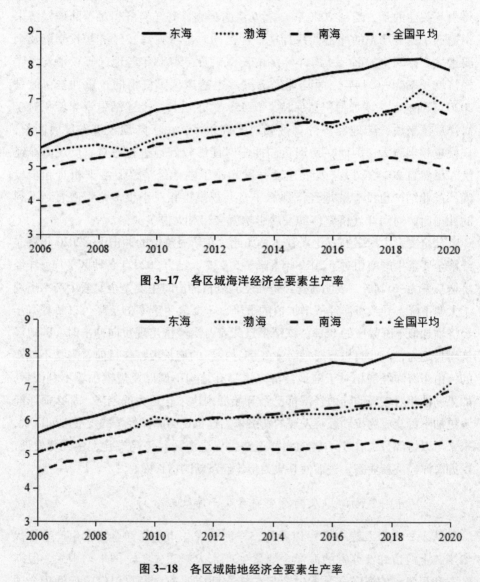

图 3-17　各区域海洋经济全要素生产率

图 3-18　各区域陆地经济全要素生产率

从图 3-17 中可以看到以下几个典型特征事实：首先，从海洋经济全要素生产率水平值来看，东海地区的海洋全要素生产率显著高于渤海以及南海地区，并且不管从哪个区域来看，海洋经济全要素生产率在样本期间内都展现出十分显著的增长趋势，并且增长速度在不同区域间大致保持了同步性，这在一定程度上说明了不同区域之间的技术扩散相对较为容易，即便是全要素生产率相对较低的南海地区，其海洋经济全要素生产率增长率也与东海地区相当，体现在图 3-17 中就是三条曲线几乎具有相同的斜率。该结果意味着在本小节第二部分解释各地区海洋经济全要素生产率差异时，认为是由于海洋相关的技术在地区之间扩散较为缓慢的猜想可能无法成立。其次，随着时间的推移，东海、渤海以及南海地区的海洋经济全要素生产率差异并未呈现出明显的发散或者收敛的趋势，技术在不同区域之间的扩散使得不同区域虽然拥有不同的全要素生产率水平，但在全要素生产率的增长率上保持较高的一致性。换句话说，技术的扩散促进了各地区全要素生产率的同步提升，但是并没有缩小不同地区间全要素生产率的差异，海洋经济全要素生产率相对较低的南海地区并没有展现出向东海地区靠近的趋势。最后，上面各地区海洋经济全要素生产率的变化趋势给了我们一个启示，单靠技术扩散障碍可能无法较好地解释不同地区之间的差异及其变化趋势，但结合本小节以及上一小节的分析可以得到，各地区海洋经济全要素生产率的差异很可能与不同地区在海洋生产资源上的错配有很大的关系。由生产要素错配导致的全要素生产率差异并不会随着技术扩散变得容易而消除，为此本报告的后续分析中将重点考察不同地区的资源配置效率。

陆地经济全要素生产率的变化趋势与海洋经济全要素生产率的变化趋势存在一定的差异，从图 3-18 中可以看到不同之处。与海洋经济全要素生产率均保持上升趋势不同，在陆地经济全要素生产率的变化中，南海地区全要素生产率的水平值在图像上几乎保持水平，无法看到明显的上升趋势。而东海地区的陆地全要素生产率呈现出较为明显的增长趋势，最终导致三大区域之间陆地全要素生产率的增长呈现出发散的趋势。与海洋经济全要素生产率增长展现出来的"共同进步"的趋势不同，陆地经济全要素生产率在三大区域间展现出明显的"强者恒强"的发展趋势，区域之间在生产率上的差距不断扩大。这给落后地区的发展提供了新的思路，这些地区可以利用海洋经济全要素生产率保持同步增长的优势，加大海洋经济的相关投入，使得整体经济能够呈现出收敛的发展趋势，促进地区间的协调发展，实现不同区域之间的共同富裕。

（四）全要素生产率对经济增长贡献度分析

最后，本报告还从全要素生产率对经济增长贡献度的视角分析海洋经济的发展质量高低，由于随着生产要素投入数量的增加，边际产出的增加量会呈现出逐步递减的规律，即边际报酬递减规律，而全要素生产率的提升并不会带来边际报酬递减的问题。因此，如果经济增长中依靠全要素生产率增长带动的部分越大，那么经济的可持续发展能力就会越强。基于上述理由，本报告试图从全要素生产率对经济增长的贡献度视角分析不同区域海洋经济发展质量的高低。同样，这里我们将整体经济的增长区分为海洋经济以及陆地经济，估算的结果分别列于表3-4以及表3-5之中。表3-4展示了三大区域海洋经济全要素生产率变化率、海洋经济增长率，以及海洋经济全要素生产率对海洋经济增长率的贡献度三个指标，表3-5则展示了三大区域陆地经济全要素生产率变化率、陆地经济增长率，以及陆地经济全要素生产率对陆地经济增长率的贡献度三个指标。

表 3-4　各区域海洋经济全要素生产率增长率及其贡献度

year	东海			渤海			南海		
	dy	*dtfp*	贡献(%)	*dy*	*dtfp*	贡献(%)	*dy*	*dtfp*	贡献(%)
2007	0.1870	0.0717	38.34	0.1250	0.0279	22.32	0.0849	0.0179	21.05
2008	0.1005	0.0280	27.89	0.0811	0.0154	19.05	0.1135	0.0313	27.57
2009	0.1410	0.0527	37.39	0.0001	-0.0357	NA	0.1353	0.0476	35.20
2010	0.1327	0.0492	37.10	0.1767	0.0623	35.25	0.1362	0.0367	26.96
2011	0.0836	0.0214	25.64	0.1278	0.0345	27.00	0.0501	-0.0245	NA
2012	0.0789	0.0224	28.33	0.0832	0.0086	10.28	0.1544	0.0338	21.92
2013	0.0641	0.0180	28.01	0.0981	0.0191	19.46	0.1237	0.0221	17.85
2014	0.0810	0.0263	32.43	0.1291	0.0339	26.24	0.0951	0.0147	15.44
2015	0.1166	0.0492	42.15	0.0359	-0.0116	NA	0.1100	0.0272	24.73
2016	0.0688	0.0217	31.61	-0.0062	-0.0405	NA	0.0901	0.0257	28.57
2017	0.0753	0.0107	14.19	0.0921	0.0418	45.43	0.1034	0.0379	36.61
2018	0.0764	0.0333	43.61	0.0512	0.0060	11.69	0.0747	0.0336	44.94
2019	0.0139	0.0049	34.95	0.1630	0.1201	73.67	0.0177	-0.0068	NA
2020	-0.0320	-0.0389	NA	-0.1217	-0.0752	NA	-0.0203	-0.0269	NA
平均	0.0849	0.0265	32.43	0.0739	0.0148	29.04	0.0906	0.0193	27.35

注：数据来源于《中国统计年鉴》以及《中国海洋统计年鉴》。其中 *dy* 为海洋经济增加值增长水平，*dtfp* 为海洋经济全要素生产率增长水平，贡献表示全要素生产率增长能够解释海洋经济增加值增长的百分比。若出现海洋经济增加值或者是海洋经济全要素生产率增长为负的情况，则将贡献定义为空缺 NA。

从表3-4可以发现，整体上来看，各大区域中全要素生产率的增长都对海洋经济增长起到了举足轻重的作用，平均贡献度均超过了1/4。而表现最为出色的东海地区，其全要素生产率的增长可以解释海洋经济增加值增长的32.43%，接近1/3。从全要素生产率增长率来看，东海地区在三大区域中最高，达到了年均2.65%的水平，南海次之，全要素生产率在样本期间年均增长1.93%，而渤海地区全要素生产率增长率最低，仅为1.48%。从各区域全要素生产率对海洋经济增长贡献度的变化趋势来看，并没有展现出明显的规律，在不同的年份间波动较大，意味着生产技术的提升对于海洋经济发展的促进作用并不稳定且持续，未来需要花更多的时间实现稳定的技术进步，着力提高全要素生产率对海洋经济增长贡献的稳定性，以提高海洋经济增长的质量和效益。

表3-5展示了全要素生产率增长对陆地经济增长的贡献度，从中可以发现，除南海地区出现翻转以外，东海和渤海地区陆地经济全要素生产率对于经济增长的贡献均大于海洋经济，各大区域中全要素生产率的增长对陆地经济增长同样起到了积极的促进作用，平均贡献度除南海地区较低之外均超过了30%。而表现最为出色的东海地区，其全要素生产率的增长对陆地经济增加值增长的贡献更是超过了36%。从全要素生产率增长率来看，东海地区在三大区域中最高，达到了年均2.67%的水平，渤海地区次之，全要素生产率在样本期间年均增长2.42%，与最高的东海地区相差无几。而南海地区陆地全要素生产率增长率最低，仅为1.44%，远远落后于南海地区和渤海地区。从各区域全要素生产率对海洋经济增长贡献度的变化趋势来看，与海洋经济全要素生产率贡献率的变化形成鲜明对比，除极个别年份发生小幅度下降之外，在大多数年份均保持稳定的状态，意味着生产技术的提升对于陆地经济发展的促进作用相对于海洋经济更加稳定且持续，这也从一个侧面解释了陆地经济在遭遇负向冲击时，相对于海洋经济具有更强的韧性，抵御风险冲击的能力也相对较强。

表3-5 各区域陆地经济全要素生产率增长率及其贡献度

year	东海			渤海			南海		
	dy	*dtfp*	贡献(%)	*dy*	*dtfp*	贡献(%)	*dy*	*dtfp*	贡献(%)
2007	0.1404	0.0535	38.11	0.1334	0.0427	31.97	0.1459	0.0704	48.27
2008	0.1080	0.0316	29.23	0.1329	0.0411	30.94	0.1026	0.0250	24.37
2009	0.1075	0.0384	35.71	0.1295	0.0267	20.62	0.1067	0.0243	22.77

year	东海			渤海			南海		
	dy	*dtfp*	贡献(%)	*dy*	*dtfp*	贡献(%)	*dy*	*dtfp*	贡献(%)
2010	0.1105	0.0396	35.81	0.1153	0.0708	61.42	0.1352	0.0344	25.47
2011	0.1021	0.0268	26.21	0.1232	−0.0159	NA	0.1182	0.0073	6.17
2012	0.0922	0.0288	31.27	0.1062	0.0135	12.71	0.0822	−0.0027	NA
2013	0.0908	0.0139	15.33	0.0902	0.0068	7.57	0.0845	−0.0074	NA
2014	0.0820	0.0277	33.78	0.0663	−0.0014	NA	0.0817	−0.0015	NA
2015	0.0668	0.0218	32.57	0.0745	0.0168	22.55	0.0683	0.0011	1.57
2016	0.0741	0.0264	35.70	0.0333	−0.0115	NA	0.0660	0.0121	18.29
2017	0.0375	−0.0073	NA	0.0530	0.0289	54.55	0.0788	0.0177	22.45
2018	0.0823	0.0398	48.41	0.0051	−0.0068	NA	0.0761	0.0299	39.22
2019	0.0905	−0.0077	NA	0.0896	0.0208	23.16	0.0370	−0.0519	NA
2020	0.0530	0.0402	75.79	0.0659	0.1067	NA	0.0412	0.0429	NA
平均	0.0884	0.0267	36.49	0.0870	0.0242	29.50	0.0875	0.0144	23.18

注：数据来源于《中国统计年鉴》以及《中国海洋统计年鉴》。其中 *dy* 为陆地经济增加值增长水平，*dtfp* 为陆地经济全要素生产率增长水平，贡献表示全要素生产率增长能够解释陆地经济增加值增长的百分比。若出现陆地经济增加值或者是陆地经济全要素生产率增长为负的情况，则将贡献定义为空缺 NA。

四、小结

本节内容主要从全要素生产率的视角分析了东海海洋以及陆地经济在实现高质量发展的过程中存在的优势以及面临的问题，为进一步提高我国海洋经济发展质量提供更多的经验证据。分析结果表明：第一，海洋经济全要素生产率增长趋势十分显著，且不同地区虽然水平差异明显，但是在增长率上保持了较高的一致性；第二，与陆地经济全要素生产率相比，海洋经济全要素生产率对于海洋经济增加值增长的促进作用相对较低，且随着时间的变化波动较大，可持续性相对陆地较差；第三，从区域的变化来看，以全要素生产率增长以及贡献度为评判标准，东海海洋经济发展是全国三大区域中质量最高的，大幅领先于其他海域海洋经济的发展，但同时也应该看到，在东海海域内部，不同地区之间的发展也是喜忧参半，上海和江苏在全要素生产率方面表现亮眼，而浙江和福建则相对后进，需要进一步提升海洋经济发展质量。

第三节 资源配置效率分析

在促进海洋经济发展的已有研究中，主要将重点放在了海洋经济重要性、海洋经济发展质量、海洋经济发展效率等方面。而值得注意的是，在海洋经济对整体经济的贡献率不断攀升的同时，陆海之间发展不平衡的问题仍然十分严峻，海陆之间的资源错配问题极大地制约了国民经济的持续稳定增长。如果实现经济资源在海洋和陆地部门之间的配置优化，那么整个经济体的总产出和生产效率都将会提高。受传统的"重陆轻海"思想影响，与陆地经济相比，各省对于海洋经济发展的重视程度仍旧较低，海洋经济目前仍面临着生产要素投入不足的现状。如我国海洋领域的发明专利授权量占整体发明专利授权量的比例已经达到 20.85%，创新能力突出，但在海洋领域的科研经费、科研活动从业人员数占整体的比例却不足 10%。

资源错配问题是近年来的重要分析热点。资源错配是不同国家之间 TFP 差异的重要原因。近年来，无论是从国家宏观政策，还是从法律、制度、规划等方面，对海洋的重视程度均在提升，尤其强调陆海统筹。1996 年《中国海洋 21 世纪议程》首次提出"统筹沿海陆地区域和海洋区域的国土开发，坚持区域经济协调发展的方针"，奠定了陆海统筹的基本理念；"十二五"时期，我国将推动"海洋经济发展""坚持陆海统筹"放在重要位置，海洋经济的总体实力得到了进一步提升；"十三五"时期，我国再一次强调了"陆海统筹、协调发展"这一海洋经济发展的基本原则；2021 年，国务院发布了《"十四五"海洋经济发展规划》，将"坚持陆海统筹，以陆促海、以海带陆"提升至更高的战略高度。为此接下来本研究将主要关注海洋和陆地经济部门之间的资源错配程度，并分析了其演化趋势。

此外，地区之间的市场分割问题也是导致中国资源错配的主要因素。2021 年 12 月 17 日，习近平总书记在主持中央全面深化改革委员会第二十三次会议时强调："要加快清理废除妨碍统一市场和公平竞争的各种规定和做法，要结合区域重大战略、区域协调发展战略实施，优先开展统一大市场建设工作，发挥示范引领作用。"2022 年 4 月 10 日，《中共中央 国务院关于加快建设全国统一大市场的意见》正式发布，强调要素资源应在更大范围内畅通流动。实际上，我国地区之间的市场分割不仅体现在陆地经济部门内部，海洋部门内部的地区间市场分割问题也较为严重。为此，本文进一步测算了地区之间的海洋经济资源错配程度和陆地经济资源的错配程度，并进行了比较。

一、测算模型

（一）模型基本设置

参考 Brandt et al.（2013）[①] 的模型设置思路，首先假定总产出是各个省市产出的 CES 函数，$Y = (\sum_{i=1}^{N} \theta_i Y_i^\sigma)^{\frac{1}{\sigma}}$；各省市产出又是海洋经济 Y_{io} 与陆地经济 Y_{ic} 的 CES 函数，$Y_i = (\theta_{io} Y_{io}^\varphi + \theta_{ic} Y_{ic}^\varphi)^{\frac{1}{\varphi}}$，而且海洋经济和陆地经济有一个代表性企业生产。同时，国家、省市、海陆又是资本或劳动投入以及 TFP（用符号 A 表示）的 C-D 函数，与 Brandt et al.（2013）模型不同，本文参考 Jin et al.（2022）[②] 的分析假定 CD 生产函数是规模报酬可变，$Y = AK^\alpha L^\beta$，$Y_i = A_i K_i^\alpha L_i^\beta$，$Y_{ij} = A_{ij} K_{ij}^\alpha L_{ij}^\beta$。假定每个省市的劳动和资本要素投入总量等于该省市内部海洋经济和陆地经济相关要素投入的加总，即 $L_i = L_{io} + L_{ic}$，$K_i = K_{io} + K_{ic}$。同时，总生产要素是省市相关要素投入的加总，$L = \sum_{i=1}^{N} L_i$，$K = \sum_{i=1}^{N} K_i$，进而可得要素投入比例，

$$
\begin{cases}
l_i = L_i/L, \quad k_i = K_i/K \\
l_{ij} = L_{ij}/L_i, \quad k_{ij} = K_{ij}/K_i \\
\sum_{i=1}^{N} l_i = 1, \quad \sum_{i=1}^{N} k_i = 1 \\
l_{io} + l_{ic} = 1, \quad k_{io} + k_{ic} = 1
\end{cases}
\tag{3-4}
$$

在如此的模型设置下可得海陆经济部门、各省市及总体 TFP，

[①] Brandt L., Tombe T, Zhu X. Factor Market Distortions across Time, Space and Sectors in China [J]. *Review of Economic Dynamics*, 2013, 16 (1)：39-58.

[②] Jin L., Liu X, Tang S. High-technology Zones, Misallocation of Resources Among Cities and Aggregate Productivity：Evidence from China [J]. *Applied Economics*, 2022, 54 (24)：2778-2794.

$$\begin{cases} A_{ij} = Y_{ij}/K_{ij}^{\alpha}L_{ij}^{\beta} \\[2mm] A_i = (\theta_{io}Y_{io}^{\varphi} + \theta_{ic}Y_{ic}^{\varphi})^{\frac{1}{\varphi}}/K_i^{\alpha}L_i^{\beta} = [\theta_{io}(A_{io}k_{io}^{\alpha}l_{io}^{\beta})^{\varphi} + \theta_{ic}(A_{ic}k_{ic}^{\alpha}l_{ic}^{\beta})^{\varphi}]^{\frac{1}{\varphi}} \\[2mm] A = (\sum_{i=1}^{N}\theta_i Y_i^{\sigma})^{\frac{1}{\sigma}}/K^{\alpha}L^{\beta} = [\sum_{i=1}^{N}\theta_i(A_i k_i^{\alpha}l_i^{\beta})^{\sigma}]^{\frac{1}{\sigma}} \end{cases}$$

$$i = 1, \cdots, N; j = o, c \qquad (3-5)$$

为得到要素错配程度，本文参考 Hsieh and Klenow（2009）[1]、Brandt et al.（2013）等的常用做法，设置价格楔子 $\tau_{K_{ij}}$、$\tau_{L_{ij}}$，那么资本、劳动的实际价格为 $r\tau_{K_{ij}}$、$\omega\tau_{L_{ij}}$。而当要素完全有效配置时，则价格楔子 $\tau_{K_{ij}}$、$\tau_{L_{ij}}$ 取值为 1，此时资本、劳动的价格为 r、ω。

由总产出利润最大化问题，$\max\limits_{Y_i}\left\{ P(\sum_{i=1}^{N}\theta_i Y_i^{\sigma})^{\frac{1}{\sigma}} - \sum_{i=1}^{N}P_i Y_i \right\}$，得到一阶条件，

$$\begin{cases} \theta_i P\left(\dfrac{Y_i}{Y}\right)^{\sigma-1} = P_i \\[3mm] P = (\sum_{i=1}^{N}\theta_i^{\frac{1}{1-\sigma}}P_i^{\frac{\sigma}{\sigma-1}})^{\frac{\sigma-1}{\sigma}} \end{cases} \qquad i = 1, \cdots, N \qquad (3-6)$$

由省市产出的利润最大化问题，$\max\limits_{Y_{ij}}\left\{ P_i(\theta_{io}Y_{io}^{\varphi} + \theta_{ic}Y_{ic}^{\varphi})^{\frac{1}{\varphi}} - P_{io}Y_{io} - P_{ic}Y_{ic} \right\}$，得到一阶条件，

$$\begin{cases} \theta_{ij}P_i\left(\dfrac{Y_{ij}}{Y_i}\right)^{\varphi-1} = P_{ij} \\[3mm] P_i = (\theta_{io}^{\frac{1}{1-\varphi}}P_{io}^{\frac{\varphi}{\varphi-1}} + \theta_{ic}^{\frac{1}{1-\varphi}}P_{ic}^{\frac{\varphi}{\varphi-1}})^{\frac{\varphi-1}{\varphi}} \end{cases} \qquad i = 1, \cdots, N; j = o, c \qquad (3-7)$$

由海陆经济产出的利润最大化问题，$\max\limits_{K_{ij}, L_{ij}}\{P_{ij}A_{ij}K_{ij}^{\alpha}L_{ij}^{\beta} - r\tau_{K_{ij}}K_{ij} - \omega\tau_{L_{ij}}L_{ij}\}$，得到一阶条件，

---

[1]　Hsieh C. Klenow P. Misallocation and Manufacturing TFP in China and India [J]. *The Quarterly Journal of Economics*, 2009, 124（4）: 1403-1448.

$$
\begin{cases}
\dfrac{K_{ij}}{L_{ij}} = \dfrac{\alpha\omega\tau_{L_{ij}}}{\beta r\tau_{K_{ij}}} \\[3mm]
L_{ij} = \left[P_{ij}A_{ij}\left(\dfrac{\alpha}{r\tau_{K_{ij}}}\right)^{\alpha}\left(\dfrac{\beta}{\omega\tau_{L_{ij}}}\right)^{1-\alpha} \right]^{\frac{1}{1-\alpha-\beta}} \quad i=1,\ \cdots,\ N;\ j=o,\ c \\[3mm]
K_{ij} = \left[P_{ij}A_{ij}\left(\dfrac{\alpha}{r\tau_{K_{ij}}}\right)^{1-\beta}\left(\dfrac{\beta}{\omega\tau_{L_{ij}}}\right)^{\beta} \right]^{\frac{1}{1-\alpha-\beta}}
\end{cases} \quad (3\text{-}8)
$$

不仅如此，鉴于 $\dfrac{1}{1-\varphi}$ 也为海陆经济产出的需求价格弹性（Dixit and Stiglitz，1977）[1]，$Y_{ij} = P_{ij}^{\frac{1}{\varphi-1}}$。那么结合海陆经济产出的一阶条件可得，

$$
P_{ij} = \left[A_{ij}\left(\dfrac{\alpha}{r\tau_{K_{ij}}}\right)^{\alpha}\left(\dfrac{\beta}{\omega\tau_{L_{ij}}}\right)^{\beta} \right]^{\frac{\varphi-1}{1-(\alpha+\beta)\varphi}} \quad i=1,\ \cdots,\ N;\ j=o,\ c \quad (3\text{-}9)
$$

（二）错配状态下各省及海陆经济的要素比例

结合式（3-4）及一阶条件，可得到海陆经济的要素投入比例，并将要素投入比例代入式（3-5）中，得到各省的生产率，

$$
\begin{cases}
l_{ij} = \dfrac{\theta_{ij}^{\frac{1}{(1-\varphi)(\alpha+\beta)}}\ \overline{A_{ij}}^{\frac{\varphi}{1-\varphi}}\tau_{L_{ij}}^{-1}}{\theta_{io}^{\frac{1}{(1-\varphi)(\alpha+\beta)}}\ \overline{A_{io}}^{\frac{\varphi}{1-\varphi}}\tau_{L_{io}}^{-1} + \theta_{ic}^{\frac{1}{(1-\varphi)(\alpha+\beta)}}\ \overline{A_{ic}}^{\frac{\varphi}{1-\varphi}}\tau_{L_{ic}}^{-1}} \\[5mm]
k_{ij} = \dfrac{\theta_{ij}^{\frac{1}{(1-\varphi)(\alpha+\beta)}}\ \overline{A_{ij}}^{\frac{\varphi}{1-\varphi}}\tau_{K_{ij}}^{-1}}{\theta_{io}^{\frac{1}{(1-\varphi)(\alpha+\beta)}}\ \overline{A_{io}}^{\frac{\varphi}{1-\varphi}}\tau_{K_{io}}^{-1} + \theta_{ic}^{\frac{1}{(1-\varphi)(\alpha+\beta)}}\ \overline{A_{ic}}^{\frac{\varphi}{1-\varphi}}\tau_{K_{ic}}^{-1}} \\[8mm]
A_i = \overline{A_i}\tau_i
\end{cases} \quad (3\text{-}10)
$$

其中 $\overline{A_i} = \left(\overline{A_{io}}^{\frac{\varphi}{1-\varphi}} + \overline{A_{ic}}^{\frac{\varphi}{1-\varphi}}\right)^{\frac{1-(\alpha+\beta)\varphi}{\varphi}}$，$\overline{A_{ij}} = \left[A_{ij}\tau_{K_{ij}}^{-\alpha}\tau_{L_{ij}}^{-\beta}\right]^{\frac{1-\varphi}{1-(\alpha+\beta)\varphi}}$。并且 $\tau_i = \tau_{K_i}^{\ \alpha}\tau_{L_i}^{\ \beta}$，省市间资本价格楔子为 $\tau_{K_i} = \left[\dfrac{\theta_{ij}^{\frac{1}{(1-\varphi)(\alpha+\beta)}}\ \overline{A_{io}}^{\frac{\varphi}{1-\varphi}}\tau_{K_{io}}^{-1} + \theta_{ij}^{\frac{1}{(1-\varphi)(\alpha+\beta)}}\ \overline{A_{ic}}^{\frac{\varphi}{1-\varphi}}\tau_{K_{ic}}^{-1}}{\theta_{ij}^{\frac{1}{(1-\varphi)}}\ \overline{A_{io}}^{\frac{\varphi}{1-\varphi}} + \theta_{ij}^{\frac{1}{(1-\varphi)}}\ \overline{A_{ic}}^{\frac{\varphi}{1-\varphi}}}\right]^{-1}$，劳动

---

[1] Dixit A., Stiglitz J. Monopolistic Competition and Optimum Product Diversity [J]. *The American Economic Review*, 1977, 67 (3): 297-308.

价格楔子为 $\tau_{L_i} = \left[\dfrac{\theta_{ij}^{\frac{1}{(1-\varphi)(\alpha+\beta)}} \overline{A_{io}}^{\frac{\varphi}{1-\varphi}} \tau_{L_{io}}^{-1} + \theta_{ij}^{\frac{1}{(1-\varphi)(\alpha+\beta)}} \overline{A_{ic}}^{\frac{\varphi}{1-\varphi}} \tau_{L_{ic}}^{-1}}{\theta_{ij}^{\frac{1}{(1-\varphi)}} \overline{A_{io}}^{\frac{\varphi}{1-\varphi}} + \theta_{ij}^{\frac{1}{(1-\varphi)}} \overline{A_{ic}}^{\frac{\varphi}{1-\varphi}}} \right]^{-1}$。

进一步结合式（3-5）和 $\sum\limits_{i=1}^{N} l_i = 1$ 可得各省市劳动、资本投入比例，及相应总体 TFP，

$$
\begin{cases}
l_i = \dfrac{\theta_i^{\frac{1}{(1-\sigma)(\alpha+\beta)}} \overline{A_i}^{\eta} \tau_{L_i}^{-1}}{\sum\limits_{i=1}^{N} \theta_i^{\frac{1}{(1-\sigma)(\alpha+\beta)}} \overline{A_i}^{\eta} \tau_{L_i}^{-1}} \\[4mm]
k_i = \dfrac{\theta_i^{\frac{1}{(1-\sigma)(\alpha+\beta)}} \overline{A_i}^{\eta} \tau_{K_i}^{-1}}{\sum\limits_{i=1}^{N} \theta_i^{\frac{1}{(1-\sigma)(\alpha+\beta)}} \overline{A_i}^{\eta} \tau_{K_i}^{-1}} \\[4mm]
A = \dfrac{\left(\sum\limits_{i=1}^{N} \theta_i^{\frac{1}{1-\sigma}} \overline{A_i}^{\chi} \right)^{\frac{1}{\sigma}}}{\left[\sum\limits_{i=1}^{N} \theta_i^{\frac{1}{(1-\sigma)(\alpha+\beta)}} \overline{A_i}^{\eta} \tau_{K_i}^{-1} \right]^{\alpha} \left[\sum\limits_{i=1}^{N} \theta_i^{\frac{1}{(1-\sigma)(\alpha+\beta)}} \overline{A_i}^{\eta} \tau_{L_i}^{-1} \right]^{\beta}}
\end{cases} \tag{3-11}
$$

其中，$\eta = \dfrac{(\alpha+\beta)\varphi(1-\sigma) - \varphi + \sigma}{(1-\sigma)(\alpha+\beta)[1-(\alpha+\beta)\varphi]}$，$\chi$

$= \dfrac{\sigma(1-\varphi)}{(1-\sigma)[1-(\alpha+\beta)\varphi]}$。

（三）有效状态下各省及海陆经济的要素比例

当资源配置完全有效时，即海陆之间以及各省之间都配置有效时，可通过假设价格楔子 $\tau_{K_{ij}}$、$\tau_{L_{ij}}$ 取值为 1 得到，此时海陆经济的要素投入比例及各省生产率为，

$$
\begin{cases}
l_{ij}^* = k_{ij}^* = \dfrac{\theta_{ij}^{\frac{1}{(1-\varphi)(\alpha+\beta)}} A_{ij}^{\frac{\varphi}{1-(\alpha+\beta)\varphi}}}{\theta_{io}^{\frac{1}{(1-\varphi)(\alpha+\beta)}} A_{io}^{\frac{\varphi}{1-(\alpha+\beta)\varphi}} + \theta_{ic}^{\frac{1}{(1-\varphi)(\alpha+\beta)}} A_{ic}^{\frac{\varphi}{1-(\alpha+\beta)\varphi}}} \\[5mm]
A_i^* = \left(\sum\limits_{j=1}^{U_i} A_{ij}^{\frac{\varphi}{1-(\alpha+\beta)\varphi}} \right)^{\frac{1-(\alpha+\beta)\varphi}{\varphi}}
\end{cases} \tag{3-12}
$$

同时，各省的要素投入比例及总体生产率为，

$$
\begin{cases}
l_i{}^{**} = k_i{}^{**} = \dfrac{\theta_i{}^{\frac{1}{(1-\sigma)(\alpha+\beta)}} A_i{}^{*\,\eta}}{\sum\limits_{i=1}^{N} \theta_i{}^{\frac{1}{(1-\sigma)(\alpha+\beta)}} A_i{}^{*\,\eta}} \\[4ex]
A^{*} = \dfrac{\left(\sum\limits_{i=1}^{N} \theta_i{}^{1-\sigma} A_i{}^{*\,\chi} \right)^{\frac{1}{\sigma}}}{\left[\sum\limits_{i=1}^{N} \theta_i{}^{\frac{1}{(1-\sigma)(\alpha+\beta)}} A_i{}^{*\,\eta} \right]^{\alpha+\beta}}
\end{cases}
\tag{3-13}
$$

当仅是各省之间资源配置有效时，可通过假设各省要素价格楔子 τ_{L_i}、τ_{K_i} 相等得到，此时各省的要素投入比例及总体生产率为，

$$
\begin{cases}
l_i{}^{*} = k_i{}^{*} = \dfrac{\theta_i{}^{\frac{1}{(1-\sigma)(\alpha+\beta)}} A_i{}^{\eta}}{\sum\limits_{i=1}^{N} \theta_i{}^{\frac{1}{(1-\sigma)(\alpha+\beta)}} A_i{}^{\eta}} \\[4ex]
A_{ex}^{*} = \dfrac{\left(\sum\limits_{i=1}^{N} \theta_i{}^{1-\sigma} A_i{}^{\chi} \right)^{\frac{1}{\sigma}}}{\left[\sum\limits_{i=1}^{N} \theta_i{}^{\frac{1}{(1-\sigma)(\alpha+\beta)}} A_i{}^{\eta} \right]^{\alpha+\beta}}
\end{cases}
\tag{3-14}
$$

（四）资源错配程度测算与参数设置

基于上文公式（3-10）和（3-12），可以得到每个省内部的海陆经济资源错配程度，$m_i = A_i{}^{*}/A_i$；接着基于上文公式（3-11）和（3-13），可以得到所有情形（各省之间以及海陆经济之间）下的资源错配程度 $m = A^{**}/A$；基于上文公式（3-11）和（3-14），可以得到各省之间的资源错配程度 $m^p = A^{*}/A$；基于上文公式（3-13）和（3-14），可以得到海陆之间的资源错配程度 $m^a = A^{**}/A^{*}$。同时，假设资本不存在错配（即设资本价格楔子 $\tau_{K_{ij}}$ 取值为 1），重复上面的模型测算过程，可得到仅劳动的错配程度。

就要素价格楔子可根据海陆经济产出的利润最大化问题得到，$\tau_{K_{ij}} \propto \dfrac{P_{ij}Y_{ij}}{K_{ij}}$，$\tau_{L_{ij}} \propto \dfrac{P_{ij}Y_{ij}}{L_{ij}}$，$j=o,\ p$。模型中 CES 函数参数 σ、ϕ 参考 Brandt et al.（2013）都取值为 1/3。就 CD 生产函数中资本或劳动的产出弹性 α 和 β，仍采用前文估计结果。

二、资源配置效率分析

(一) 现状描述

分别绘制海洋经济生产率与陆地经济生产率的箱线图（如图 3-19），其中箱体代表生产率的离散程度，上下竖线分别代表最大值与最小值，白色横线代表均值。从本文样本期 2006 年来看，大部分沿海省市的陆地生产率都要高于海洋生产率（仅河北、上海、山东海洋生产率要高于陆地生产率），而得益于海洋经济部门生产率相对更加快速的增长（基于各省均值算的海洋经济部门生产率年均增长率为 2.64%，陆地经济部门生产率增长率为 2.08%），从 2014 年开始，这一情况出现反转，截至 2020 年，大部分省市的海洋生产率高于陆地生产率，且陆地与海洋之间的差距在逐年加大。

生产率的离散程度可反映资源错配程度，图 3-19 中明确显示，我国沿海 11 个省市之间的海洋经济生产率离散程度远大于陆地经济，即海洋经济在地区之间的资源错配程度更为严重。

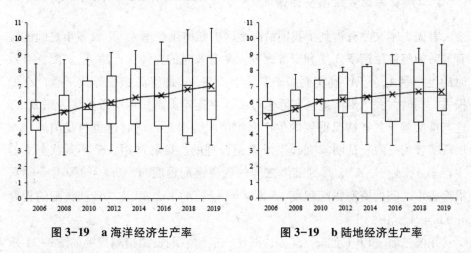

图 3-19　a 海洋经济生产率　　　　　图 3-19　b 陆地经济生产率

资源配置效率反映的是部门生产率与部门要素投入份额的相关性，相关程度越高，资源配置越有效。为此，本文进一步图示了各省海陆之间要素投入份额，见图 3-20。可以看到，海洋经济部门的投入份额在 2010 年略有提高，在 2010 年后平缓下降。然而基于上文中生产率的表现，海洋经济部门的生产率提高速度要比陆地经济部门快很多，这也使得两类经济部门的份额与其各自生产率并不匹配，甚至从 2010 年后匹配程度相对恶化。因此，可推断海陆之间的错配在 2010 年后有所加重。

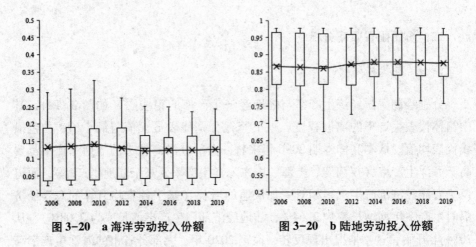

图 3-20 a 海洋劳动投入份额   图 3-20 b 陆地劳动投入份额

上文简单描述了我国沿海省市中海洋与陆地经济的生产率与投入份额现状，并对资源配置情况进行了初步的推断。接下来本文利用前文模型就资源错配所致 TFP 损失程度进行精确测算。

（二）资源配置效率整体情况

首先，本文测算得到了我国沿海地区的整体生产率 A，以及省市之间配置有效时的整体生产率 A_{ex}^* 和资源配置完全有效时的整体生产率 A^*。配置有效时的生产率 A_{ex}^*、A^* 确实要高于实际生产率 A，即资源错配导致了生产率的损失。同时，我国沿海地区实际生产率 A 在逐年提高，年均增长率为 2.20%。这与前文基于各省情况得到的生产率均值较为接近，同时这也与我国经济发展现实较为一致，证明本文模型设置是合理的。接着利用 3 个不同状态下的生产率 A、A_{ex}^*、A^*，得到陆海之间的资源错配程度 m^a（$m^a = A^*/A_{ex}^* - 1$），沿海省市之间的资源错配程度 m^p（$m^a = A_{ex}^*/A - 1$），以及二者都错配的程度 m（$m = A^*/A - 1$）。

东海三省一市（上海、江苏、浙江、福建）的资源错配程度如图 3-21 所示。从地域之间（既表现为陆海之间又包括东海 4 个省市之间，为此在这里将此两类划分统称为地域之间）的资源错配程度来看，整体上导致国家 TFP 年均损失了 3.85%，而且就最近的 2020 年情况来看，其导致国家 TFP 损失了 2.74%，也就是说如果实现地域之间的资源配置优化，那么我国沿海地区的整体 TFP 将增长 2.74%。这相对于 2006—2019 年年均仅 2.20% 的 TFP 增长率而言，无疑是非常重要的。

区分来看，图 3-21 进一步显示，2006—2020 年间，我国东海海陆间资源

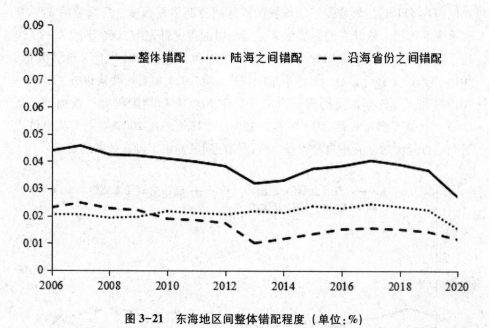

图 3-21 东海地区间整体错配程度（单位:%）

注: 由于数据的限制, 这里的陆海之间资源错配仅是劳动投入的错配, 因此整体错配
程度中也没有包含陆海之间资本错配, 同时为更好比较区分陆海错配与省市错配, 接
下来在图 3-23 中进行了更加细致的描绘。

错配导致 TFP 年均损失了 2.12%, 其中最近的 2020 年海陆间资源错配导致
TFP 损失了 1.59%（由于海洋资本存量是根据海洋生产总值占全省 GDP 比重
与全省资本存量的乘积得到, 这样的测算过程暗含假设了陆海之间不存在资
本的错配问题, 因此, 这里的总体资源错配程度即为劳动错配程度）。这对于
近年来我国较慢甚至为负的生产率增长速度而言, 这一错配程度显然也是较
为严重的。就其变动趋势而言, 2006—2009 年间有较为明显的缓解趋势,
2009 年达到了损失最低点 1.93%, 之后却又开始快速反弹上升, 2017 年的错
配程度在本文样本期内最为严重, 所导致的 TFP 损失程度达到了 2.45%, 而
从 2018 年开始又有所轻微缓解。

图 3-21 显示, 东海 4 个省市之间的资源错配导致 TFP 年均损失了 1.69%。
同时图 3-22 显示, 劳动错配导致的 TFP 年均损失率为 1.62%, 而资本错配导
致的年均损失率仅为 0.12%, 两者相差程度较大; 而以最近的 2020 年情况来
看, 地区间错配导致 TFP 损失了 1.16%, 其中劳动错配为 0.96%, 资本错配
为 0.26%, 劳动错配程度也要比资本错配更为严重。因此, 从绝对程度来看,
优化劳动力资源配置, 打破地区间的人口流动壁垒, 推进劳动人口从低 TFP

地区向高 TFP 地区转移对于缓解我国地区间资源错配程度，提高我国 TFP 具有重要的作用。就其变动趋势而言，劳动错配程度首先由 2006 年的 2.29%快速下降至 2013 年的 1.01%，后来又快速加重，直到 2017 年达到最大值，2018 年开始又有所缓解。而资本错配程度，除 2020 年有所缓解以外，2006—2019 年则呈现逐年加重的现象，尤其是在 2015 年后错配程度严重加剧，从 2015 年的 0.07%增长至 2016 年的 0.15%，年增长率达 200%左右。从中可以看到地方经济过度看重自身收益，资源错配问题尚未得到有效的缓解。

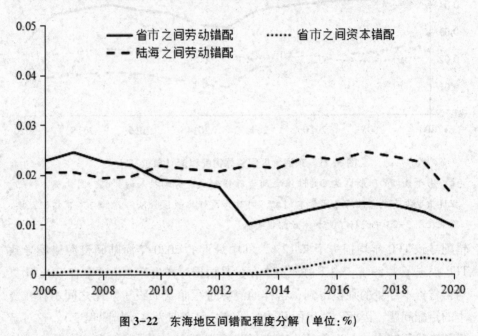

图 3-22　东海地区间错配程度分解（单位：%）

　　近年来，无论是从国家宏观政策，还是从法律、制度、规划等方面，对海洋的重视程度均在提升，尤其强调陆海统筹。1996 年《中国海洋 21 世纪议程》首次提出"统筹沿海陆地区域和海洋区域的国土开发，坚持区域经济协调发展的方针"，奠定了陆海统筹的基本理念；"十二五"时期，我国将推动"海洋经济发展""坚持陆海统筹"放在重要位置，海洋经济的总体实力得到了进一步提升；"十三五"时期，我国再一次强调了"陆海统筹、协调发展"这一海洋经济发展的基本原则；2021 年，国务院发布了《"十四五"海洋经济发展规划》，将"坚持陆海统筹，以陆促海、以海带陆"提升至更高的战略高度。但是，从近年来错配程度的变化趋势来看，我国东海海陆间资源错配问题目前还未得到有效的缓解，未来仍应进一步重视与解决。不仅如此，2015 年 8 月 19 日，我国首次提出要构建全国统一大市场旺消费促发展，并于

2022 年 4 月 10 日正式发布《中共中央 国务院关于加快建设全国统一大市场的意见》，旨在打破市场分割与地区交易壁垒，促进商品要素资源在更大范围内畅通流动，本文测算的省际资源错配程度也正验证了我国构建全国统一大市场的必要性。

比较而言，东海海陆之间错配程度要比省市之间的资源错配更为严重，值得注意的是，由于陆海之间的错配仅是劳动错配，而省市之间既包含了劳动又包含了资本，如果仅比较劳动错配，海陆之间错配要比东海 4 个省市之间错配严重得多。因此，未来优化陆海之间资源配置效率要比优化省市之间资源配置效率更为重要，也就是说，我国东海在实现地区之间资源配置优化时，应该着重坚持陆海统筹以实现海陆间资源配置优化入手。

同时，本文进一步就我国沿海 11 个省市的资源错配程度展开了测算，结果如图 3-23 和图 3-24 所示。从地域之间的资源错配程度来看，整体上导致国家 TFP 年均损失了 5.79%，而且就最近的 2020 年情况来看，其导致国家 TFP 损失了 6.19%。区分来看，2006—2020 年间，我国海陆间资源错配导致 TFP 年均损失了 2.27%，其中最近的 2020 年海陆间资源错配导致 TFP 损失了 1.60%。沿海 11 个省市之间的资源错配导致 TFP 年均损失了 3.44%。最近的 2020 年情况来看，地区间错配导致 TFP 损失了 4.52%，其中劳动错配为 2.66%，资本错配为 2.18%，劳动错配程度也要比资本错配更为严重。而就演化趋势而言，我国沿海 11 个省市的资源错配程度与东海 4 个省市之间有着高度相似的演化趋势。

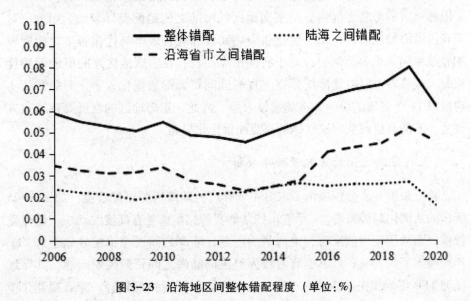

图 3-23　沿海地区间整体错配程度（单位：%）

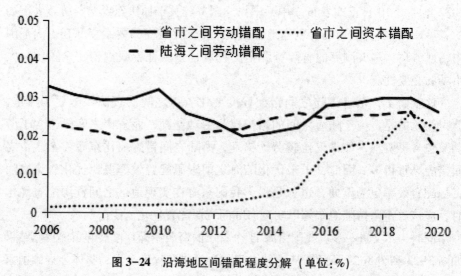

图 3-24 沿海地区间错配程度分解（单位：%）

内部比较而言，我国整个沿海的海陆之间错配程度与省市之间资源错配相较并无太大差异，值得注意的是，由于陆海之间的错配仅是劳动错配，而省市之间既包含了劳动又包含了资本，如果仅比较劳动错配，沿海 11 个省市之间错配与海陆之间错配差异较小。同时，就整个沿海地区与东海地区比较而言，我国沿海整体错配程度要远高于东海 4 个省市的错配程度。而具体比较来看，这一差异性主要体现在省市之间的错配问题，沿海 11 个省市之间的错配要比东海 4 个省市之间错配严重得多，而就海陆之间错配而言，我国整个沿海地区的海陆之间错配与东海地区的海陆之间错配差异较小。因此，对于我国沿海情况而言，未来优化陆海之间资源配置效率与优化省市之间资源配置效率同等重要。然而，对于我国东海而言，在实现地区之间资源配置优化时，应该着重坚持陆海统筹以实现海陆间资源配置优化入手，而并非从实现沿海 11 个省市的统一大市场建设入手。因此，东海地区的发展要认清地方现实，不能盲目跟从国家整体的资源配置优化思路。

（三）陆海之间资源配置效率分析

接下来进一步分别展示了东海 4 个省市的陆海资源错配程度，如图 3-25 所示。从演化趋势来看，4 个省市的陆海资源错配都处在高度波动中，规律性较低。而从历年均值来看，上海最为严重，陆海之间资源错配导致上海 TFP 年均损失了 3.14%；江苏也有着较为严重的陆海之间资源错配问题，其导致江苏 TFP 年均损失了 2.82%；福建的陆海之间资源错配较轻，导致福建 TFP 年均损失了 1.83%；而浙江的陆海之间资源错配最轻，仅导致浙江 TFP 年均损失了0.54%。因此,东海地区4个省市中,相对于浙江和福建而言,上海和江苏应该将实现陆海资源配置优化作为未来结构化改革的重中之重。

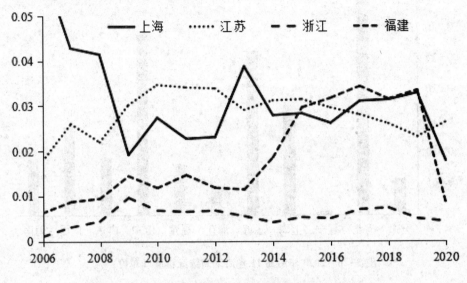

图3-25 东海4省市海陆之间资源错配程度(单位:%)

接下来为了展示东海4个省市与全国沿海其他省市之间的相对严重性,本文进一步测算了2020年沿海11个省市各自的陆海之间资源错配程度,结果如图3-26所示。可以看到,河北和山东的陆海资源错配程度最高,分别导致河北和山东TFP损失了3.43%和2.89%;同时,上海、江苏的陆海资源错配也较为严重,其导致该省的TFP损失在2.0%~2.5%之间;福建、广东、广西、海南的陆海资源错配相较处于中等水平,导致TFP损失在0.5%~2.0%之间;而天津、辽宁、浙江的陆海资源错配较轻微,仅导致TFP损失不到0.5%。因此在未来协调海陆资源错配时,可根据错配程度对相应省市进行针对性的调节,如重点加大对河北、山东、上海、江苏的调节力度,积极调节福建、广东、广西、海南错配情况,鼓励引导辽宁、浙江错配程度继续下降,以最终实现海陆资源配置均衡。

然而图3-26仅展示了各省市陆海之间资源错配所致全省市损失情况,但仍然无法依此判断是海洋资源的投入过度还是陆地资源的投入过度,而这一问题的答案对于解答我国未来资源投入是否应该由陆地向海洋转移具有一定启示作用。为解答这一问题,本文依据上文模型构造了资源投入程度指标,其值为正代表投入是过度的,且绝对值越大,过度程度越大;其值为负代表投入是不足的,且绝对值越大,缺口程度越大,结果如图3-27所示。可以看到,东海4个

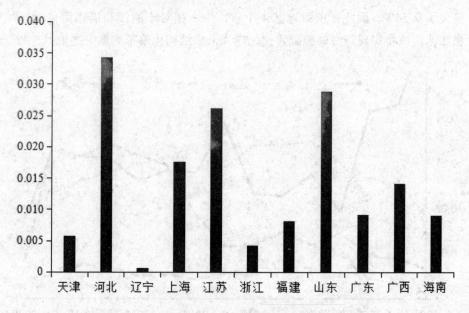

图 3-26　2020 年沿海 11 省海陆间错配程度（单位：%）

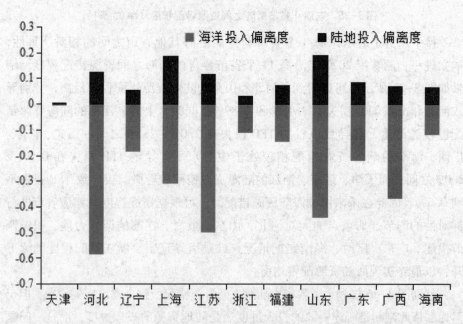

图 3-27　2020 年沿海 11 省海陆间劳动投入偏离程度（单位：%）

省市中，相对于陆地投入而言，海洋资源投入都处于不足状态。这正验证了本文的关注点，目前我国海洋资源投入持续短缺，未来资源投入的重心应该从陆地向海洋转移。并且可以看到，江苏的海洋资源投入相对于其有效状态而言有着将近50%的缺口，也就是说，江苏的海洋资源投入应该在现在投入规模的基础上再增加一倍，足见缺口规模之大。对于上海，其海洋资源投入相对于其有效状态有着近40%的缺口，而对于浙江和福建，其缺口较小，为10%左右。同时，本文也展示了沿海11个省市的海洋资源投入偏离度情况。可以看到，在沿海11个省市中，海洋资源投入相对于陆地而言也都处于不足的状态。基于资源配置效率的含义，在不增加资源投入总规模的情况下，仅是实现资源在不同部门之间的转移即可带来总产值的增加，这对于未来拉动我国整体经济增长来讲，是事半功倍、至关重要的。河北和山东的海洋资源投入也是极为不足，仅投入了其有效状态的一半以下；而广西也有将近40%的投入缺口；天津、辽宁、广东、海南的投入缺口相对较小。

（四）沿海11个省市之间资源配置效率的进一步分析

基于前文分析，海洋经济待投入的资源空间较大，但同样不能盲目，需要结合各省市自身经济状况，合理地对生产要素进行配置，本文进一步测算了我国2006—2020年东海4个省市之间海洋经济资源的错配程度，如图3-28所示。可以看到，即使仅考虑海洋经济，我国东海4个省市之间同样存在严重的资源错配，导致TFP年均损失了4.37%，其中劳动错配为4.15%，而资本错配仅为0.15%，海洋经济的劳动错配程度比资本错配更为严重。从最近2020年的情况来看，东海4个省市之间的海洋资源错配导致TFP损失了3.01%，其中劳动错配为2.60%，资本错配为0.23%，劳动错配程度也要比资本错配更为严重。

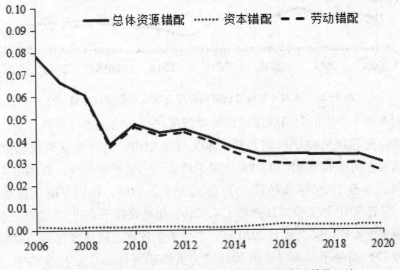

图3-28　东海4省份之间海洋经济资源错配程度（单位:%）

　　同时为进一步验证海洋经济资源错配的严重性，本文将其与同期陆地经济资源错配程度进行对比，可以发现，在总资源错配和劳动错配中，海洋经济错配程度远远严重于陆地经济，其中东海4个省市之间陆地经济资源错配程度如图3-29所示。以2020年为例，相较于东海海洋总资源错配所致的3.01%的TFP损失而言，陆地总资源错配仅导致了0.81%的TFP损失，而且，地区之间的海洋劳动错配程度为2.60%，陆地劳动错配程度为0.61%。就资本错配而言，两者相差较小。不过值得庆幸的是，尽管从绝对值上来看，东海海洋资源错配要比陆地经济资源错配更大，但是进一步就其趋势来看，海洋经济资源错配一直处在逐年缓解的趋势中，2020年的错配程度仅为2006年错配程度的38%；而陆地经济资源错配却一直处在波动中，总体上并无较大缓解，2020年的错配程度与2006年的错配程度基本一致。

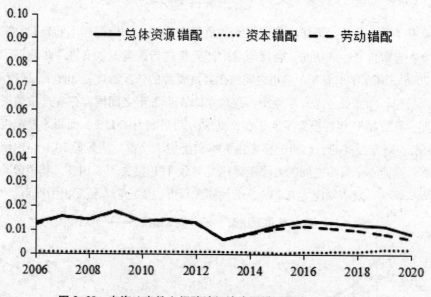

图3-29　东海4省份之间陆地经济资源错配程度（单位：%）

　　对东海4个省市之间海洋经济资源错配的变动趋势进行具体分析，整体上劳动错配程度呈现缓解的趋势，本文样本期内，海洋劳动资源错配所致TFP损失率在样本期初始的2006年最为严重，达到了7.83%，而之后3年快速下降，截至2009年其导致TFP仅损失了3.71%，年均下降速度达到了26%。尽管2010年又快速反弹到了4.62%，但是在接下来的10年中，海洋劳动资源错配逐年缓解，截至2020年，东海4个省市之间的海洋劳动资源错配仅导致TFP损失了2.60%。而陆地经济资源错配却一直处在波动中，其中

2013 年以来东海 4 个省市之间的陆地劳动资源错配有所反弹，但是 2016 年后又基本处在逐年缓解的过程中。从 2020 年来看，东海 4 个省市之间的海洋劳动错配要远严重于陆地劳动错配，这证明了我国东海进一步优化海洋经济资源配置的重要性、紧迫性和本文重点分析海洋经济的合理性。

同时，本文进一步对我国整个沿海 11 个省市的海洋经济资源错配展开了分析，结果如图 3-30 所示。可以看到，沿海 11 个省市之间的海洋经济资源错配导致 TFP 年均损失了 4.54%，其中劳动错配为 3.78%，而资本错配仅为 0.61%，海洋经济的劳动错配程度也要比资本错配更为严重。在测算沿海 11 个省市的陆地经济资源错配后（如图 3-31 所示），也可以看到，海洋经济资源错配严重于陆地经济，2020 年的结果显示，相较于省市之间的海洋总资源错配所致的 5.65% 的 TFP 损失而言，陆地总资源错配导致了 4.37% 的 TFP 损失。这一结论与前文针对东海的分析是一致的。然而与东海情况不同的是，我国整个沿海地区的海洋经济与陆地经济资源错配的变动趋势基本一致。

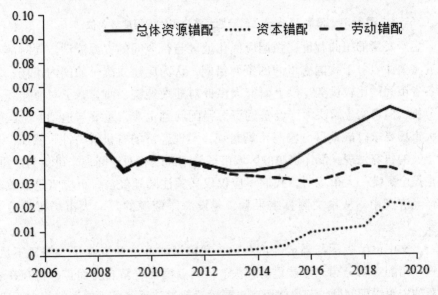

图 3-30 沿海 11 省份之间海洋经济资源错配程度（单位:%）

总体来说，目前我国海洋经济的资源错配形势较为严峻，远高于同期陆地经济错配程度，从绝对值上看，严重的劳动错配是总资源错配的主要因素；从趋势上看，海洋经济资源错配一直处在逐年缓解的趋势。

现有研究多将资源错配的关注点放于企业间、行业间或省市间，如前期研究针对我国制造业或服务业资源错配的分析，部门研究分区域、分行业测

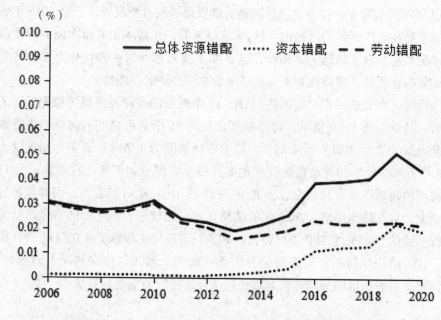

图 3-31　沿海 11 省份之间陆地经济资源错配程度（单位:%）

算了生产要素的扭曲程度，强调应优化地区与行业间的资源流动。同时部分研究将关注点置于我国省市间的资源错配，认为应建立统一的国内市场，发挥各省市间的比较优势。以上研究大多针对陆地经济，而忽略了对海洋经济的分析，但事实上解决海洋经济的资源错配问题也非常重要与迫切。全国统一大市场要求打破地区分割与市场封锁，实现经济的有机统一性。然而，基于上文的研究发现，海洋资源的区域市场分割问题相对于陆地来讲更为严重，在建设全国统一大市场时，我们不应仅仅只关注陆地经济，更应将重点放于海洋经济当中，从本文测算结果看，建设海洋资源的统一大市场可能更为重要。

　　上文中已经表示与陆地经济相比，我国海洋经济的资源投入明显不足，且这一错配对 TFP 带来了严重的损失。同时就海洋经济自身而言，也存在着严重的资源错配问题，其严峻程度也要远远超过陆地经济。然而如前文所述，这一资源错配程度是整体性的，无法判断出不同省市的资源配置情况。每一省市都有着资源分配的过度或不足之分，识别每个省市的配置状态，探讨哪些省市要素投入过多而哪些省市又相对不足，具有重要的现实意义。接下来，根据上文模型测算得到 2020 年我国沿海各省市的资源配置情况（见图 3-32），以及 2006—2020 年各省市劳动与资本两要素的投入偏离度变化趋势（见图 3-33—图 3-38）。

针对 2020 年我国各省市的劳动要素投入力度来看，图 3-32 显示，辽宁、广西、海南的劳动投入是相对过度的，其中辽宁最为严重，相对于其有效状态投入，劳动投入过多程度高达 165%，也就是说辽宁省的劳动投入是其有效状态的 2.65 倍；而上海、江苏、福建、山东的劳动投入是相对不足的，其中上海、江苏相对比较严重，相对于其有效状态而言，劳动投入有着 57% 左右的缺口，也就是说辽宁省的劳动投入相对其现有的投入规模应该再增加 1 倍以上。总体来说，在我国 11 个沿海省市中，天津、辽宁、广西、海南无论是劳动要素还是资本要素的投入均呈现过度状态，其中辽宁省的过度程度最为严重；而浙江的劳动要素投入虽同样过度，但资本要素投入却呈现不足；河北、山东两省则与之恰好相反，资本投入虽然过度，但劳动投入却相对不足；上海、江苏、福建、广东的资源投入均呈现不足状态。东海地区的上海、江苏、福建都处于资源投入不足的状态，尽管浙江的劳动要素投入过度，但其过度程度相对较低。而地处渤海地区的天津、辽宁、河北、山东，以及地处南海地区的广西、海南，都处在资源投入相对过度的状态。因此如何协调各省市之间的生产要素配置，尤其是促进渤海和南海地区的资源投入向东海各省市转移，使各省市均能最大程度发挥自身优势与潜力，促进我国海洋经济进一步发展壮大，需要进一步深入探索。

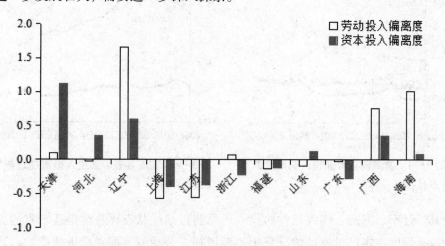

图 3-32 2020 年沿海各省海洋经济投入偏离程度（单位:%）

分析近年来劳动投入程度的变化趋势，如图 3-33—图 3-35 所示，可以看到，多省市在一定程度上有效调节了该地的劳动要素投入，使其不断接近于最优配置状态，如东海地带的福建、浙江，渤海湾地带的天津、河北、山东，南海地带的广东。然而，辽宁、海南、广西等地连续多年劳动要素投入过度，

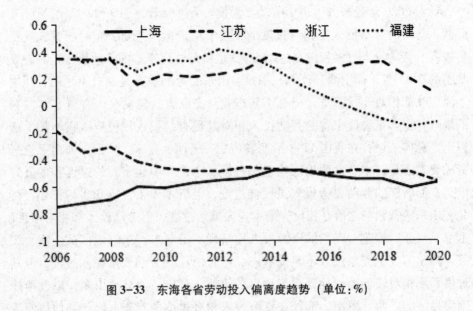

图 3-33 东海各省劳动投入偏离度趋势（单位:%）

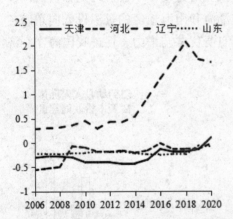

图 3-34 渤海各省劳动投入偏离度趋势（单位:%）

图 3-35 南海各省劳动投入偏离度趋势（单位:%）

尤其是辽宁、海南、广西三省的投入严重超过最优状态，甚至是辽宁省的劳动投入程度在本已过度的情况下仍不断增加，劳动要素配置严重扭曲。与之相反，东海地带的上海、江苏等地劳动要素投入则严重不足，2020 年两地缺口达到 50% 以上，但上海在 2006 年却有 75% 的缺口，相对来说扭曲程度有所缓解；而江苏省的劳动缺口是从 2006 年的 20% 逐年递增至 2020 年的 50%，扭曲程度在未来或许仍会不断扩大。同时，上海与江苏在 11 个沿海省市的海洋经济生产总值中分别名列第三与第六，但这仅是这两个省市在其有效要素配置水平 50% 左右的情况下所带来的收益，在劳动力如此严重不足的情况下仍带来了较高的生产力，所以增加其劳动投入对于其自身甚至整个国家的海洋经济发展具有较大的作用。值得注意的是，河北省的劳动要素扭曲程度得到了非常有效的缓解，2006 年存在的 55% 缺口在 2020 年只有 13% 左右。相对来说我国各省市劳动扭曲程度差异较大，应进一步推动劳动力的转移，适当放开东海地带的上海、江苏等地户籍管理制度，吸引更多人才入驻，缓解部分省市劳动力匮乏的问题，或可将上海等地的海洋制造业适当转移至辽宁等地，利用该地的劳动力优势大力发展劳密集型产业，以缓解其劳动扭曲程度。

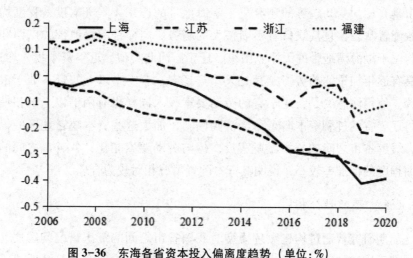

图 3-36　东海各省资本投入偏离度趋势（单位：%）

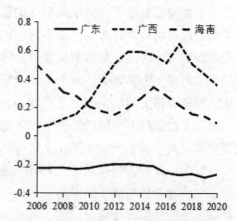

图 3-37　渤海各省资本投入偏离度趋势（单位：%）

图 3-38　南海各省资本投入偏离度趋势（单位：%）

在资本要素方面，早期半数以上的省市存在资本投入过度的情况，这可能是由于当时我国海洋经济刚进入快速发展阶段，在相关政策的激励下，各省加大了对海洋经济的投资力度。细分来看，2006 年南海地带的海南资本投入超过其有效资本投入量近 40%，而广东的资本短缺程度为 23%，两省分别为当年资本投入过度（不足）程度最高的省级区域。观察各省市资本投入的变动趋势，同位于东海地带的浙江、上海、江苏、福建 4 个省市的资本投入匹配程度逐年降低，资本投入不足态势逐年加重，上海 2020 年资本投入仅为其有效状态的 40%左右，为当年资本投入最为匮乏的省级地区。与东海 4 个省市具有相同变动趋势的还有位于南海地带的广东，其资本投入程度均低于有效配置状态，且其缺口有不断扩大的趋势。同样是南海地带的广西和海南则与位于渤海湾地带的天津、山东、辽宁、河北类似，近年资本投入均过量，且具有逐年加重的趋势，尤其是天津与辽宁，有一半以上的资本处于浪费和闲置。值得注意的是，辽宁省的劳动要素投入同样也有两倍以上的扭曲，故可将辽宁省的过剩资本向东海经济圈倾斜，加大这些资本缺乏地区的投资力度，缓解省市之间的资本错配程度。但与劳动要素相比，各省市之间的资本扭曲程度的标准差较小，说明其资本配置情况相对较为合理。

（五）稳健性分析

前期研究曾通过构建数理模型对我国省市之间的资源错配问题展开了分析，其所构建的数理模型也成为本文模型的基础，然而本文与其明显不同的是，本文模型放松了规模报酬不变的假设，可以说其所构建数理模型仅是本文模型的特例。并且基于上文中对生产函数的估计也可以看到，确实并非规模报酬不变。因此，从模型构建的角度来讲，本文模型是更为科学的，所得结果也将是更为客观的。而为进一步验证前文中所得陆海之间资源错配与地区之间资源错配的演化趋势是稳健的，本文也将进一步利用前期研究在规模报酬不变的假设下所得到的资本和劳动产出弹性值对资源错配程度进行了重新测算，其中资本产出弹性取值 0.45，劳动产出弹性取值 0.55。

首先，就我国整体陆海之间错配程度，尽管就绝对值来讲存在着差异，但是其演化趋势与前文结果是一致的。同时基于 2020 年沿海 11 个省市各自的陆海之间错配程度测算结果，河北、天津、山东、上海、福建资源错配程度较为严重，辽宁、浙江、广东、海南错配情况较为轻微，这一结果也与前文一致。就各省市陆海之间投入力度情况，各省市都表现出陆地投入过度而海洋经济资源投入不足的现象，尤其是天津、山东、河北，这一结果也与前文一致。因此就陆海之间的资源配置效率问题来看，本文结果是稳健的。

接着，就我国沿海 11 个省市之间海洋经济资源和陆地经济资源的错配程度，地区之间海洋经济资源的错配程度仍然要更为严重，尤其是对于地区之间的劳动错配而言。并且就演化趋势而言，仍呈现出逐年加重的趋势。这与前文结果是一致的，因此这也进一步佐证了在建设全国统一大市场时，应将重点放在海洋经济资源当中。同时，本文也对我国地区之间海洋资源投入过度与不足情况进行再次测算（结果不再赘列），除部分数据绝对值的细微差异外，各省市资源投入过度与不足情况与上文相同，投入程度变动趋势也大体一致，均可说明本文结果的稳定性和可靠性。

三、小结

海洋在经济和社会发展中发挥着越来越重要的作用。尽管越来越多的国家越来越重视海洋，但海洋经济的发展在一定程度上受到了传统思维的限制，这导致了海洋和内陆之间的严重错配。在此背景下，通过利用一个包括国家、沿海省市、海洋和内陆部门的一般均衡模型，以及我国东海 4 个省市的相关数据，实证分析了东海海陆之间错配以及东海 4 个省市之间的海洋资源错配程度。并利用我国沿海 11 个省市相关数据进一步展开了分析，与东海情况进行了比较。这些分析都验证了本文主题——向海而兴。

一方面，考虑到海洋和内陆之间的错配，仅劳动力的错配就导致 2020 年东海整体 TFP 损失了 1.59%。这显著地表明，在中国目前 TFP 增长率较低的情况下，实现陆海之间的资源配置优化，将在未来取得巨大收益。此外，在测量东海 4 个省市的投入偏离度后，发现所有沿海省市的海洋资源投入与内陆相比都是不足的，特别是上海、江苏，其实际投入相对于有效状态的投入有着超过 40% 的缺口。因此，未来资源投入应该由内陆向海洋转移。而在分析其演化趋势后发现，2009 年后，海洋和内陆之间的资源错配程度有所加重。尽管我国发展战略中一再强调"促进海洋经济发展"和"陆海统筹协调发展"，但是海陆之间的资源错配问题并未得到有效缓解。如何在未来的实际行动中增加海洋资源投入、促进海洋经济发展将非常重要。

另一方面，中国国内的市场分割问题非常严重，导致了严重的区域间资源错配问题。通过经验分析发现，东海 4 个省市之间的海洋资源错配导致 2020 年东海 TFP 损失了 4.37%，其中由于海洋劳动力错配导致 TFP 损失了 4.15%，资本错配较低。而进一步测算结果显示，东海 4 个省市之间的陆地资源错配仅导致 2020 年东海 TFP 损失了 0.81%。东海地区之间的海洋资源错配程度远高于同期内陆资源。打破区域间的市场分割，建立一个统一的全国市场，将对中国的全要素生产率增长起到重要作用，但初步研究只关注如何优化内陆资源的配置。本文的研究结果表明，地区之间海洋资源的市场分割更加严重。测算投入偏离度后，东海地区的上海、江苏、福建都处于资源投入不足的状态，尽管浙江的劳动要素投入过度，但其过度程度相对较低。而地处渤海地区的天津、辽宁、河北，以及地处南海地区的广西、海南，都处在资源投入相对过度的状态。因此如何协调各省市之间的生产要素配置，尤其是促进渤海和南海地区的资源投入向东海各省市转移，对于促进我国海洋经济进一步发展壮大有着重要意义。

第四章

东海海洋渔业发展报告

第一节　东海区海洋渔业产业发展概况

本节将在界定海洋渔业、海水养殖、海洋捕捞等相关概念的基础上，讨论东海区（江苏省、浙江省、福建省和上海市三省一市）海洋资源的总体概况，并结合宏观统计数据，围绕海水养殖和海洋捕捞（国内海洋捕捞与远洋捕捞）两个维度，分析东海区海洋渔业的发展现状及演变趋势。

一、相关概念界定

（一）海洋渔业

针对海洋渔业的概念界定，在现有文献中主要可以划分为两种，即狭义和广义。具体而言，狭义的海洋渔业主要指第一产业，包括海水养殖业和海洋捕捞业；而广义的海洋渔业则覆盖了与海洋渔业相关的所有产业领域，包括第一产业中的海水养殖业、海洋捕捞业等，涉渔工业中的海水产品加工工业、海洋渔饲制造工业等，以及第三产业中的海水产品仓储运输业、海洋休闲渔业等。本研究所指的海洋渔业是狭义的海洋渔业概念，特指海水养殖业和海洋捕捞渔业。

（二）海水养殖

海水养殖是在海上、滩涂及其他水域进行鱼类、甲壳类、贝类、藻类等品种饲养的一种农业生产活动。海水养殖类型可以从不同的角度进行划分。按照育种对象划分，海水养殖的品种包括鱼类、贝类、甲壳类、藻类等不同种类的养殖品种；按养殖水域划分，可分为滩涂养殖和海上养殖。其中，滩涂养殖是利用滩涂等浅海域进行养殖活动，利用潮汐的周期性变化，使养殖池或网箱在高潮时处于被覆盖状态，在低潮时暴露在空气中，形成一种独特的养殖环境。滩涂养殖品种主要包括牡蛎、贻贝、蛤蜊等贝类。海上养殖是在深海或近海海域进行养殖活动，在海上养殖中，养殖池或网箱被放置在开放的海面上，利用自然海水和营养物质，通过人工投入饲料和管理，培育各种水生生物。海上养殖的物种包括海藻、牡蛎、蛤蜊、虾等。按养殖方式划分，具体分为池塘养殖、普通网箱养殖、深水网箱养殖、筏式、吊笼、底播和工厂化养殖。

（三）海洋捕捞

海洋捕捞是指利用渔船、网具以及辅助设备等工具直接从海洋中捕获经济价值较高的海水动植物，包括鱼类、虾类、蟹类、贝类、珍珠和藻类等，以满足人们的需求。海洋捕捞是海洋经济生产的一种重要形式。海洋捕捞属于大农业范畴。其主要依托于海洋中捕捞到的生物资源总量。且受到诸多自然因素的制约，如生态环境、人类捕捞和排污活动等因素对其生物资源数量造成的影响越发明显。在海洋捕捞作业中，由于作业场所气候多变，常常遭受暴雨风浪等天气条件的干扰，后勤保障难度大，而且其安全风险也比陆地上其他农业产业要高。此外，海洋捕捞产量还受制于渔船、网具和辅助设备等因素。按照作业海域不同，海洋捕捞可分为沿岸捕捞、近海捕捞、外海捕捞、远海捕捞；按照捕捞渔具的不同，海洋捕捞可以分为拖网捕捞、围网捕捞、刺网捕捞、张网捕捞、钓具捕捞等；根据捕捞对象的不同，海洋捕捞也可分为鱼类、甲壳类、贝类、藻类、头足类等。

二、东海区海洋资源概况

东海是中国大陆和中国台湾岛、朝鲜半岛、日本九州岛、琉球群岛等围绕的边缘海。海洋渔业作为东海区海洋经济的重要部分，已经成为我国东南沿海地区经济发展的一支重要力量。东海海域西部为广温、低盐的沿岸水系，东南部外海有高温高盐的黑潮暖流流经，北部有黄海深层冷水融入，三股水系相互交汇，饵料丰富。东海沿海岛屿众多，海岸线曲折漫长，滩涂广阔，水质肥沃，气候适宜，海洋初级生产力较高，海洋浮游动植物的丰度和广度都非常适合海洋经济作物的繁衍生息。得天独厚的条件造就了东海沿海的生物多样性以及水产种质资源的丰富性，成为我国渔业资源蕴藏量最为丰富、渔业生产力最高的海域。尤其是舟山群岛附近水域被称为中国海洋渔业的宝库，盛产带鱼、大黄鱼、小黄花、墨鱼等。有数据显示，东海带鱼产量占中国带鱼总产量的 85% 左右，其他 3 种亦均超过一半。

（一）浙江省

浙江省是海洋大省，拥有 26 万平方千米海域，是浙江陆域面积的 2.6 倍。区划范围内包括 3.09 万平方千米的内海、1.15 万平方千米的领海、部分离岸海岛岛礁以及海水开发平台的区域所在。大陆海岸线和海岛岸线长达 6500 多千米，占全国海岸线总长的 20.3%，居全国第一位；在近岸海域内，分布着陆地面积大于 500 平方米的海岛 2800 余个①，占全国岛屿总数的 2/5。其中，地级市舟山依托的舟山岛面积 502.65 平方千米，是中国第四大岛。浙江海域因地理位置和自然环境影响，整个渔区水深较浅，海域终年不冻，海洋渔业资源蕴藏量丰富、天然渔场众多。其中，舟山渔场是全国最大的渔场，也是我国主要海洋经济鱼类集中区，带鱼、大黄鱼、小黄鱼和墨鱼这四大经济鱼类的产量，均居全国之首。

（二）福建省

福建省属于亚热带气候，水域滩涂资源丰富，是最具发展渔业潜力的沿海省份之一。毗邻台湾海峡，海域广阔，拥有闽东、闽中、闽南、闽外和台湾浅滩等五大渔场，总面积 13.6 万平方千米，有记录的海洋动植物达 5000 多种，是重要的海洋捕捞作业区。沿海大小港湾 125 个，大陆岸线长 3752 千米，海岛岸线长 2804 千米，岸线曲折率居全国首位，海岛 2214 个，其中面积大于 500 平方米的海岛 1321 个，数量均居全国第二位，海水规划可养殖面积约 224.8 万公顷，发展海水养殖的条件得天独厚。福建濒临东海，南接南海，在夏、秋两季受北上黑潮暖流支流的控制，冬、春两季又受南下沿岸流的影响。福建境内有多条河流注入海洋，包括闽江、九龙江、晋江等，大量淡水注入使得福建海域的水质十分肥沃，海洋生物资源非常丰富，为海水养殖业的发展提供了优越的条件。

（三）江苏省

江苏省濒临黄海、东海两大海域，全省海岸线长达 954 千米，海域面积大约 3.75 万平方千米，占据了全省土地面积的 37%。江苏省拥有 16 个不同类型的岛屿，总岸线长达 68 千米，总面积为 68 平方千米。全省境内有 20 多条大中型河流汇入海洋，海区水质肥沃、盐度适中，非常适合海洋生物的生

---

① 施含嫣. 浙江省海洋渔业资源可持续开发利用研究［D］. 南昌大学，2020.

长和繁殖。据调查，江苏省海洋渔业资源十分丰富，涵盖了多达 300 种的鱼虾贝类品种。其中，海州湾渔场、吕泗渔场、长江口渔场和大沙渔场是全国八大渔场之一。此外，沿海滩涂面积约 5100 平方千米，拥有极其丰富的生物资源，非常适宜发展海水养殖业。沿海地区的贝类、紫菜、水产种苗和特种水产养殖等优势产业发展迅速，拥有明显的特色优势。

（四）上海市

上海市江海岸线长 449.66 千米，其中大陆岸线 172.31 千米，岛屿岸线 277.35 千米。大于 500 平方千米的海岛有 13 个，总面积为 1339 平方千米。滩涂资源比较丰富，海洋水产资源品种繁多，数量较丰富，滩涂水产养殖前景良好。上海位处长江口，水资源总量丰富。沿岸从河口到近海依次有淡水、低盐水、中盐水和海水，为水产品多样化创造了有利条件。

三、东海区三省一市海洋渔业发展概况

水产品是重要的农产品，是优质动物蛋白的重要来源。我国水产业已经连续 20 多年位居全球首位，水产品产量占据全球水产总产量的 1/3 以上。随着我国居民生活水平和消费结构的不断提高和优化，水产品在膳食结构中的比重不断增加。《中国渔业统计年鉴》的数据显示，2001—2016 年期间，我国水产品产量逐年稳步增长，从 2001 年的 4382.1 万吨提高到 2016 年的 6901.3 万吨。其中，海水产品产量从 2572.2 万吨提高至 3409.6 万吨，淡水产品产量从 1810.0 万吨提高至 3411.1 万吨，海淡水产品产量比重从 59∶41 调整为 51∶49。然而，鉴于我国部分地区水环境质量较差、海洋生态及资源受损严重，党的十八大以来，海洋伏季休渔制度（调整）、海洋渔船"双控"制度、海洋限额捕捞试点、水污染防治、长江"十年禁渔"等一系列政策出台，2016 年后我国水产品产量出现明显下滑，随后进入稳步增长期。截至 2021 年，全国水产品总产量达 6690.3 万吨，其中，海水产品产量 3387.2 万吨，淡水产品产量 3303.1 万吨，海淡水产品产量比例为 50.6∶49.4，两者之间的差距进一步缩小。

1986 年我国出台首部《中华人民共和国渔业法》，确定了我国渔业生产实行"以养殖为主，养殖、捕捞、加工并举，因地制宜，各有侧重"的方针。《中华人民共和国渔业法》虽几经修订，但一直坚持这一方针。在海水产品中，海水养殖产品产量呈现稳步上升趋势，且在 2006 年首次超过海洋捕捞产量。2021 年我国海水养殖产品产量达到 2211.14 万吨，同比增长 3.55%。受

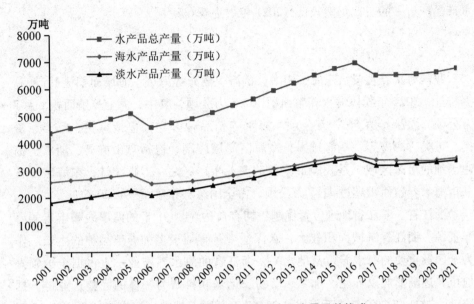

图 4-1 2001—2021 年中国水产品产量及其构成

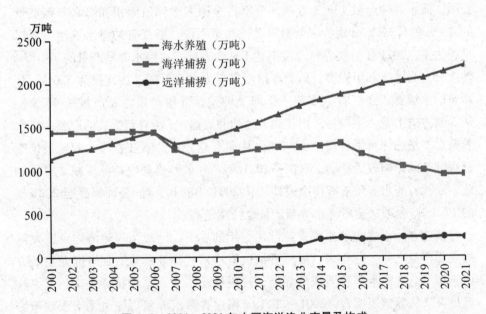

图 4-2 2001—2021 年中国海洋渔业产量及构成

资源制约和宏观政策影响,2001 年以来我国海洋捕捞产量稳步下降,尤其是 2016 年以来,下降趋势十分明显。至 2020 年捕捞产量首次低于 1000.00 万吨,到 2021 年下降至 951.46 万吨。远洋捕捞是我国海洋渔业的新增长点,2007—2021 年,远洋捕捞产量从 107.5 万吨增加至 224.6 万吨,然而,在海水产品产量中的占比仍然较低，2021年仅为6.6%。

（一）海水养殖

我国海水养殖覆盖东海、南海、黄海、渤海等海域，海域面积极其广阔。据统计，2021年我国海水养殖面积202.6万公顷，其中，海上养殖面积114.7万公顷，滩涂养殖56.2万公顷。海水养殖品种多样，包括鱼类、虾类、蟹类、贝类、海藻等。从海域看，东海区海域广阔，包括舟山群岛、浙江、福建等地的沿海区域，是我国最重要的渔业生产区之一。据统计，东海区三省一市海水养殖面积超过41.7万公顷，占全国海水养殖面积的20.6%。

浙江省。浙江省地理位置优越，拥有长达6486千米的海岸线和丰富的海洋资源。浙江省海域面积较大，水深适中，有利于多种养殖品种的生长。作为全国最重要的海水养殖基地之一，浙江省的海水养殖业一直占据全国领先地位，逐渐形成以养殖、加工、贸易、运输和科研为一体的完整产业链。据统计，2021年全省养殖面积超过25.48万公顷，其中，海水养殖面积8.15万公顷，海水养殖产量139.3万吨，分别占全国海水养殖面积和海水养殖产量的4.0%和6.3%，分别位居全国第七位和第六位。浙江省的海水养殖主要以贝类为主，2021年贝类养殖产量高达109.3万吨，占海水养殖产量的78.4%。其次分别为藻类和甲壳类。鱼类养殖产量仅为6.9万吨，占比仅为5.0%。从养殖的水域看，浙江省主要集中于海上养殖，养殖产量占总产量的46.5%。从养殖方式上看，主要是采用筏式、池塘和底播，3类养殖方式的产量占海水养殖总产量的比重累计高达81.2%。从动态趋势看，浙江省海水养殖规模受宏观政策的影响较为明显，2001—2021年，海水养殖规模持续压减。尽管如此，浙江省海水养殖效率持续提高，从2001年的6.9吨/公顷提高至2021年的17.1吨/公顷，全省海水养殖产量也持续走高。

福建省。福建海水养殖业经过几十年的发展，已成为福建海洋经济发展的主要产业之一。近年来，福建省加快推进现代渔业建设，促进渔业发展方式转型。全省海水养殖业成效显著，规模稳步扩大、总量持续提高、效率快速提升。从养殖规模看，2001—2021年福建省海水养殖规模虽受宏观政策影响，在短期内有所下调，但从长期看，养殖规模呈现出稳步扩大的趋势。到2021年，全省海水养殖面积16.5万公顷。从水产养殖面积构成看，福建海水养殖中贝类养殖面积最大，到2021年，全省贝类养殖面积7.9万公顷，占总面积的48%，藻类和甲壳类养殖面积分别占27.9%和13.4%。随着国内市场对水产品消费需求的增长，福建海水养殖总产量持续提升，并且，得益于生

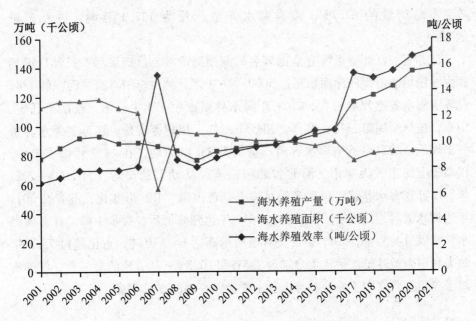

图4-3　2001—2021年浙江省海水养殖面积及产量

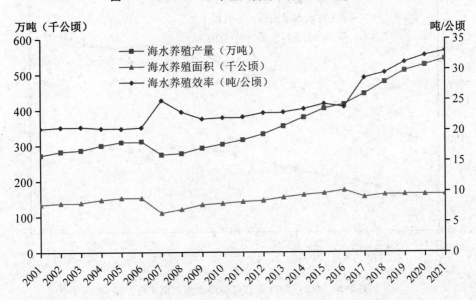

图4-4　2001—2021年福建省海水养殖面积及产量

产效率提高，海水养殖产量提高十分明显。到2021年，全省海水养殖水产品总产量为543.7万吨，产量规模位居全国第一。从海水养殖的养殖产品来看，目前，福建省贝类产品产量最高。2021年，全省贝类海水养殖产量为341万吨，占总产量的 62.7%；藻类海水养殖产量为 127.3 万吨，占总产量的 23.4%。

江苏省。江苏省近海有全国著名的海州湾渔场、吕四渔场、长江口渔场和大沙渔场。沿海滩涂面积超过 5000 平方千米，约占全国滩涂总面积的 1/4。江苏省海水养殖规模较大，2021 年海水养殖面积 171.1 公顷，仅次于辽宁、山东，位居全国第三位。然而，相较于浙江、福建等省份，江苏省海水养殖效率偏低，2021 年全省海水养殖产量仅为 88.12 万吨，在 11 个沿海省市中，仅高于上海市、天津市、河北省和海南省。从动态趋势看，自 2001—2021 年，江苏省海水养殖面积和产量总体上呈现出倒"U"形变化，前者在 2011 年达到峰值后，持续缩减；后者在 2013 年达到峰值后，缓步下降。江苏省海水养殖以贝类为主，2021 年贝类养殖产量高达 66.5 万吨，占比超过 75.5%。鱼类和甲壳类养殖产量比重分别为 7.5% 和 10.8%。从养殖的海域看，江苏省海水养殖主要集中于滩涂养殖，且主要是以底播的方式养殖。

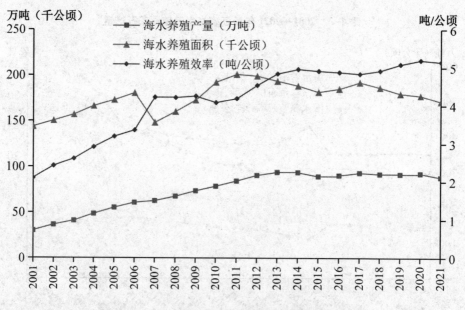

图 4-5　2001—2021 年江苏省海水养殖面积及产量

上海市。上海海水养殖的体量较小，在 2008—2019 年期间，海水养殖面积缩减至 0。2021 年全市海水养殖面积仅为 220 公顷，产量仅为 231 吨，在沿海省市中居于末位（除北京）。从养殖产品种类看，上海市全部集中于甲壳类养殖，且主要为滩涂养殖。

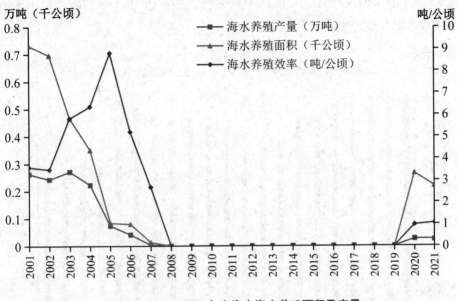

图 4-6　2001—2021 年上海市海水养殖面积及产量

（二）国内海洋捕捞业

海洋捕捞业是海洋渔业的重要组成部分，然而，随着海洋渔业资源的过度捕捞与开发，近年来，海洋渔业资源不断衰退。2016 年，农业农村部印发《全国渔业发展第十三个五年规划》，其中强调，"十三五"时期是大力推进渔业供给侧结构性改革、加快渔业转方式调结构、促进渔业转型升级的关键时期。要求"在'十三五'期间，国内捕捞产量实现'负增长'，国内海洋捕捞产量控制在 1000 万吨以内"。2017 年农业农村部出台"十三五"期间海洋渔船"双控"管理目标，明确提出到 2020 年全国压减海洋捕捞机动渔船 2 万艘、功率 150 万千瓦，除淘汰旧船再建造和更新改造外，不新造、进口在我国管辖水域生产的渔船。通过压减海洋捕捞渔船数量和功率总量，旨在逐步实现海洋渔业捕捞强度和资源可捕量相适应。

随着渔船"双控"政策以及海洋捕捞"负增长"等政策的实施推行，以及伏季休渔制度的调整，我国海洋捕捞强度得到有效控制，海洋渔业捕捞产量表现为 3 个特征明显的发展阶段：一是高位稳步增长阶段，即 2001—2005 年，年捕捞产量超过 1400 万吨；二是中位稳步增长阶段，即在 2006—2008 年经历大幅震荡后，自 2008—2016 年进入稳步提升阶段，年均捕捞产量维持在 1200 万吨；三是低位下行阶段，即自 2016 年以来，海洋捕捞产量持续下滑，至 2020 年海洋捕捞产量首次低于 1000 万吨，尽管在 2021 年捕捞产量出现小幅增长，但产量仍未突破 1000 万吨。

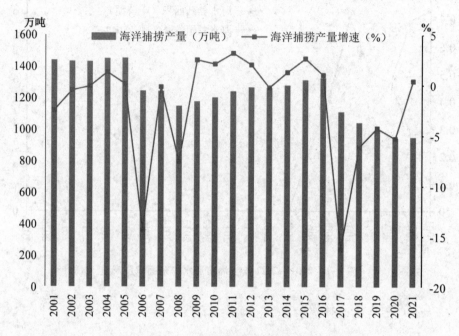

图 4-7　2001—2021 年全国海洋捕捞产量及增速

　　东海海域是我国重要的渔业产区，渔业资源生产力在我国四大海域中最高，在我国海洋渔业捕捞业中占据十分重要的地位。2021 年东海海洋捕捞水产品产量达到 385.1 万吨，占总产量的比重超过四成。然而，从 2007 至 2016 年，东海海域捕捞产量经历稳步增长后，捕捞产量快速下降。并且，相较于渤海、黄海和南海海域，这种现象在东海海域表现得尤为明显。《中国渔业统计年鉴》的数据显示，相比于 2016 年，2021 年东海、黄海、南海和渤海捕捞产量分别减少了 132.43 万吨、103.66 万吨、98.94 万吨和 41.78 万吨，其中，东海海域减产占四大海域比重高达 35.14%。

　　浙江省。浙江省渔场面积广阔，岛屿港湾众多，200 米水深大陆架面积达到 22.27 万平方千米，约占整个东海渔场面积的 42.3%。相较于国内其他沿海省市，浙江省海洋渔业捕捞拥有得天独厚的条件，主要经济鱼类具有春季自南而北索饵、产卵、冬季由北向南索饵、越冬的洄游规律，构成渔业生产上春夏和秋冬两大渔汛。渔场沿岸有长江、钱塘江、甬江等水系流注，汇合成一支巨大的低盐水流。在海洋捕捞产值及产量规模方面，浙江已连续多年稳居全国首位。在全国海洋捕捞产量持续下滑的背景下，2021 年全省海洋捕

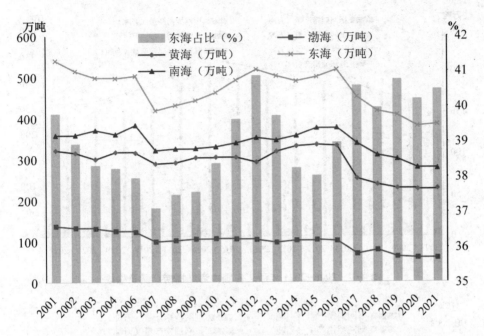

图 4-8　2001—2021 年国内海洋捕捞作业海域产量

捞水产品总量 256.9 万吨，约占全国海洋捕捞总产量的 27%。从海洋捕捞的产品种类看，目前浙江省海洋捕捞产品主要以鱼类为主。2021 年，全省海洋捕捞鱼类产量为 167.2 万吨，占总产量的 65.0%；甲壳类捕捞产量 71.6 万吨，占总产量的 27.9%；其他类型水产品捕捞量占比均不足 5.0%。从捕捞使用的渔具类型来看，目前浙江海洋捕捞主要以拖网为主、刺网及张网等多种形式为辅，捕捞方式相对粗放。2021 年，全省海洋捕捞中拖网渔具捕捞产量为 147.7 万吨，占总产量的 57.5%；刺网、张网渔具捕捞产量占比分别为 14.4% 和 15.0%，其他类型渔具捕捞量占比均不足 10%。具体到捕捞海域来看，浙江海洋捕捞主要集中在东海和黄海两大海域，2021 年，全省在东海海域实现捕捞产量 243.7 万吨，占总捕捞量的 94.9%。从动态趋势看，浙江省海洋捕捞业受宏观政策的影响十分明显，2016 年海洋捕捞产量达到峰值后表现出明显下降趋势，2016—2021 年，累计减产 50.7 万吨。

福建省。福建省是我国海洋捕捞业最发达的省市之一，在海洋捕捞产值及产量规模方面，福建已连续多年稳居全国前三。2008—2016 年，福建省海洋捕捞渔业产量稳步提高，捕捞产量从 183.37 万吨增加至 203.86 万吨。然而，受宏观政策的影响，自 2016 年达到峰值后，全省海洋捕捞产量持续下降，截至 2021 年，福建海洋捕捞水产品总产量 153.1 万吨，占全国海洋捕捞

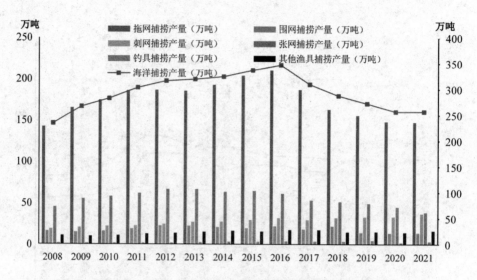

图4-9 2008-2021年浙江省国内海洋捕捞产量及构成

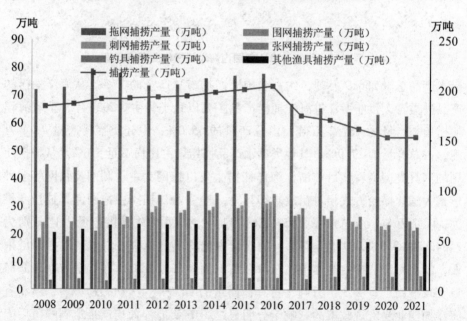

图4-10 2008-2021年福建省国内海洋捕捞产量及构成

总量的16.1%，仅次于浙江省和山东省。从捕捞品种来看，福建海洋捕捞产品主要以鱼类为主。2021年，全省海洋捕捞鱼类产量为108.4万吨，占总产量的70.8%；甲壳类捕捞产量占比17.8%，其他类型水产品捕捞量占比均不足10.0%。从捕捞使用的渔具来看，福建省海洋捕捞方式仍然比较粗放，长期呈现出以拖网为主、刺网及张网等多种形式为辅的格局。2021年，全省海洋捕捞中拖网渔具捕捞产量为 62.7 万吨，占总产量的比重超过四成。刺网、张网、围网捕捞产量占比分别为 14.2%、14.8% 和 16.3%。具体到捕捞地域来看，福建省基本采取就近原则，作业海域以东海、南海为主，2021 年，福建海洋捕捞在东海海域实现产量 136.2 万吨，占总捕捞量的 89.0%

江苏省。江苏省尽管毗邻黄海、东海两大海域，但海洋捕捞规模并不大。2021 年国内海洋捕捞产量仅为 41.3 万吨，在全国 11 个沿海省市中，位列第八位，仅高于天津市、河北省和上海市，占全国国内海洋捕捞总产量的 4.3%。并且，不同于浙江、福建两省，江苏省海洋渔业捕捞产量自 2008 年以来呈现出持续下滑态势，且在宏观政策影响下，2017 年压减幅度更为明显。2008—2021 年，累计减产 15.34 万吨。从海洋捕捞产品种类看，江苏省海洋捕捞以鱼类为主，2021 年鱼类捕捞产量占海洋捕捞总产量的 56.2%；甲壳类接近 30.0%。从海洋捕捞使用的渔具看，江苏省不同于浙江省和福建省，以刺网和张网为主，拖网为辅。2021 年刺网、张网捕捞产量分别高达 16.3 万吨和 12.4 万吨，累计占比高达 69.6%，拖网捕捞产量为 6.04 万吨，占比仅为 14.6%。从捕捞海域看，江苏省海洋捕捞集中于黄海海域，2021 年黄海海域实现捕捞产量 37.2 万吨（占比接近九成），东海海域捕捞产量仅占 9.8%。

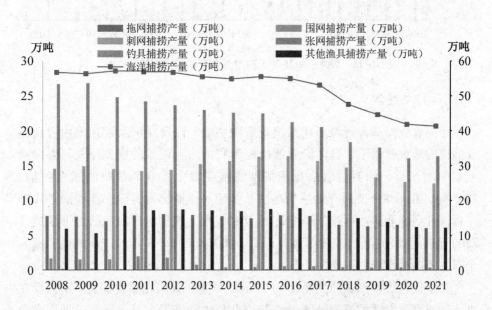

图 4-11 2008—2021 年江苏省国内海洋捕捞产量及构成

上海市。上海拥有洋浦港、南汇港、吴淞口渔港等重要的渔港，其中，南汇港是全国最大的渔港之一。然而，由于周边水域污染较为严重，渔业资源数量锐减，且海岸线长度有限，上海市海洋渔业捕捞体量在全国沿海 11 个省市中最小。2021 年国内海洋捕捞产量仅为 0.99 万吨。上海海洋捕捞以甲壳类和鱼类为主，2021 年甲壳类和鱼类捕捞产量分别为 0.60 万吨、0.36 万吨。上海市海洋捕捞全部集中于东海海域，捕捞工具以拖网为主，2021 年拖网捕捞产量占捕捞总产量的 97.4%。

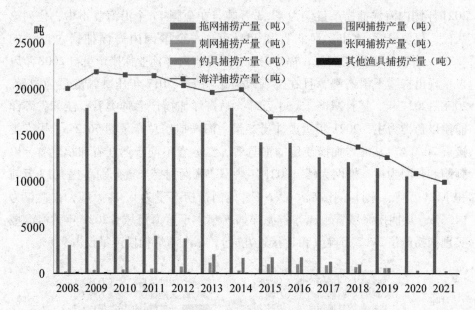

图 4-12　2008—2021 年上海市国内海洋捕捞产量及构成

（三）远洋渔业

伴随着近海海洋环境恶化与渔业资源枯竭，以及在国家限制国内海洋渔业捕捞的宏观背景下，远洋渔业捕捞成为我国渔业资源的重要补充与海洋渔业新的增长点，同时，也是我国贯彻实施"海上粮仓"战略的重要举措。1985 年，我国第一支过洋性捕捞船队从福建马尾港出发，标志着我国正式进军远洋开展渔业捕捞作业。经过 30 余年的发展，我国远洋渔业已经形成拥有2500 余艘远洋渔船、200 多万吨年产量、100 多个海外基地的产业规模，成为全球主要的远洋渔业国家之一①。

为了促进远洋渔业的发展，"十二五"以来，我国相继发布了一系列旨在支持远洋渔业发展的政策措施。如 2012 年原农业部发布《关于促进远洋渔业

① 谢峰，张敏，陈新军．"十四五"上海市远洋渔业科技发展思路与重点任务研究［J］．水产科技情报，2021，48（03）：161-165.

持续健康发展的意见》，明确提出"十二五"及今后一段时期远洋渔业发展将以加快转变远洋渔业发展方式为主线，以提升远洋渔业综合实力和国际竞争力为目标，优化生产布局，加强能力建设，完善产业体系，提高管理水平，推动我国远洋渔业持续稳定发展。2022 年，农业农村部印发《关于促进"十四五"远洋渔业高质量发展的意见》，明确提出，"十四五"期间，远洋渔业发展要把握稳中求进总基调，稳定支持政策，强化规范管理，控制产业规模，促进转型升级，提高发展质量和效益，加强多双边渔业合作交流。到 2025 年，远洋渔业总产量稳定在 230 万吨左右。在国家政策的大力支持下，2012—2021 年，我国远洋渔业总产量从 122.34 万吨提高至 224.65 万吨；远洋渔业总产值从 132.30 亿元增加至 225.57 亿元；远洋渔船数量从 1830 艘增加至 2559 艘。作业海域拓展至 40 个国家的专属经济区和太平洋、大西洋、印度洋公海及南极海域。

从省市来看，我国远洋捕捞产量来自浙江、福建、山东、辽宁、上海、河北、广东、广西、江苏、天津以及北京 11 个省市。其中，东海沿海三省一市的远洋渔业总产量在全国 11 个省市中占据绝对优势。2021 年三省一市总产量在全国远洋渔业产量中的比重高达 47.5%。

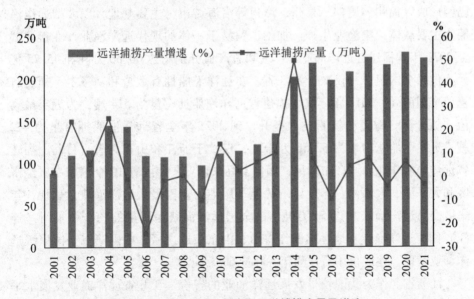

图 4-13　2002-2021 年全国远洋捕捞产量及增速

浙江省。为了积极响应国家政策，优化海洋渔业结构，2016 年以来，浙江省相继发布《浙江省渔业产业发展规划（2016—2025 年）》《浙江省实施远洋渔业转型计划方案》《浙江省关于实施海洋渔业产业化发展的意见》和

《浙江省深化渔业供给侧结构性改革工作方案》等一系列文件，大力支持远洋渔业发展。一是着力提升装备水平，优化国际渔业资源利用。2012—2021年，浙江省远洋渔船数量从418艘增加至676艘，远洋渔船总功率从28.6万千瓦提高至76.13万千瓦。并且，自2022年10月起，对购买、建造带配额的大型金枪鱼围网远洋渔船补助标准上限从200万元提高到1000万元。二是打造现代母港，推进全产业链发展。进一步明确远洋渔业高质量发展绩效奖补政策，每年基数定为3000万元。三是提高国际履约能力，提升安全生产水平。通过加强国际履约和安全生产培训，将远洋渔业从业人员素质提升纳入千万农民素质提升工程重点支持内容。农村农业部统计数据显示，2012—2021年，浙江省远洋渔业捕捞总产量稳中有升，从29.09万吨增长至60.80万吨，占全国远洋渔业总产量的比重从23.78%上升至27.08%；远洋渔业总产值从23.59亿元增加至58.31亿元，占全国远洋渔业总产值的比重从17.86%提高至25.85%。从捕捞品种来看，浙江省主要以捕捞鱿鱼为主，2020年，全省捕捞鱿鱼36.91万吨，占总产量的64.90%；金枪鱼产量为9.10万吨，占总产量的16.00%。

福建省。福建省远洋渔业发展始于20世纪80年代，经过多年的发展，已经形成以福州、厦门、泉州、漳州等沿海城市为主要基地，以大型远洋渔船为主要载体，集渔业生产、加工、贸易于一体的现代远洋渔业产业链。截至2021年，福建省远洋渔业总产量和总产值分别高达60.66万吨和45.75亿元，位居全国第二，仅次于浙江省。在远洋渔船拥有数量和功率上，福建省稳居全国前列。2018年年底，福建省远洋渔船拥有量为514艘，为近年最高值。随着新旧替代和新船技术提升，到2021年全省远洋渔船拥有量为472艘，远洋渔船总功率为62.55万千瓦，仅次于浙江和山东两省。目前，福建省远洋渔船作业海域广布印尼、缅甸、马来西亚、印度等10个国家专属经济区和太平洋、大西洋、印度洋。福建马尾港为全国最大远洋渔获集散地，年集散交易远洋渔获超过50万吨，占全国远洋渔获运回量的35%。福州（连江）国家远洋渔业基地是继浙江舟山、山东荣成之后，中国第三个国家级远洋渔业基地，建成投用后预测年吞吐量60万吨。

江苏省。作为我国较早发展远洋渔业的省份，江苏省远洋渔业发展水平较浙江、福建、山东等远洋渔业大省而言，整体规模偏小、产业集聚效应不强、政府补贴力度较小、远洋渔业企业抗击风险能力偏弱。至2018年，全省远洋渔业企业也仅有4家，大洋性作业范围主要集中在印度洋和东南太平洋海域，作业方式为金枪鱼延绳钓和鱿鱼钓，过洋性渔业主要入渔国家为几内亚、摩洛哥等①。2021 年，江苏省远洋渔业产量仅为 1.2 万吨，在沿海诸省市中，仅高于北京市和天津市；远洋渔业产值为 1.8 亿元。江苏省远洋渔业产量和产值在全国中的占比仅不到 1%。

上海市。上海市是我国远洋渔业主要基地之一。据统计，上海市共有 80 多艘渔船，包括大型远洋拖网加工船、金枪鱼围网船、金枪鱼延绳钓船、大型鱿钓船和过洋作业渔轮等。此外，上海市拥有 9 家国内企业，如开创远洋渔业有限公司，14 家境外企业或基地，如泛太渔业（马绍尔群岛）有限公司。但总体上，上海市远洋渔业体量较小，2021 年全市远洋渔业产量接近 15 万吨，产值 17.2 亿元。从捕捞品种看，上海市是我国远洋捕捞金枪鱼最主要的省市。2020 年，全市捕捞金枪鱼总产量高达 10.82 万吨，位居全国第一位。为了进一步优化海洋渔业结构，保障更优质、高档深海水产品工业，2021 年上海市农业农村委员会和上海市财政局联合发布《实施渔业发展补助政策推动渔业高质量发展实施方案》，明确提出，"鼓励远洋渔业企业提高远洋渔业海外生产及配套服务能力"，"重点支持更新改造符合条件的远洋渔船，加快推广船载卫星导航等智能终端设备，支持更新有助于提升远洋渔业生产、保障生产安全的船上设施设备"。

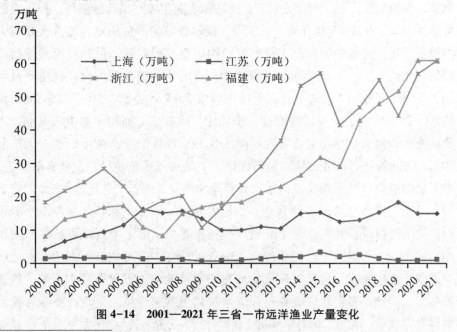

图 4-14　2001—2021 年三省一市远洋渔业产量变化

---

① 葛慧，汤建华，王燕平，等. 基于 SWOT-PEST 矩阵分析的江苏省远洋渔业发展研究及建议［J］. 中国渔业经济，2020，38（06）：100-108.

第二节 东海区海洋渔业发展的成效与经验

2016 年农业部印发了《关于加快推进渔业转方式调结构的指导意见》；经国务院同意，2017 年农业农村部（原农业部）印发了《关于进一步加强国内渔船管控实施海洋渔业资源总量管理的通知》；2019 年农业农村部联合生态环境部等十部委印发《关于加快推进水产养殖业绿色发展的若干意见》等，推动渔业高质量发展迈出坚定步伐。在宏观政策的引导下，"十三五"期间，东海区海洋渔业坚持以供给侧结构性改革为主线，以产业结构转型升级、海洋资源养护、更新升级海洋渔业装备、持续增强海洋渔业科技支撑、加强渔业执法监管为抓手，推进海洋渔业高质量发展，取得了明显的成效。

一、产业转型升级进一步优化

一是产业结构不断优化。1986 年我国出台首部《中华人民共和国渔业法》，确定了我国渔业生产实行"以养殖为主，养殖、捕捞、加工并举，因地制宜，各有侧重"的方针。《中华人民共和国渔业法》虽几经修订，但一直坚持这一方针。从 1988 年开始，人工海、淡水养殖的产量历史性地首次超过天然捕捞产量。这是中国渔业实行产业结构调整实现养殖产量超过天然捕捞产量的历史性转变。2021 年东海沿海三省一市海水养殖和国内海洋捕捞产量分别为 771.7 万吨和 452.2 万吨，养捕比例由 2015 年的 50∶50 提高到 2021 年的 63∶37，实现了养捕结构的进一步优化。除养殖、捕捞、加工流通业，增殖渔业和休闲渔业等新型业态发展势头良好，现代渔业已初步形成五大产业体系，并持续进行产业结构调整与优化。二是水产养殖业绿色发展有效推进。为了贯彻落实《关于加快推进水产养殖业绿色发展的若干意见》，东海区三省一市分别完成养殖水域滩涂规划，划定养殖区、限养区和禁养区，海水养殖面积进一步缩减，其中，海上养殖规模逐步扩大，滩涂等近岸海域养殖面积逐步缩小。为了突出绿色发展理念，东海区三省一市正积极探索适合本地的生态健康养殖模式，包括工厂化循环水养殖、池塘工程化循环水养殖、集装箱循环水养殖、多营养层级养殖和深水抗风浪网箱养殖。三是产业融合发展取得良好成效。截至 2021 年年底，东海沿海三省一市水产品加工企业累计4067 家，年加工能力累计 976.8 万吨，水产冷库 3047 座。休闲渔业产业规模不断壮大，江苏、浙江、福建三省休闲渔业产值超过 10 亿元，"休闲渔业+"

新模式不断涌现，休闲渔业综合消费服务能力持续提升。

二、资源养护迈上新台阶

一是捕捞强度控制取得成效。按照农业农村部印发的《关于进一步加强国内渔船管控实施海洋渔业资源总量管理的通知》的要求，"十三五"期间，东海区三省一市国内捕捞渔船数量累计减少 15.7 万艘，总功率下降 47.6 万千瓦，分别占全国减压数的 36.59% 和 35.35%。通过压减海洋捕捞渔船数量和功率总量，逐步实现海洋捕捞强度与资源可捕量相适应。截至 2020 年，全国实现国内海洋捕捞总产量减少至 1000 万吨以内的目标，其中，东海区海洋捕捞产量由 517.6 万吨调减至 380.84 万吨，捕捞减量占比超过 35%，在四大海域中居于首位。二是资源保护制度趋于完善。1995 年我国开始实施海洋伏季休渔制度，随后数次调整海洋伏季休渔制度，内容包括：东海海域在内的四大海域休渔时间普遍延长一个月；除钓具外所有作业类型均要休渔；截至 2021 年，全国累计创建国家级种质资源保护区 396 个，其中，江苏、浙江和福建三省累计建设 237 个，占全国比重接近六成。三是增殖放流和海洋牧场建设有序推进。2016 年以来东海沿海三省一市累计投入海水鱼苗 317 亿尾，占全国海水鱼苗投放量的 46.8%，有效促进了水域生态环境修复和渔业资源的可持续利用。根据农业农村部印发的《国家级海洋牧场示范区建设规划（2017—2025 年）》，东海区建设 20 个国家级海洋牧场示范区，形成示范区海域面积 500 多平方千米。截至 2022 年，东海区三省一市已累计建设 15 个国家级海洋牧场示范区，形成示范区海域面积累计 19000 余公顷；2016 年农业农村部确定的唯一一个国家海洋渔业可持续发展试点落户浙江。四是水生野生动物保护能力提升。进一步加强珍稀、濒危水生野生动物保护，严厉打击非法猎捕、交易等违法犯罪行为；建设国家级水生野生动植物自然保护区（含淡水）368 个，其中，江苏、浙江和福建三省占比超过 16%。

表 4-1 东海区国家级海域牧场示范区

批次	名称	面积（公顷）
第一批	浙江省中街山列岛海域国家级海洋牧场示范区	4180
	浙江省马鞍列岛海域国家级海洋牧场示范区	6960
	宁波市渔山列岛海域国家级海洋牧场示范区	2250
第二批	浙江省南麂列岛海域国家级海洋牧场示范区	698.5
	上海市长江口海域国家级海洋牧场示范区	1440

批次	名称	面积（公顷）
第三批	浙江省台州市椒江大陈海域国家级海洋牧场示范区	702
	浙江省温州市洞头海域国家级海洋牧场示范区	1160
第四批	南日岛海域国家级海洋牧场示范区	724
第五批	浙江省舟山普陀东部海域白沙国家级海洋牧场示范区	200
第六批	嵊泗东部东库黄礁海域国家级海洋牧场示范区	470.979
	舟山普陀东部海域桃花岛国家级海洋牧场示范区	149.7094
第七批	舟山普陀东部海域六横国家级海洋牧场示范区	190
	瑞安北麂岛海域国家级海洋牧场示范区	131.6294
	福建省福清东瀚海域美源国家级海洋牧场示范区	115.3623
第八批	临海东矶海域国家级海洋牧场示范区	100.7

三、渔业设施装备水平显著提升

渔港既是海洋渔业发展、民生改善的重要基础设施，也是沿海防灾减灾体系的重要组成部分。自 2016 年以来，东海区三省一市加快补齐渔港建设短板，改善渔业基础设施，推动海洋渔业高质量发展。截至 2021 年，全国沿海中心渔港 73 个，相比 2016 年，新增 7 个；其中，东海区三省一市沿海中心渔港累计 26 个，较 2016 年新增 3 个，分别占全国 35.6% 和 42.9%；沿海一级渔港 95 个，其中东海区三省一市 32 个，占比超过了三成。为了加强海水渔业生产安全，浙江省正在致力于实施海上"千万工程"，以建设数字化网络为重点，保护全省近 1.7 万艘渔船和超过 12 万名捕捞人员的安全。预计将 2500 艘渔船升级为海上移动基站，渔船救助信号接收范围覆盖整个东海海域。同时，通过对船用雷达进行数字化，使得作业区域内的船舶能够自主防碰。江苏省出台《关于加强沿海渔港和渔船综合治理提升海洋渔业安全生产水平的意见》（2020 年），建设沿海渔港（避风锚地）11 个，更新改造海洋渔船 1830 艘，功率 25.7 万千瓦。水产种业、养殖设施装备水平不断提升。基于基因编辑、无性繁殖等新型繁育技术，成功繁育出更有抗病性、快速生长的新品种；采用先进的自动化控制系统和科学合理的配合饲料，提升了海水养殖的生产效率；涌现出智能水产养殖平台、智能海藻养殖系统等一批具有智能化特点的养殖设施，可以实现自动化生产和环境监测，提高养殖效率和产品质量。

四、渔业科技支撑能力持续增强

据测算，江苏、浙江、上海等省市海洋渔业科技进步贡献率位居全国前列①；东海海域的海洋渔业科技进步贡献率在四大管辖海域中位居首位②。一些前沿领域开始进入国际并跑、领跑阶段，一批生态、绿色、高效渔业技术模式得到广泛应用。2016 年以来，全国累计获取渔业科技成果（含淡水渔业）1160 项，其中，东海区三省一市累计获得渔业科技成果 341 项，占比高达 29.4%；累计获得专利数量、制定渔业标准和规范分别 300 项和 391 项，分别占全国总数的 24.4% 和 26.4%；累计审定新品种 8 项。水产养殖技术示范推广取得丰硕的成果，2016—2021 年，东海区三省一市推广关键示范技术累计 5795 项，占全国 22.43%；截至 2021 年累计指导面积 88.86 万亩，全国占比超过 20%。截至 2021 年，东海沿海三省一市水产技术推广专业站和综合站分别 259 家和 1751 家，分别占全国总数的 15.4% 和 19.1%；水产技术推广机构试验示范基地 56 家，养殖面积 1475.9 公顷，全国占比均超过 12%。

五、渔政执法监管取得新成效

一是专项执法行动持续开展。严厉打击涉渔违法捕捞行为，维护守法渔民的合法权益和东海海域的渔业生产秩序，取得显著成效。2016 年以来，东海沿海三省一市海洋渔业执法船 192 艘，总吨位 27637 吨，21.69 万千瓦，分别占全国海洋渔业执法船的 35.1%、49.4% 和 49.8%；"十三五"期间，江苏省在全国渔业系统率先制定出台江苏省渔业行政执法公示、执法全过程记录、重大执法决定法制审核等三项制度，整治拆解浮子筏、高速艇和涉渔"三无"船舶 2756 艘；浙江省开启以修复和振兴浙江渔场为目标的"一打三整治"行动，清理取缔涉渔"三无"船舶、"绝户网"，整治"船政不符"渔船，共查获涉渔"三无"船筏 1.9 万余艘，清剿违禁渔具 111 万余张（顶），查处违法违规案件 18978 起，整治"船证不符"渔船 7800 多艘。对"扩功"渔船采取转产转业、拆解新建、"多休减捕"等方式，截至 2020 年年底共消化备注功率 16.7 万千瓦；福建省清理取缔登记上报大中型涉渔"三无"船舶 1813 艘，清理违规渔具 5 万张（个、顶）以

---

① 郑莉，林香红，付瑞全. 区域海洋渔业科技进步贡献率的测度与分析——基于面板数据模型的实证 [J]. 科技管理研究，2019，39（12）：85-90.

② 林香红. 我国海洋渔业科技进步贡献率研究 [D]. 上海海洋大学，2017.

上。二是水产品质量安全水平稳步提升。东海沿海三省一市持续开展水产养殖用药减量行动，继江苏、浙江之后，福建省新增水产苗种产地检疫试点，水产品产地监测合格率稳定在98%以上。

第三节　东海区海洋渔业发展效率评估

本章第二节分别从 5 个维度阐述了东海区海洋渔业取得的成效与经验。本节将从投入产出的视角，采用 DEA-SBM 模型综合评估 2007—2020 年东海区（三省一市）海洋渔业（海水养殖、国内海洋捕捞、远洋捕捞）的发展效率，以进一步厘清东海区海洋渔业发展的成效以及未来可以突破与改进的空间。

一、变量界定与数据来源

本报告将采用 DEA-SBM 模型综合评估东海区海洋渔业发展效率（具体方法介绍见附录）。利用 DEA 模型进行测算首先需要确定投入产出指标。本报告主要测算海水养殖和海洋捕捞（国内海洋捕捞和远洋捕捞）的效率，借鉴已有的研究以及考虑到数据可得性，主要选取如下指标：在测算海洋捕捞效率方面的投入指标包括国内海洋捕捞渔船数量、海洋渔业从业人员数量和远洋渔船规模；产出指标包括国内海洋捕捞产量和远洋捕捞产量。在测算海水养殖效率方面的投入指标包括海水养殖面积、海水鱼苗投放量、养殖渔船规模和海洋渔业养殖从业人员数量；产出指标为海水养殖产量。本研究所采用的数据均取自 2007—2020 年《中国渔业统计年鉴》。具体投入产出指标如表4-2所示。

表4-2　投入产出变量设定

	投入与产出	指标说明
海洋捕捞	投入	国内海洋捕捞渔船（千瓦）
		海洋渔业从业人员（人）
		远洋渔船（千瓦）
	产出	国内海洋捕捞产量（吨）
		远洋捕捞产量（吨）

	投入与产出	指标说明
海水养殖	投入	海水养殖面积（公顷）
		海水鱼苗投放（万尾）
		养殖渔船（千瓦）
		海洋渔业养殖从业人员（人）
	产出	海水养殖产量（吨）

二、海洋捕捞加总 DEA 效率和分省市 DEA 效率测算结果

首先，将省级层面的数据加总到国家层面测算 2007—2020 年的海洋渔业捕捞和海水养殖效率，并测算相应的投入冗余率和产出不足率，以便更加清晰地观察海洋渔业的投入产出效率以及资源利用效率。根据附录中式（4-1）至式（4-4）可得到表 4-3 所示的测算结果。技术效率的结果显示，在样本期间，2016 年、2019 年和 2020 年是技术有效的（DEA 有效），相对意义上，这些年份并没有投入冗余问题，因此，对应的投入冗余率和产出不足率均为 0。有效年份占比为 28.6%，而其余年份则是技术非有效的（非 DEA 有效）。针对非 DEA 有效的年份，进一步分析其投入冗余和产出不足的情况。至于投入冗余率，利用"投入冗余"除以"实际投入"来刻画，如果该值越大意味着需要投入减少的比例也越大。根据投入松弛变量的含义，需要减少多少投入可以达到目标效率，该值越小意味着离最优投入越近，最小值为 0（即最优状态）。同理，产出不足率可用"产出不足"除以"实际产出"，该值越大意味着需要产出增加的比例越大，即产出相对不足越大。根据表 4-3 结果可知，在非 DEA 有效年份，国内海洋捕捞渔船（X1_ I）和海洋渔业捕捞从业人员（X2）投入指标的松弛值一直都大于 0，意味着对应的要素投入过多，换言之，我国海洋渔业捕捞压减渔船以及渔民转产转业的潜力仍然较大。2007 年国内海洋捕捞的技术效率为 91.78%，国内海洋捕捞渔船投入的冗余率为 0.16%，海洋渔业捕捞从业人员的冗余率为 7.98%。在海洋捕捞渔船"双控"以及渔民转产转业等政策的引导下，到 2019 年，已经达到 DEA 有效。与此同时，针对非 DEA 有效的年份可进一步分析其"产出不足"的情况。2007 年国内海洋捕捞产出不足为 4.52%，后续年份显示总体不断改善，直至达到有效。

表 4-3　国内海洋捕捞投入产出效率

时间	国内海洋捕捞技术效率	投入冗余率		产出不足率
		国内海洋捕捞渔船	海洋渔业捕捞从业人员	国内海洋捕捞产量
	TE_ I	X1_ I	X2	Y_ I
2007	0.9178	0.0016	0.0798	0.0452
2008	0.9055	0.0015	0.0469	0.0775
2009	0.9112	0.0013	0.0366	0.0767
2010	0.9233	0.0009	0.0385	0.0617
2011	0.9435	0.0202	0.0139	0.0419
2012	0.9366	0.0027	0.0708	0.0285
2013	0.9358	0.0025	0.0706	0.0295
2014	0.9520	0.0015	0.0427	0.0272
2015	0.9702	0.0121	0.0056	0.0215
2016	1.0000	0.0000	0.0000	0.0000
2017	0.9700	0.0045	0.0488	0.0034
2018	0.9757	0.0042	0.0420	0.0013
2019	1.0000	0.0000	0.0000	0.0000
2020	1.0000	0.0000	0.0000	0.0000

注：在可变规模收益的生产技术测算的结果。

表4-4 报告了远洋渔业捕捞的投入产出效率。根据远洋渔业捕捞技术效率的测算结果可知，样本期间，2008 年、2009 年、2011 年、2015 年、2018 年和2020 年都是 DEA 有效年份，其余年份为非 DEA 有效。有效年份占比为42.9%。从具体年份来看，2007 年远洋捕捞技术效率（TE_ O）为52.13%，远洋渔船（X1_ O）的冗余率为94.87%，而海洋渔业捕捞从业人员冗余率只有0.14%，意味着远洋渔船投入相对过度。相应地，远洋捕捞产量的不足率为0.71%，即产出还有一定提升空间。其余非 DEA 有效年份可以做相应分析，不再赘述。

表 4-4 远洋捕捞投入产出效率

| 时间 | 远洋捕捞技术效率 | 投入冗余率 | | 产出不足率 |
| | | 远洋渔船 | 海洋渔业捕捞从业人员 | 远洋捕捞产量 |
	TE_O	X1_O	X2	Y_O
2007	0.5213	0.9487	0.0014	0.0071
2008	1.0000	0.0000	0.0000	0.0000
2009	1.0000	0.0000	0.0000	0.0000
2010	0.9976	0.0000	0.0049	0.0000
2011	1.0000	0.0000	0.0000	0.0000
2012	0.7838	0.3537	0.0147	0.0408
2013	0.8350	0.2470	0.0160	0.0401
2014	0.9765	0.0145	0.0316	0.0005
2015	1.0000	0.0000	0.0000	0.0000
2016	0.9298	0.1403	0.0000	0.0000
2017	0.9403	0.1195	0.0000	0.0000
2018	1.0000	0.0000	0.0000	0.0000
2019	0.9581	0.0839	0.0000	0.0000
2020	1.0000	0.0000	0.0000	0.0000

图 4-15 展示了样本期间远洋渔业捕捞和国内海洋捕捞效率的走势图。可知，远洋渔业捕捞效率总体上要高于国内海洋渔业捕捞效率，且 DEA 有效的年份也多于国内海洋捕捞有效年份。原因可能是，从事远洋捕捞的船只更大，自动化程度更高，人力也更富有经验，同时组织管理也更加高效，对应地，远洋捕捞效率也相对更高。

接下来重点关注东海沿海三省一市的海洋渔业捕捞和海水养殖效率。附录中的附表 1 至附表 4 报告了上海、浙江、江苏和福建三省一市的投入产出效率（技术效率）以及投入冗余和产出不足情况。可知，在样本期间，上海国内海洋捕捞和远洋捕捞 DEA 有效的年份分别有 9 年和 7 年，占比分别为 64.3% 和 50%；浙江省国内海洋捕捞和远洋捕捞 DEA 有效的年份分别有 7 年和 6 年，占比分别为 50% 和 42.9%；江苏省国内海洋捕捞和远洋捕捞 DEA 有

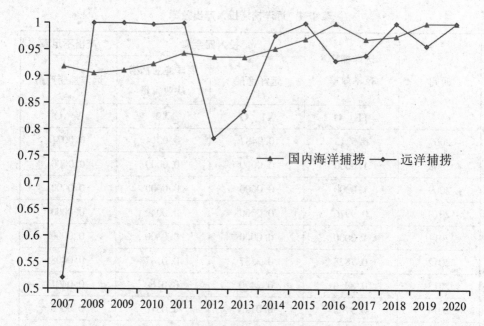

图4-15 国内海洋捕捞和远洋捕捞效率走势

效的年份分别有6年和9年，占比分别为42.9%和64.3%；福建省国内海洋捕捞和远洋捕捞DEA有效的年份分别有3年和7年，占比分别为21.4%和50%。因此，从DEA有效年份判断，国内海洋捕捞效率从高到低分别是上海、浙江、江苏和福建；远洋捕捞效率从高到低分别是江苏、上海、福建和浙江。这一特征可以在图4-16中直观展现出来。从投入冗余和产出不足来看，以上海为例，2013年上海国内海洋捕捞技术效率为93.82%，海洋捕捞渔船冗余率为4.85%，捕捞从业人员冗余率为1.64%；国内海洋捕捞产出不足率为3.14%。2008年上海远洋捕捞开始出现非DEA有效情况，远洋捕捞技术效率为92.82%，远洋渔船和捕捞从业人员的冗余率分别为3.03%和3.86%，对应的远洋捕捞产出不足率为4.02%。其余非DEA有效年份以及省份可以对应分析，不再赘述。

三、海水养殖加总DEA效率和分省市DEA效率测算

该部分将测算省市加总层面以及东海沿海三省一市的海水养殖技术效率和投入产出情况。附录中的附表5汇报了加总层面的测算结果，可知，有7个年份是DEA有效的，占比为50%。2008年开始出现非DEA有效，技术效率为89.07%，海水养殖面积、海水鱼苗投放、养殖渔船和养殖从业人员的投

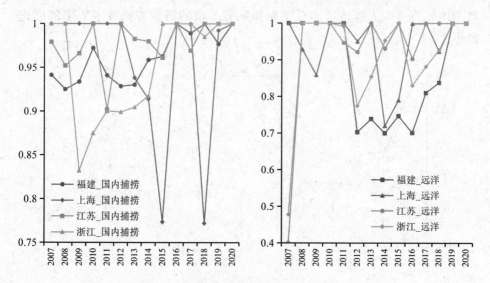

图4-16　三省一市国内海洋捕捞和远洋捕捞技术效率变化趋势

入冗余率分别为10.15%、5.68%、11.52%和0.44%。相比较而言，养殖从业人员的冗余率较低，比较接近最优投入，相反，养殖渔船和海水养殖面积相对过度。从产出来看，海水养殖产量的不足率为4.47%。因此，可以适当调整养殖渔船和海水养殖面积以达到最有效状态。其他非DEA有效年份，可以做类似的分析，不再赘述。

附录中的附表6至附表8分别汇报了东海沿海三省一市海水养殖效率的测算结果。由于上海市海水养殖业体量较小，且直至2020年才开始开展海水养殖业，因此未进行测算。从其他3个省份来看，样本期间，浙江省海水养殖DEA有效的年份有5个，江苏省有9个，福建省有4个，占比分别为35.7%，64.3%和28.6%。因此，从整体效率来看，江苏省要高于浙江省和福建省。浙江省和福建省作为我国海水养殖的重要省份，优化要素投入以提高海水养殖效率，对于我国海水养殖效率改进具有重要的意义。具体到非DEA有效年份的投入产出情况，2008年浙江省海水养殖技术效率为86.24%；海水养殖面积、海水鱼苗投放、养殖渔船、养殖从业人员的投入冗余率分别为28.02%、19.28%、4.71%、0.32%，产出不足率为0.79%。因此，相比较而言，海水养殖面积和海水鱼苗投放存在较大冗余，可以适当调整以实现最优产量。需要指出的是，不同年份和不同省份面临的问题存在明显差异，需要因地制宜和因时制宜。例如，2011年江苏省海水养殖技术效率为81.68%，产出不足率为3%，在投入要素中，冗余率最高的是海水鱼苗投放量，达到

45.03%。图 4-17 总结了加总层面和三省一市的海水养殖技术效率的变化趋势。

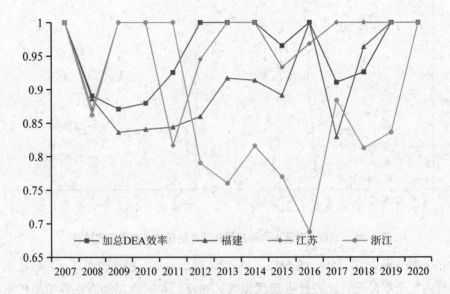

图4-17 海水养殖加总和分省份技术效率变化趋势

四、海洋捕捞全要素生产率测算与分解

根据附录中式（4-6），该部分进一步对东海沿海三省一市的海洋渔业捕捞的全要素生产率进行测算与分解。由于部分年份存在数据缺失以及存在无解情况，测算结果并不十分完整，但并不影响整体把握和对部分年份的分析。附录中的附表 9 至附表 12 的结果显示，样本期间，上海市国内海洋捕捞全要素生产率的均值为 1.0072，RD 分解后的技术效率、技术进步和规模效率的均值为 1.2111、1.1620 和 0.9365；远洋渔业捕捞全要素生产率的均值为 1.0161，对应的分解结果均值分别为 1.0000、1.0274 和 0.9877。浙江省国内海洋捕捞全要素生产率的均值为 1.0276，RD 分解后的技术效率、技术进步和规模效率的均值分别为 1.0010、1.0187 和 1.0076；远洋渔业捕捞全要素生产率的均值为 1.0166，对应的分解结果均值的均值为 1.0125、1.0643 和 0.9388。江苏省国内海洋捕捞全要素生产率的均值为 0.9847，RD 分解后的技术效率、技术进步和规模效率的均值为 1.0039、0.9828 和 1.0003；远洋捕捞全要素生产率的均值为 0.9421，对应的分解结果均值分别为 0.9777、1.0063 和 0.9985。福建省国内海洋捕捞全要素生产率的均值为 0.9960，RD 分解后的技术效率、技术进步和规模效率的均值分别为 0.9990、0.9909 和 1.0069；

远洋捕捞全要素生产率的均值为 1.0065，对应的分解结果均值分别为 1.0252、1.0354 和 0.9591。因此，从全要素生产率的绝对量上看，国内海洋渔业捕捞和远洋渔业捕捞，浙江省高于福建省、江苏省和上海市。

从增长情况来看，2008—2009 年间上海市国内海洋渔业捕捞全要素生产率为 0.8470，到了 2019—2020 年间，为 0.9085，总体上升了约 7.3%；远洋渔业捕捞则从 2007—2008 年间的 0.9257，下降到 2020 年的 0.8670，降幅约为 6.8%。相应地，2007—2008 年间浙江省国内海洋捕捞全要素生产率为 1.0342，到了 2019—2020 年间，为 0.9522，降幅约为 8.6%；远洋捕捞 2008—2009 年间的全要素生产率为 0.9078，2019—2020 年间为 1.0260，增幅约为 13%。2007—2008 年间江苏省国内海洋捕捞全要素生产率为 0.9463，到 2019—2020 年间为 0.9559，增幅约为 1%；远洋捕捞 2008—2009 年间的全要素生产率为 0.7194，2019—2020 年间为 1.0054，增幅约为 5.2%。2007—2008 年间福建省国内海洋捕捞全要素生产率为 0.9957，到了 2019—2020 年间，为 0.9759，降幅约为 2%；远洋捕捞 2008—2009 年间的全要素生产率为 1.1306，2019—2020 年间为 1.0879，降幅约为 3.9%。图 4-18 更为详细和直观地展示了在样本期间三省一市国内海洋渔业捕捞的全要素生产率的增长率和远洋渔业捕捞全要素生产率的增长率变化趋势。

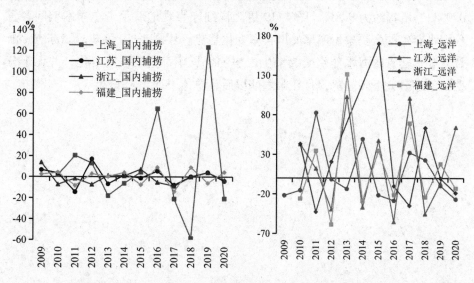

图 4-18 国内捕捞和远洋捕捞全要素生产率的增长率变化趋势

五、海水养殖全要素生产率测算与分解

根据附录中式（4-6），该部分对浙江省、福建省和江苏省海水养殖的全要素生产率进行了测算与分解①。附录中的附表13至附表15显示，样本期间，浙江省海水养殖的全要素生产率的均值为1.0300，RD分解后的技术效率、技术进步和规模效率均值分别为1.0087、1.0210和1.0054；江苏省海水养殖的全要素生产率的均值为1.0106，RD分解后的技术效率、技术进步和规模效率的均值分别为1.0140、1.0102和1.0022；福建省海水养殖的全要素生产率的均值为1.0198，RD分解后的技术效率、技术进步和规模效率的均值分别为1、1.0231和0.9980。因此，从全要素的绝对量上来看，浙江省的海水养殖全要素生产率比福建省、江苏省的要高。

从增长情况来看，2007—2008年间浙江省海水养殖的全要素生产率为0.7378，到了2019—2020年间，值为1.1950，总体上升约62%。可以说明，在样本期间，浙江省海水养殖由外延式增长方式向内涵式发展方式转型的效果十分明显。2007—2008年间江苏省海水养殖的全要素生产率为0.9338，到了2019—2020年间，值为0.9684，增幅约为3.7%；2007—2008年间福建省的国内海洋捕捞全要素生产率为0.9044，到了2019—2020年间，值为0.9933，增幅约为9.8%。图4-19更为详细和直观地展示了在样本期间各省份海水养殖的全要素生产率的增长率变化趋势。从图4-19可知，江苏省、浙江省和福建省的海水养殖全要素生产率的增长率都呈现波动变化，并无十分明显的上升或下降趋势，且在第六期以后，总体表现比较平稳。

---

① 上海市数据缺失。

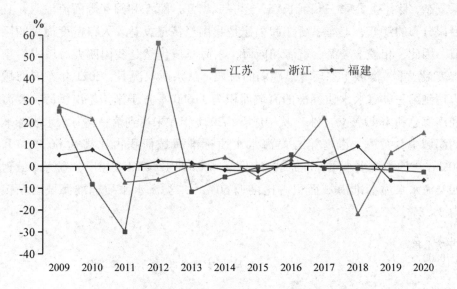

图 4-19 海水养殖全要素生产率的增长率变化趋势

第四节 东海区海洋渔业发展存在的问题

伴随着海洋渔业科技与装备的进步以及宏观政策的支持，"十三五"以来，东海区海洋渔业发展取得了显著的成效，然而，对标海洋渔业高质量发展的要求，东海区海洋渔业发展仍然面临一系列问题与挑战。具体而言，海洋渔业发展与海洋生态环境治理的协同性有待提升，居民对高质量海水产品的需求与资源可承载能力间的矛盾仍然突出，海水养殖方式较为粗放亟待转型升级，海洋捕捞压减任务依旧繁重，转产转业渔民安置仍有待解决。

一、海洋生态环境治理压力大

2012 年以来，党中央将生态环境保护和治理纳入国家治理的重要领域，海洋生态文明建设和海洋生态环境保护体现了我国在全球环境治理中的责任担当。《中国环境统计年鉴》和《中国海洋生态环境状况公报》的数据显示，在全国管辖海域中，符合第一类海水水质标准的海域面积占管辖海域面积的比重逐年提高，至 2021 年达到 97.7%，近岸海域优良水质（一、二类）面积比例为 81.3%。东海海域的生态环境持续改善，达到一类海水水质标准的海域面积不断扩大。然而，东海海域海岸线曲折、漫长，港湾、岛屿众多，流系复杂，除了世界第三长河长江，还有钱塘江、瓯江和闽江等河流注入，且沿岸分布的江苏、上海、浙江和福建是我国经济最发达、人口密度最大的区域。因此，相较于渤海、黄海和南海，东海海域仍然是我国四大海域中污染程度最严重，海域生态环境最脆弱的海域。从水质状况看，2021年东海海域未达到第一类海水水质标准的海域面积为11660平方千米，超出渤海、黄海和南海总和1940平方千米。从构成看，2021年在未达到第一类海水水质标准的海域中，黄海、渤海第二类海水水质标准海域面积占比高达66.28%和60%，劣四类海水水质标准海域分别为6.93%和12.45%。相反，东海海域劣四类海水水质标准海域面积占比接近50%，二类海水水质标准海域面积仅占31.8%。

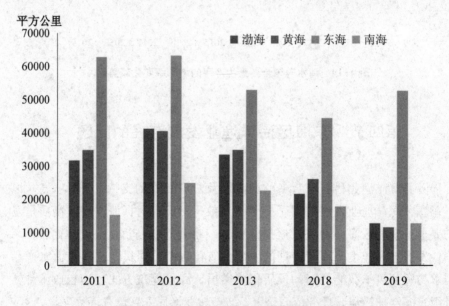

图4-20　四大海域未达到一类水质标准的面积

从受纳污水排放量看，2019年东海海域直排海污水总量达460570万吨，比南海、黄海、渤海的总和还多。各项污染物除六价铬、总磷、铅和镉之外，东海的受纳量均为最大。从近岸海域水质环境看，尽管2021年江苏、浙江、上海近岸海域优良水质面积比例有所上升，福建近岸海域优良水质面积比例与上年基本持平，但总体来看，东海沿海省市尤其是上海、浙江近岸海域水质最差。

海洋生态环境为渔业资源的生长、增殖提供了必要的生存空间和适宜的生态环境。在海洋渔业发展过程中，渔业生态环境污染加剧将使得近岸海域

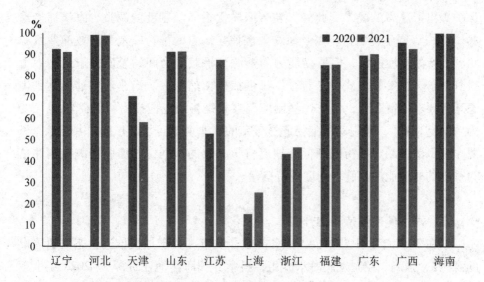

图 4-21 沿海各省（自治区、直辖市）近岸海域优良水质面积比例

渔业资源不断衰减，严重制约海洋渔业可持续高质量发展。因此，东海区海洋渔业可持续高质量发展最大的瓶颈在于生态环境的约束。

二、近海渔业资源过度开发利用

自 20 世纪 50 年代开始，全球范围的渔业资源便已经开始表现出衰退迹象，单位捕捞努力量下降趋势明显①，海洋渔业资源过度开发已成为全球面临的共同难题②③。我国作为世界上较早进行海洋渔业捕捞的国家之一，渔业资源丰富。然而，随着近海工业化、城镇化的快速推进，加之，前期对海洋渔业资源的高强度开发，加速了东海海域渔业资源的衰退。东海渔业资源已经跌破"资源红线"，甚至一度出现"东海无鱼"的现象。2021 年中国科学院发布的《中国海洋经济发展报告（2020）》显示，东海海域的渔业资源总量为 3333 万吨，但可持续渔业资源量仅为 1300 万吨。其中，鱼类渔业资源面临着更为严峻的形势，仅剩下 630 万吨。2021 年国家海洋预报台发布的信息，东海海域渔业气象资源也呈现着相对萎缩的趋势，这对地方渔业资源管理和

① 杨正勇. 论渔业资源与环境经济学的研究体系 [J]. 高等农业教育，2011（09）：63-65.

② Froese R. Keep it Simple：Three Indicators to Deal with Over Fishing [J]. *Fish and Fisheries*，2004，5（1）：86-91.

③ Sadovy Y. The Threat of Fishing to Highly Fecund Fishes [J]. *Journal of Fish Biology*，2001（59）：90-108.

保护提出了更高的要求。此外，随着海洋伏季休渔制度的调整、海洋捕捞渔船"双控"制度的出台，以及海洋限额捕捞试点的推行，东海海域渔业资源状况虽有恢复性迹象，但捕捞能力与资源可承载能力间的矛盾并未从根本上得到缓解。在发展方式尚未转变、过度捕捞依然存在、渔业环境远未达到生态环保要求的情况下，伏季休渔制度调整只是将渔业捕捞由"长跑慢捕"变为"短跑快捕"，难以解决捕捞超过繁殖的渔业生态问题。并且，由于渔业资源家底不清，制定捕捞限额标准缺乏科学有效的依据，以渔业资源监测评估为基础的捕捞业产出管理制度亟待构建。

三、海水养殖亟待转型升级

早在 2015 年，中共中央、国务院联合发布《关于加快推进生态文明建设的意见》，强调"控制发展海水养殖，科学养护海洋渔业资源"。2022 年生态环境部下发《关于加强海水养殖生态环境监管的意见》，明确提出："沿海各级农业农村（渔业）部门会同相关部门，切实落实本级养殖水域滩涂规划，按照规划'三区'（禁止养殖区、限制养殖区和养殖区）划定方案，严格养殖水域、滩涂用途管制，进一步优化海水养殖空间布局，依法禁止在禁养区开展海水养殖活动，加强养殖区和限制养殖区污染防控，加强重点养殖基地和重要养殖海域保护。"东海海域作为我国海水养殖的重点区域以及海洋生态环境的薄弱区域，推进海水养殖集约化、绿色化转型尤为迫切。然而，东海海域海水养殖产生的污染问题仍然突出，养殖过程中产生的污染物随尾水进入受纳海域或直排沙滩，导致近岸海域和优质岸线呈现"脏、乱、差"现象，严重影响水质稳定性和生态环境平衡。养殖户违规使用禁用药物或未按规定制定休药期现象也偶有发生，部分地方因财力有限，超规划养殖尚未全面清退，对清退整治补偿不够到位，清退工作仍然面临较大压力。从养殖结构看，东海海域海水养殖业以低食物链的贝类、藻类等产值较低的生物为主要养殖对象。2021 年东海沿海三省一市贝类养殖面积占海水养殖总面积的比重超过五成，产量占海水养殖总产量的比重接近七成，相反，营养价值高的鱼类和甲壳类养殖面积比重分别为 6.3% 和 16%，产量比重分别为 8% 和 5.7%。从养殖水域看，东海海域海水养殖主要选择近岸水域，集中于滩涂养殖。2021 年滩涂养殖面积占比接近 48%。从养殖方式看，东海沿海三省一市主要以筏式和底播养殖为主，2021 年深海网箱养殖和工厂化养殖产量占比分别为 2.6% 和 1.4%。

四、国内海洋捕捞压减任务依旧繁重

"十三五"期间东海海域国内海洋捕捞总量下降26.4%，但捕捞能力与资源可承载能力不相适应的矛盾依然突出，压减捕捞产能的任务仍然繁重。2021年东海沿海三省一市合计年末拥有海洋捕捞机动渔船38357艘，其中，44.1kw以下的小型渔船占渔船总量的44.1%，集中在近岸海域作业的占比接近97%，远洋渔船数合计1200艘。就作业方式而言，东海海域海洋捕捞渔具包括拖网、围网、刺网、张网、钓业以及其他渔具。其中，拖网是最主要的作业方式。相比于其他作业方式，拖网作业具有灵活机动、生产高效且配套设施完备等优势，不仅可用于捕捞鱼类，也能用于捕捞头足类、贝类和甲壳类渔获。然而，拖网作业尤其是底拖网不但对鱼类资源本身造成巨大损害，而且对海洋生物资源赖以生存的海洋生态环境造成严重破坏。《全国渔业发展第十三个五年规划》强调优化海洋捕捞作业结构，逐步压减"双船底拖网、帆张网、三角虎网"等对渔业资源和环境破坏性大的作业类型。然而，在国内海洋捕捞中，2012—2021年，拖网捕捞产量占捕捞总产量的比重一直维持在47%—48%之间；同时期，东海沿海三省一市拖网捕捞产量从269.5万吨下降至217.5万吨，但拖网捕捞产量在全国拖网捕捞产量中的比重从44.6%提高至47.7%。2021年三省一市海洋捕捞机动渔船中，拖网捕捞渔船累计8994艘，仅占三省一市海洋捕捞渔船总数的23.4%；总功率254.9万千瓦，占比高达40.5%。流刺网具有固定的网目，对捕捞对象选择性强，对幼小鱼类能起到一定的保护作用。在近海渔业资源不断衰退的背景下，要保持海洋捕捞业的可持续发展，除了压缩捕捞船只鼓励渔民转产转业外，引导拖网渔船转向流刺网生产，不失为一条重要途径。然而，三省一市流刺网捕捞产量仅从2012年的68.9万吨提高至2021年的71.0万吨，占海洋捕捞产量的比重由12.1%提高至15.7%，增幅并不明显。围网是开发中上层鱼类资源的主要渔具之一，世界围网渔业的年渔获量约占海洋捕捞总渔获量的25%。但2021年三省一市使用围网捕捞的产量仅为39.2万吨，通过围网获得的渔获产量低于10%。"大小通吃"的海洋捕捞方式给东海海域海洋渔业绿色发展、资源和环境保护带来严重挑战。

五、渔民转产转业面临诸多挑战

随着近海渔业资源衰退，以及《中华人民共和国和日本国渔业协定》《中华人民共和国政府和大韩民国政府渔业协定》和《中华人民共和国政府和越

南社会主义共和国政府北部湾渔业合作协定》的签订实施，2001 年我国全面启动沿海地区捕捞渔民转产转业工作。2003 年 9 月 18 日，农业部和财政部联合发布《海洋捕捞渔民转产转业专项资金使用管理规定》，规定对退出海洋捕捞的渔船，对吸纳和促进转产渔民再就业、带动渔区经济发展、改善海洋渔业生态环境的项目实行专项资金扶持。自 2005 年以来，国家对转产转业政策进行了调整。补助规模减小、政策不稳定，并且每年是否延续补助政策将基于当年的情况而定，这在一定程度上抑制了渔民转产转业的积极性，据统计，每年实际转业的人数远低于预期人数，甚至出现船只减少，功率增加的现象。部分渔船上缴政府拆解后，有部分渔民无法再从事海上渔业生产，失去经济来源。同时，帆张网渔船减船转产转业行动的开展，对以捕捞为生的渔民及相关从业人员的生产生活造成了直接影响。"职业渔民"有着很强的局限性，缺乏从事其他行业的技能、资金和基本生产资料，再就业竞争力较低。目前企业运营生产也越来越偏向数字化生产，传统渔民年龄普遍较大，再就业技能缺失，企业对用工需求不匹配。多数渔船只能依赖"吃油补"，而油补政策调整带来的渔民转移性收入不断减少，加之捕捞业效益稳中趋降，渔民持续增收压力加大。

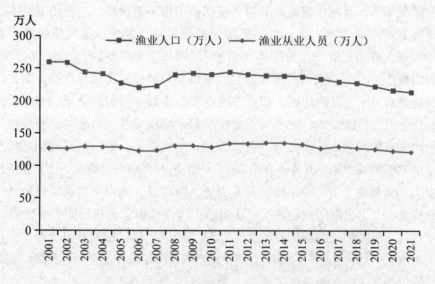

图 4-22　2001—2021 年东海沿海三省一市渔民数量

第五节 推进东海区海洋渔业高质量发展的对策建议

一、加强海洋生态与资源保护

根据东海海域的实际情况，制定科学的海洋保护规划和管理制度，包括海洋生态恢复和保护、污染物排放和治理、渔业资源管理等，确保海洋生态和资源的持续稳定发展。在海洋渔业活动中，加强渔业资源开发和保护，建立健全渔业资源管理制度，推动渔业可持续发展。建设海洋环境保护监测网络，加强对东海海域的海洋环境监测和评估，及时掌握海洋环境变化和污染状况。为了改善渔业生态环境，首先加大对渔业生态环境的监测力度，并建立种质资源保护区。通过政府主导、义务和自愿放流相结合的方式改善养殖环境，保护水生生物多样性，提升渔业资源修复能力。另外，针对海洋资源开发利用，制定并完善相关法规，建立"一打三整治"长效机制，加强执法队伍建设，严厉打击涉渔"三无"船舶和违法行为。建立健全资源保护的监督机制，对渔业生产进行全程监管，严格把控渔业捕捞量、商品率等数据，确保渔业资源得到有效保护。加强对物种的生态学调查研究，运用现代科技手段如卫星遥感、水下无人机等，掌握资源分布、数量、种群结构等情况，科学合理地设置禁渔区、保护区、人工增殖基地等，保障资源的可持续利用。推广和应用节能减排技术，减少渔船、渔具等渔业工具对环境的影响。组建由渔业、海洋、环保等相关部门组成的跨部门协作机制，共同应对渔业资源保护与管理工作。

二、加速推进海洋渔业转型升级

面向市场需求，加强渔业结构调整和转型升级，加快培育新型生态渔业、海水养殖、深海渔业，提高海洋渔业的附加值，重点支持深水网箱养殖，利用未开发的深海水域作为深水网箱的载体，拓宽网箱养殖空间。加大对渔业科技创新的支持力度，引进新技术、新设备，提高渔船装备水平；开展针对东海区特有物种的育种、养殖、虚拟仿真等技术研究，提高海洋渔业的科技含量和附加值。以现代渔业为引领，推行现代渔业经营模式，促进产业集聚和规模化经营，结合生态保护、环境治理等相关产业，构建起具有区域特色和可持续发展能力的现代渔业体系，实现渔民增收和区域经济发展的双赢。

通过推广渔业机械化、自动化技术设备，提高渔业效率，节约人力成本，改善劳动条件，推动东海区渔业从传统捕捞向现代渔业转型。鼓励渔业企业采用现代管理模式，加强品牌推广和营销策略，提高企业的市场竞争力，推动东海区海洋渔业向规模化、集约化、专业化、品牌化方向发展。通过发放创业资金、提供创业培训和技术指导等措施，引导和鼓励渔民自主创业，发展农渔村旅游和休闲渔业等新兴产业，实现渔民就业稳定和收入增加。加快升级捕捞技术装备，加强渔船生产、销售等全产业链管理。设立渔船最低安全、最低性能标准，提高统一建造效率及修缮费用，降低渔民私自改造渔船的危险性，保障渔船及渔民安全。推进远洋渔业发展，加强政府对远洋捕捞扶持力度，通过国家政策以及当地政府的扶持，推进远洋渔业有效发展。在技术方面，加快渔船改造升级，增设现代化渔业设备，提供优惠政策，引进国外先进技术，培养一批拥有自主技术的捕捞团队，提高自身竞争力。

三、夯实海洋渔业科技支撑力

积极推动技术创新和应用，提升海洋渔业的生产力和效益。加强海洋渔业科技研究，开展科技成果转化，推广先进、适应性强的技术和装备。加强对海洋渔业科技创新的政策支持，制定相关配套政策和规划，加大对海洋渔业科技创新的支持，增加科技项目经费的投入，鼓励企业和社会机构参与科技研发，并给予必要的资金扶持和税收优惠。积极开展新材料、新能源、人工智能等领域的前沿科技研究，促进科技创新成果与海洋渔业的深度融合，为渔业生产提供更高效、节能、环保的解决方案。将科技创新成果转化为具有实际应用价值的产品和服务，推广先进的渔业设备和技术，提高海洋渔业生产力和效益。建立海洋渔业技术研发、成果转化和应用示范的平台，整合科技资源，加强管理和服务，形成完善的科技创新生态系统，培育和壮大渔业科技企业。鼓励海洋渔业企业加强与高校、科研机构的合作，推进技术创新，开发新的海洋渔业技术；加强海洋渔业相关专业人才培养，优化学科体系和课程设置，丰富实践教学内容，培养创新型、复合型的渔业科技人才，为海洋渔业科技创新提供人才保障。积极拓展与国际先进渔业科技机构和企业的合作交流，引进和吸纳优秀的海洋渔业科技人才，加强技术、市场、信息的互通，共同推进海洋渔业的科技创新和发展。

四、着力保障转产转业渔民生计

加强渔民队伍建设，加强渔民法律法规知识和安全技能教育，提高渔民经营管理能力，促进渔民创业就业，为海洋渔业高质量发展提供强有力的人才支撑。加大资金投入和政策扶持，在财政政策上，地方政府积极向上级部门申请有效的财力支持和政策帮扶；对渔民再就业给予一定的金融政策扶持，为符合条件的渔民提供小微信用贷款。降低渔民贷款门槛，在符合条件的基础上适当减少申请流程。拓宽渔民转产再就业渠道，降低新业态准入门槛，对休闲渔船、观光渔船等开发和渔家民宿、海洋生态养殖、渔民转产技能培训等相关涉渔项目给予政策和资金的支持。积极发展海水养殖业和水产品加工业，探索海上运输业及远洋运输业，拓展转产转业渔民就业新渠道。积极发展滨海旅游业、海岛休闲渔业，积极开发海岛旅游资源，发展休闲渔业、海上运动、海钓等休闲产业，积极承办大型水上运动赛事，拓展产业发展新途径。建立专业的人才帮扶团队，搭建人才引育平台，吸引渔业科研和涉渔领域高层次人才及团队，为渔业创新创业发展提供智力支持。建设涉渔智库平台，组织各领域骨干精英、行业专家等为渔民转产转业出谋划策。成立渔民转产转业工作专班，寻求合适的就业平台，建立更为广阔的就业空间，确保渔民有多条渠道顺利实现转产转业。进一步加强对渔民的养老保障，完善制度并统筹推进不同渔民群体的保障工作。针对需要转产转业的渔民，各地结合实际情况制定生活补贴办法，保障其基本生活，减少后顾之忧。此外，积极拓宽渔民养老保障资金的渠道，并建立多渠道资金筹集机制，帮扶生活困难的渔民，同时建立健全渔民民生保障机制。

第五章

东海海洋第二产业高质量发展研究

本章聚焦东海海洋第二产业高质量发展基本情况。东海三省一市海洋经济具备突出的资源、地理和政策优势，第二产业发展持续引领全国沿海地区，无论是增速还是产业影响力均展现出较好的发展成效。但东海海洋第二产业发展也面临诸多阶段性挑战和风险冲击。"蓝色经济"产业结构换挡提质要求第二产业转变原有"高消耗、高排放"的传统制造模式。在国内外经济、地缘等多重风险下，海洋第二产业转向高质量发展面临更多市场性和技术性困难。东海三省一市紧密结合"海洋强国"和高质量发展需求，充分发挥地区产业基础优势，主动高效推进优势和先导领域发展，取得了重要而有影响力的发展成绩，打造并提升更具国际竞争力的海洋先进制造业基地。以下将就东海海洋第二产业高质量发展的具体做法、突出成效、基本经验、突出问题以及对策建议进行系统梳理和具体分析。

第一节　具体做法

建设海洋强国是实现中华民族伟大复兴的重大战略任务。随着海洋产业演化路径不断升级、海洋区域竞争格局不断调整，东海作为我国最具活力的三大海洋经济圈之一，是我国拓展国民经济发展空间的关键。东海港口航运体系完善、海洋资源丰富、政策支持体系坚实，更应创新和优化海洋经济发展的政策顶层设计，统筹海洋产业发展方向，为各地海洋产业发展提供路径指导和政策供给。

第二章提到海洋第二产业是对海洋初级产品或海洋自然资源进行再加工的产业，包括了海洋化工业、海洋生物医药业、海洋电力业、海洋船舶工业等。海洋第二产业的发展有助于促进产业结构的转化和升级，提高海洋资源配置效率，增强海洋经济综合实力。本节将以东海地区三省一市（江苏省、浙江省、福建省、上海市）为主体，分别剖析其海洋第二产业高质量发展的具体措施。

一、江苏省

江苏省临海拥江，沿海有南通、盐城和连云港3座地级市，但其加速发展海洋经济并不仅和沿海三市有关。近年来，江苏全省坚持陆海统筹、江海联动，持续推进海洋经济高质量发展。2020年，全省海洋生产总值达8229.5亿元，其中海洋第二产业贡献了47.6%的产值，产值总量连续5年位列全国前五。

2006年江苏省海洋第二产业的总产量仅为547.0亿元，至2020年该值已高达2757.7亿元，海洋第二产业发展速度有目共睹。在发展过程中，江苏省主要贯彻落实两项重点任务：一方面，发挥江苏制造业发达的优势，打造具有国际竞争力的海洋先进制造业基地；另一方面，发挥江苏科教优势，打造全国领先的海洋产业创新高地。从具体措施上看，第一，江苏省重点发展海洋工程装备制造业。目前，江苏拥有全国最多的海工装备企业，其中包括一批代表性上市公司，产业发展速度快，产量约占全国的1/3。在国家建设重点实验室的战略背景下，江苏省抓住机遇，着力建设一批研发创新平台，并与国内大型龙头集团开展战略合作，集中全行业的优势资源，发挥规模效应，组织突破高技术难关。第二，着力发展海洋可再生能源业。江苏省按照"近海为主、远海示范"的原则，以沿海三市为重点发展对象，优化海上风电开发布局，积极发展离岸风电。并通过技术引领、政策创新等多种方式，利用盐城市国家海上风电产业区域集聚发展试点效应，加快推动海上风电技术进步和成本降低，助力攻关海上风电设备关键技术。第三，鼓励发展海洋药物和生物制造业。随着政府、企业、高校和科研院所不断加强合作，政府资金与政策支持促进了江苏省海洋生物医药的快速发展。近20年来，江苏省高校在海洋生物医药领域的科研投入显著增加，众多海洋医药相关重点实验室等研究平台相继获批，为江苏省海洋生物医药产业的快速发展奠定了基础。第四，积极发展海水淡化与综合利用业。除加强技术创新和设备制造外，江苏省提出加快应用淡化水，扩大海水淡化水应用规模，提升我国海水淡化产业发展的整体水平。同时建立标准规范，从资源开发、环境保护等方面对海水淡化产业进行引导，以促进海水淡化产业的健康发展。

总的来说，江苏省着眼于海洋第二新兴产业，提升海工装备制造国际竞争力，打造海洋可再生能源利用业高地，推进海洋药物和生物制品产业化，稳健发展海水利用业，持续发挥海洋经济"蓝色引擎"作用。

二、上海市

《上海市海洋"十四五"规划》指出："为高质量推动海洋经济发展，应培育海洋经济发展新动能、优化蓝色经济空间布局、提升海洋科技成果转移转化成效、拓展海洋开放合作领域和提升海洋经济运行监测和研判能力。"至2021年，上海基本形成了以临港和长兴岛双核引领，杭州湾北岸产业带、长江口南岸产业带、崇明生态旅游带协调发展，北外滩、张江等特色产业集聚的"两核三带多点"型海洋产业布局。

上海市具有得天独厚的双向区位优势，对内沿长江上溯可以沟通长江中上游12个省市，对外通过海上国际航线与全球200多个国家地区和300多个港口相联系，交通便捷，劳动资本等传统市场要素集聚。并且，上海拥有一批高影响力的高端造船企业和海洋工程装备研究企业，在政策支持和海洋科研持续投入下，海洋第二产业关键核心技术研发成果显著。自2006年以来，上海海洋第二产业生产总值累计增长率达44.3%，第二产业已成为上海海洋经济发展新的增长点。在海洋第二产业上，上海市提出巩固船舶工业、海洋油气业等传统优势产业，大力发展海洋工程装备、海洋生物医药等海洋战略性新兴产业，研制深海潜水器、海洋生物疫苗及海洋新材料等新兴产品的总体发展布局。

具体来看，第一，继续推动建设全国规模最大、产业链最为完善的船舶与海洋工程综合产业集群。持续推进深远海的资源开发、海水利用、海洋风能等高端技术研发与应用。依托自身人才集聚优势，上海建设了海洋产业综合服务平台，为海洋第二产业发展提供科学的政策引导。第二，利用陆域金融业的快速发展引导市场要素集聚。鼓励金融机构和涉海企业共同探索建立海洋产业发展投资资金，以形成一批创新能力强的涉海龙头企业，培育壮大一批"专精特新"涉海中小微企业。以海洋工程装备制造业为例，上海作为全国唯一一个集船舶海工产业研发、制造、验证试验和港机建造的城市，央企和国企带头，助力中小企业突破疫情背景下原材料成本上涨、物流时间延长、青年人才流失等困难，使得全产业链得到了高质量发展。第三，依托学科、人才、科研等优势，建立一流的科技创新型平台，加强产教深度融合。上海海洋大学作为"双一流"高校，具有海洋学科、人才、科研等重要优势。上海海事学院具备海洋海事学科、人才、科研等重要优势。上海交通大学具备海洋工程国家重点实验室等平台优势。一流高校、科研机构很好地支持了上海海洋第二产业发展。上海临港新片区依托上海海洋大学学科优势，建立海洋生物医药科技创新型平台，不断推进产教深度融合，持续增强自主创新能力，稳步构建海洋生物医药行业新生态。上海海洋装备产业主要分布在临港片区和长兴岛两地，主要依托海洋国家实验室、海洋装备及材料研究中心等科技平台建设，重点突破海洋新材料、新装备等领域的"卡脖子"技术。

总体上说，上海市顺应国际海洋产业大发展趋势，大力发展海洋先进制造业，积极培育海洋战略性新兴产业，建立海洋管理综合保障基地，扩大海洋经济开发领域，推动了海洋第二产业的高质量发展，上海海洋第二产业综合实力显著提高。

三、浙江省

浙江是海洋大省，海洋资源丰富，产业结构合理，体制机制灵活，科教实力领先，内有国家政策支持的海洋经济发展示范区与较为完善的"三位一体"港航物流服务体系，在全国海洋经济发展中具有重要地位。2020年浙江省海洋第二产业生产总值达981.3亿元，第二产业占总产值的比重正在不断上升。

浙江省一直以来坚持着"重点发展特色优势海洋产业，促进海洋新兴产业从亮点向增长点转变"的海洋经济发展方针。实际上，浙江省传统的优势产业基本集中于海洋第一、第三产业中，如强劲的海洋渔业、海洋交通运输业和滨海旅游业等，而海洋第二产业则相对薄弱。在2021年发布的《浙江省海洋经济发展"十四五"规划》，浙江省明确提出应依托原有海洋渔业发展基础和宁波舟山港口优势，大力发展海洋第二产业，尤其是高新技术产业。第一，建设以绿色石化为支撑的油气全产业链集群。在基础设施上，推动宁波、舟山两地的石化基地互通管道工程建设，共建世界级石化基地；在金融市场上，深化与上海期货交易所等平台合作，建立长三角期现一体化交易中心；在国际贸易上，进一步吸引油品贸易巨头在宁波、舟山存储，以打造世界级油气资源配置中心。第二，建设临港先进装备制造业集群。浙江省主要发展高端特种船舶制造业，支持舟山建设成为国际一流的船舶修造基地，并大力培育和支持海洋工程装备制造业，突破关键技术瓶颈，形成全国领先的临港先进装备制造基地。第三，打造海洋新材料产业集群。浙江省发挥相关地区区位及产业优势，聚焦新材料细分领域，优势互补、分工协作，优化资源配置，并发挥龙头企业带头引领作用，建设了具有国际影响力的百亿级产业集群。第四，扶持发展海洋生物医药产业集群。浙江是海洋制品的出口大省，随着蓝色经济热潮的兴起，浙江省不断加大对海洋生物医药行业的投入。针对相关企业原先存在的数量少、质量低、协作少等问题，浙江省在加强政策宏观指导的同时，加大了对海洋生物医药业园区的建设力度，将散、小的企业进行集中，更好地发挥产业群体规模效益，同时鼓励建设相关科研机构，利用科教优势为企业提供科研支持。第五，鼓励发展海洋再生能源产业集群。由于海洋新能源制造业起步慢、成本高、风险大，其产业发展主要通过政府支持。浙江省通过省产业基金给予海洋能产业市场化支持，政企合力，加快海洋新能源产业技术升级。

浙江大力发展海洋经济是其转型的良好时机。近年来，浙江省一直坚持鼓励海洋高新技术第二产业的发展，针对各行业发展瓶颈，针对性地采取解决措施，在政府的布局下汇聚各地优势形成产业集群，不断寻求突破，浙江省海洋第二产业渐成亮点。

四、福建省

近年来，福建省海洋经济发展平稳有序，海洋经济总规模位列全国第五，生产总值不断迈上新的台阶。但海洋第二产业一直是福建省海洋经济发展的弱项，其生产规模多年位于沿海 11 个省市末位，面临着产业布局不合理、产业链不完善、产业园区建设不到位等问题。面对海洋第二产业严重的发展瓶颈，福建省提出要加强科技链和产业链的有机结合创新，大力推动海洋第二产业的高质量发展。

面对海洋第二产业的创新短板，福建省提出突出相关企业的创新主体地位。像海洋生物医药行业、海洋清洁能源行业等新兴海洋第二产业，主要以海洋科技型企业为主。面对这些还在初生阶段的海洋创新企业，福建省加大了对这些种子企业的上市扶持力度，支持他们申报高新技术企业、科技小巨人企业等发展标签，提升企业自主创新能力，努力培育更多涉海专精特新企业。面对海洋第二产业科技与经济的结合难关，福建省提出畅通海洋科技成果转化渠道。为使得海洋第二产业高新技术企业创新成果成功落地并广泛应用，福建省培育了大量的海洋科技服务机构和新兴研发服务中介，并建设了大批海洋技术孵化器、众创空间等实践基地。此外，相关部门成立了吸引和扶持海洋经济项目落地并持续发展的"海洋产业引导基金"，使得高端科技业与金融服务业结合发展，倡导更多企业建立和扩大风险投资基金，加强民间资金对引进项目的保障和促进作用。面对海洋第二产业资金、人才等生产要素束缚，福建省将海外华侨融入海洋产业发展。福建省第二产业一直以来面临资金欠缺和人才匮乏问题，尤其是创新人才和高新科技产业的人才短缺。针对这些不足，福建省发挥华侨大省优势，汇集侨资侨力，依托海外闽籍华侨华人和闽侨社团组织，大力开展福建海洋经济项目宣传，创新招商引资方式，吸引世界参与海洋经济建设发展。并充分发挥海外人才优势，与海外华人学者社团建立联系，定期收集海外人才和科技项目等最新信息，补充福建省海洋第二产业创新人才短板。

为加速海洋第二产业高质量发展，福建省加强培育企业自主创新能力、建立相关创新成果转化平台、带动闽籍华侨更多融入福建海洋经济强省的建设过程，为海洋第二产业奠基了完善的基础设施和人才储备，激发了相关高新技术产业的创新活力，加快了海洋第二产业的转型升级。

第二节　突出成效

一、东海海洋经济第二产业引领全国发展

中国海洋经济第二产业经历从规模引领到质量引领的发展过程。如表5-1所示，2001—2011 年，中国海洋经济第二产业发展达到规模与占比双高。这一阶段，海洋经济第二产业生产总值由 4152 亿元增长到 21667 亿元，年均增速达到 18%，超过全国产业口径下第二产业增速。海洋经济第二产业占比最低（2001 年）达到 43.6%，峰值（2010 年）达到 47.8%。相对于第一产业，第二产业占比率由 6.41 上升到峰值 9.13，保持持续攀升。相对于第三产业，第二产业占比率由 0.88 上升到峰值 1.01。尽管 2007—2009 年，相应比率有所波动，但显然 2011 年是海洋第二产业占比的中期拐点。2012—2020 年，中国海洋经济第二产业发展呈现规模趋稳而占比急速下降。这一阶段，海洋经济第二产业生产总值最高达到（2017 年）28951 亿元，之后波动回升，2020年达到 26226 亿元，年均增速达到 2.5%，显著低于高速增长期。同时，相对于第一产业，第二产业占比率下滑到 6.35。相对于第三产业，第二产业占比率下降到 0.53。显然，全国范围海洋经济第二产业发展不及其他产业。

表 5-1　中国海洋经济第二产业占比趋势　　　　　（单位:%）

	海洋第二产业/第一产业占比率	海洋第二/第三产业占比率
2001	6.41	0.88
2002	6.65	0.86
2003	7.02	0.92

	海洋第二产业/第一产业占比率	海洋第二/第三产业占比率
2004	7.83	0.93
2005	8.00	0.94
2006	8.30	1.01
2007	8.69	0.98
2008	8.11	0.96
2009	8.00	0.97
2010	9.37	1.01
2011	9.13	1.01
2012	8.81	0.97
2013	8.04	0.91
2014	8.61	0.86
2015	8.27	0.80
2016	7.78	0.72
2017	8.02	0.66
2018	7.02	0.57
2019	7.24	0.54
2020	6.35	0.53

数据来源:《中国海洋经济统计年鉴》

　　东海海洋经济尽管也呈现第二产业发展由规模趋稳而占比下降阶段,但产业发展调整优于全国范围。上海市 2016 年海洋经济生产总值达到 7463 亿元,而第二产业占比 34.5%,达到 2574 亿元;2020 年海洋经济生产总值达到 9707 亿元,第二产业占比下降到 29.8%,达到 2892 亿元。这一阶段,上海市海洋第二产业年增速达到 3%,占比下降不到 5 个百分点,优于全国情况(占比下降近 10 个百分点)。江苏省 2015 年海洋经济生产总值达到 6406 亿元,第二产业占比 47.4%,达到 3037 亿元;2020 年海洋经济生产总值达到 8221.3 亿元,第二产业占比 47.6%,达到 3911 亿元。这一阶段,江苏省海洋第二产业年增速达到 5.5%,占比稳定,显著优于全国水平,也优于其他沿海省市。浙江省 2015 年海洋经济生产总值达到 6180.4 亿元,第二产业占比 38.5%,达到 2342.73 亿元;2020 年海洋经济生产总值达到 8424.2 亿元,第二产业占

比 30.7%，达到 2584.9 亿元。这一阶段，浙江省海洋第二产业年增速达到
2%，占比降低近 7 个百分点，略优于全国水平。福建省 2015 年海洋经济生产
总值达到 6878 亿元，第二产业占比 38.5%，达到 2532 亿元；2020 年海洋经
济生产总值达到 10461.3 亿元，第二产业占比 32.30%，达到 3379.6 亿元。这
一阶段，福建省海洋第二产业年增速达到 6%，占比降低近 6 个百分点，显著
优于全国水平。显然，东海三省一市基本处于海洋第二产业"换挡提质"期，
尽管转型结构与方式有所差异，但发展总体呈现出增速趋稳、结构趋优的较
好态势。

表 5-2　2020 年全国与沿海省市第二产业生产总值情况

地区	海洋生产总值（亿元）	海洋生产总值占地区生产总值比重（%）	海洋第二产业（亿元）	海洋第二产业占地区海洋生产总值比重（%）
天津	4023.9	28.6	1964.7	48.8
河北	2258.5	6.2	773.8	34.3
辽宁	3271.1	13.0	980.4	30.0
上海	9071.5	23.4	2755.7	30.4
江苏	8221.3	8.0	3911.0	47.6
浙江	8424.2	13.0	2584.9	30.7
福建	10461.3	23.8	3379.6	32.3
山东	1291L8	17.7	4519.6	35.0
广东	17709.9	16.0	4618.4	26.1
广西	1597.7	7.2	500.3	31.3
海南	1598.6	28.9	238.0	14.9
合计	79549.8	14.8	26226.4	33.0

数据来源：《中国海洋经济统计年鉴》

细化第二产业主要部门的发展情况，全国范围行业发展呈现海洋生物医
药产业、海洋电力业以及海洋油气业、海洋矿业的较快增长，还呈现海洋船
舶工业和海洋工程建筑业的显著下滑。但从 2020 年来看，海洋船舶工业和海
洋工程建筑业有显著回收。从东海地区海洋第二产业细化部门来看，发展领
域更集中在海洋生物医药产业、海洋电力业、海洋船舶工业等部门，且表现
出更稳定或更快速的发展态势。如 2016—2020 年，上海市海洋船舶工业产值

为 117 亿元到 129 亿元，海洋电力业产值为 4 亿元到 4.4 亿元，基本实现重点细分行业增长或稳定。再如，2020 年江苏省海洋生物医药业实现增加值 61 亿元，比上年增长 10.9%；海洋电力行业实现增加值 50 亿元，比上年增长 22%；海洋船舶工业实现增加值 710 亿元，比上年增长 0.6%。尽管浙江省与福建省细分部门精准数据可获性低，但从企业规模以及突出成果来判断，这些细化部门发展更为强劲。以下将针对东海三省一市海洋经济第二产业细分领域的重点和突出发展情况进行分析。

表 5-3 2015 年和 2020 年全国第二产业主要部门生产总值情况

	2020 年增加值（亿元）	2020 年增加值占比（%）	2020 年增加值增速（%）	2015 年增加值（亿元）	2015 年增加值增速（%）
海洋油气业	1157.2	3.95	7.2	939	-2.0
海洋矿业	183.9	0.63	-2.2	67	15.6
海洋盐业	33.5	0.11	-4.5	69	3.1
海洋船舶工业	1179.5	4.02	4.0	1441	3.4
海洋化工业	523.6	1.79	9.5	985	14.8
海洋生物医药业	418.1	1.43	7.2	302	16.3
海洋工程建筑业	1295.9	4.42	10.4	2092	15.4
海洋电力业	236.6	0.81	16.2	116	9.1
海水利用业	20.2	0.07	7.2	14	7.8
主要海洋产业合计	29317.3	100	-11.4	26791	8.0

数据来源：《中国海洋经济统计年鉴》

表 5-4 2020 年沿海省市海洋产业构成情况

地区	海洋产业（亿元）	主要海洋产业（亿元）	海洋科研教育管理服务业（亿元）	海洋相关产业（亿元）	海洋产业占比（%）	主要海洋产业（%）	海洋科研教育管理服务业（%）	海洋相关产业（%）
上海	5964.7	2198.4	3766.4	3106.7	65.8	24.2	41.5	34.2
江苏	4778.4	3131.4	1647.1	3442.9	58.1	38.1	20.0	41.9

续表

地区	海洋产业（亿元）	主要海洋产业（亿元）	海洋科研教育管理服务业（亿元）	海洋相关产业（亿元）	海洋产业占比（%）	主要海洋产业（%）	海洋科研教育管理服务业（%）	海洋相关产业（%）
浙江	5571.6	3100.0	2471.6	2852.6	66.1	36.8	29.3	33.9
福建	6292.1	4571.2	1720.9	4169.2	60.1	43.7	16.4	39.9

数据来源：《中国海洋经济统计年鉴》

二、关键领域：东海海洋船舶工业引领全国发展

海洋船舶工业是大型装备制造业，是现代工业技术集大成的行业领域，具有技术先导性强、产业关联度大、国内外经济对接性大等特点。海洋船舶工业代表先进制造能力和产业基础，是传统贸易模式下海洋经济发展的基础，也是现代贸易体系下海洋经济关系深化的重要体现，对于推进我国国民经济发展具有十分重要的意义。紧密围绕"海洋强省"和"制造强省"战略目标，东海三省一市海洋船舶工业不断夯实海洋船舶工业基础，高效落实产业高质量发展要求，取得经济、技术两方面的突出成就。

江苏省船舶工业充分发挥综合比较优势，保持全国第一造船大省地位，行业盈利能力、平均每万吨能耗、平均每万吨产值等经济指标稳居全国前列，产业规模和综合效益均稳居全国第一。造船完工量、新接订单量和手持订单量三大造船指标中，2020年江苏省分别占比全球份额的17.1%、19.7%、18.9%，占比全国份额的42.6%、40.0%、43.1%。江苏省在自主设计建造技术方面实现多个突破。高端海工装备制造实现"首个"新突破，完成国内首个FPSO总包项目"希望六号"交付、国内首个浮式天然气液化和存储设施（FLNG）制造、全球首艘驳船式液化天然气存储和再气化设施（FSRU）制造、全球首制海上油田原油转驳设施制造。载人水下运载装备取得创纪录的发展突破。系列水下运载装备如深海"勇士号"、深海"奋斗者"号设计技术全球领先，创造了全海深载人潜水器中国载人深潜新纪录。江苏省在关键配套体系方面，突破性成绩同样显著。自主研发的世界首台小缸径船用双燃料低速发动机成功下线并装船应用，是我国小缸径高技术船舶高端配套方面研发应用"零的突破"。

上海市作为全国唯——个集船舶海工研发、制造、验证试验和港机建造为一体的城市，海洋船舶工业领域经济体量稳居全国第二，凸显引领民、商、学全领域技术与产业化突破的鲜明特征。在民用领域，上海首启邮轮本土化设计建造项目。2018年，中国船舶集团与嘉年华集团、芬坎蒂尼集团正式签订Vista级大型邮轮建造合同，开启中国大型邮轮也是世界先进水平邮轮设计建造的新时代。在商业领域，上海首启国际超大型集装箱船制造。2017—2021年，交付法国达飞海运集团9艘超大型双燃料动力集装箱船，以液化天然气为绿色动力，是全球首艘双燃料动力集装箱船，也打破了韩国船企在超大型集装箱领域的垄断地位。在科学考察领域，中国首艘自主建造的极地科学考察破冰船也在上海诞生。2018年，"雪龙2"号科学考察破冰船成功下水，不仅标志着中国南极科考任务自主保障能力的极大提升，而且标志着中国完全掌握PC3级破冰船的建造技术，开启破冰船产业技术发展新里程。

浙江省船舶工业经济和造船指标同样突出。尽管受疫情影响，但是浙江省船舶工业仍稳居全国第三位。2020年，完成工业总产值307.4亿元，同比实现增长12.6%，占比全国总量6.5%。其中，民用船舶制造产值124.6亿元，船舶配套产值31.3亿元，船舶修理产值129亿元。相比2015年，船舶修理、船舶配套产业保持稳健发展，并形成产业结构高端化。浙江省顺利完成全球首艘5000立方米双燃料全压式液化石油气运输船、中小型LNG/LPG运输（加注）船舶以及国家级重大应急通信试验平台"智海"号试验船以及9000立方耙吸式挖泥船等高端船舶产品，充分显现出产业绿色智能转型的潜力和竞争力。

福建省船舶工业规模相对较小，但在制造船舶品种、船型、数量、地区方面，凸显较好的工业韧性。船舶品种包括深海采矿船、客滚船、汽车运输船、敷缆船、饱和潜水支持船、海洋工程多用途工作船、远洋渔船、军工船舶以及各系列集装箱船、散货船、油船等。船舶出口到欧美亚等20多个国家或地区。福建省船舶工业始终在全国船舶制造工业中占据重要地位。

三、关键领域：东海海洋生物医药业集群优势展现

紧密围绕"蓝色经济"，中国海洋生物医药产业呈现出快速发展态势，是近年来海洋产业中增长较快的领域。据统计，全球海洋生物医药市场规模从2016年170亿美元增长至2021年230亿美元，年均增长率达到6.2%，增速相对平稳。相比之下，2016年中国海洋生物医药业增加值达到336亿元，2020年增加值达到451亿元，2021年进一步提升到486亿元，年增速达到

7.6%，超过全球增速。从海洋生物技术的物种研究来看，中国已知的药用海洋生物已经覆盖超 1000 种。从海洋生物技术研究领域来看，中国已经从沿海、浅海延伸到深海和极地，特别是海洋生物活性先导化合物的发现、海洋生物中代谢产物的结构多样性研究、海洋生物基因功能及其技术、海洋药物研发等。从海洋生物技术产业化阶段来看，中国已由技术积累进入产品开发、产业化应用初级阶段。从海洋产业的整体规模结构来看，中国海洋生物医药业体量占比仍然较小。2020 年，全国海洋医药业增加值为 418 亿元，占主要海洋产业增加值比重约 1.5%。在此背景下，各省市纷纷加大了对海洋生物医药行业的投入，并将海洋生物医药行业作为海洋经济的支柱产业。东海三省一市凭借较好的生物医药产业基础，成为海洋生物医药六大产业基地，产业增势较为稳健，产业研发力度不断加大，体现出未来产业的发展潜力和竞争力。

江苏省在海洋生物医药产业形成了具有特色的发展模式和产业方向。其中，在海洋中药研究与开发、贝类藻类综合利用方面卓有成效。江苏省沿海低值贝类资源丰富，综合开发利用研究是利用提取分离、精制纯化等工业技术进行关键成分分离，根据功效特点开发医药功能产品，利用相关边下脚料开发饲料添加剂，从而全值化综合开发利用。在领域细分中，充分利用虾壳、文蛤等海洋甲壳类生物资源，加快海洋生物药材及基因工程药等研发；突破海藻多糖、系列多肽等海洋生物资源提取利用核心技术，发展海藻提取物、海洋复合材料及纤维、海洋除污材料等海洋生物材料产品，开发海洋动植物为生物质资源的海洋化妆品。2020 年，江苏省海洋生物医药产业已达到 60 亿元增加值，占全国增加值比重的 14%。

上海市生物制药产业实力雄厚，也是海洋生物研发与产业化发展最早的地区。"十三五"后期，上海海洋生物产业开始发力成长。以临港新片区海洋生物医药科技创新型平台为代表，形成上海"五"大之一的生物医药产业空间布局。聚焦前沿生物细分领域，如基因编辑、河豚毒素、细胞治疗、干细胞与再生医学等，聚集国内一流团队在海洋微生物溶栓先导化合物、河豚毒素等鱼类抗冻蛋白以及斑马鱼生物医药筛选等开展共性关键技术攻关和产业创新应用示范等工作。截至 2022 年，上海海洋生物医药企业有 226 家，排全国第三，仅次于广东和山东。

浙江省生物医药产业发展迅猛，但海洋生物医药产业份额以及全国优势相对较小。浙江省已经规划将海洋生物医药产业作为百亿级产业集群进行重点支持发展。产业重点聚焦鱼油提炼、海藻生物萃取、海洋生物基因工程等核心技术，力争海洋生物医药领域研发应用取得明显突破。从产业集群分布来看，宁波、舟山、温州、台州等城市均逐步形成海洋生物医药产业集群，积极提速科研和成果转化。截至 2022 年，浙江海洋生物医药企业有 76 家，全国排名第 5 位。

福建省海洋生物医药产业发展较晚、成长较快、特色突出。作为全球六大集聚区之一，福建海洋生物医药产业以海洋生物药物、功能食品、生物材料和生物制品为重点，以厦门、漳州、石狮市等三大聚集区，在微藻 DHA、"双糖"胶囊、新型鲨鱼肽、医用胶原膜、人工骨、蚝贝钙片等新产品产业化领域具备优势，形成较为完整的海洋医药与生物制品产业链。2020 年全省海洋药物和生物制品业增加值达 41 亿元，年增速达 20%，企业数量超过 50 家。

四、关键领域：东海绿色低碳产业发展取得突出显著成效

过去 10 年，中国海洋电力业发展显著、增速迅猛，年增速高达 20%。2006 年，中国海洋电力业增加值仅为 4.4 亿元。到 2015 年，中国海洋电力业增加值达到 107 亿元。到 2020 年，中国海洋电力业增加值达到 236.6 亿元。海洋电力业年增速高达 33%，是海洋产业领域增速最快的部门。其中，产业发展主要贡献来自海洋绿色低碳产业，主要技术领域是海洋风电技术。东海海洋清洁能源开发势头强劲，是三大海洋经济区海洋能发展最快、占比最大的地区。2020 年，江苏、福建、上海、浙江位居全国海上风电装机累计数量和容量 1、3、5、6 位，占据总量 80%（见表 5-5）。

江苏省是海上风电发展最迅猛的地区，引领各省发展。2020 年，江苏省海上风电装机增量达到 473 台和 2090.6 兆瓦，累积量达到 1754 和 6816 兆瓦，是位居第二省份广东的 5 倍，占全国总量 63%。相应地，江苏海上风电发电量达 185.5 亿千瓦时，年增速超 60%，随着沿海第二输电通道工程整体建成投运，接入地区电网的海上风电集群超过 1000 万千瓦，成为国内规模最大的绿能输送省份。

上海市是我国风力发电建设发展史上具有里程碑意义的发展区域。上海市首启东海大桥 10 万千瓦风电场，是中国第一座海上风电场，也是亚洲第一座大型海上风电场，代表着区域性海上风电进入示范运行阶段。上海市始终保持着产业发展规模、市场应用规模前五的发展势头，"十四五"期间还将启动实施百万千瓦级深远海海上风电示范，代表国内未来海上风电发展趋势。

浙江省海洋清洁能源产业发展方面呈现更强的技术多元性。浙江是海上风电发展最早的地区，也保持着海上风电产业的发展优势。浙江省居于全国海上风电装机量第五位，汇聚舟山、嘉兴等海上、近海多样化的海上风电项

目。2020 年，浙江省海上风电装机增量达到 31 台和 142 兆瓦，累积量达到 97 和 406.5 兆瓦。浙江省还引领其他海洋能技术的产业化和市场应用发展。2016 年，位于舟山的 LHD 海洋潮流能发电项目通过国际能源署认定，成为世界上唯一的一座海洋潮流能发电站，也是目前唯一连续发电并网运行海洋潮流项目。LHD 潮流能发电工程的建成标志着海流能发电技术进入产业化应用阶段，也为我国海洋能开发推进大功率发电、稳定发电、并入电网三大难题提供了很好的实践依据。

福建省紧随其后，跑出海洋电力业发展加速度。福建海上风电装机增量和累计量都十分显著。2020 年，福建海上风电装机增量达到 86 台和 526.3 兆瓦，累积量达到 191 和 1016.2 兆瓦。福建海上风电装机量紧随位居第二的广东，差距不断缩小。福建省在落实海上风电项目应用的同时，也逐步形成海上风电全产业链生产格局，加快推进海上风电高端装备的本地制造。2019 年，福建省重点建设优胜项目自主研发亚太最大的 10 兆瓦风机，由三峡福建能投公司牵头，在福建三峡海上风电产业园成功下线，在海上风电场实现样机试运和批量使用。这不仅标志着 10 兆瓦级别以上的大容量海上风电实现国产突破，也标志着福建在海上风电技术以及产业化方面的引领地位。

表 5-5 沿海各省海上风电项目新增和累计装机情况表

	新增装机数量（台）	新增装机容量（兆瓦）	累计装机数量（台）	累计装机容量（兆瓦）
天津	0	0	36	117
河北	2	8	75	300
辽宁	33	178.1	97	424.7
上海	0	0	117	417
江苏	473	2090.6	1754	6816
浙江	31	142	97	406.5
福建	86	526.3	191	1016.2
山东	0	0	4	15
广东	162	899.6	263	1357.8
合计	787	3844.5	2634	10870.1

数据来源：《中国海洋经济统计年鉴》

第三节　基本经验

一、目标明确、规划先行

东海三省一市实现海洋第二产业高质量发展以国家战略、全局目标和规划方略来确立具有地区特色的产业发展方案。在《中国制造2025》《"十四五"智能制造发展规划》等系列政策以及《中华人民共和国国民经济和社会发展第十四个五年规划和2035年远景目标纲要》的要求下，东海三省一市目标明确、规划先行，提出实现第二产业高质量发展的整体规划方案和行业规划行动。整体规划上，体现海洋经济第二产业高质量发展的政策文件，如《上海市海洋"十四五"规划》《浙江省海洋经济发展"十四五"规划》《江苏省"十四五"海洋经济发展规划》《福建省"十四五"海洋强省建设专项规划》。与之配套的规划文件还包括重点产业以及重点领域规划。体现高质量制造的整体规划文件，有《上海战略性新兴产业和先导产业发展"十四五"规划》《江苏省"十四五"制造业高质量发展规划（2021—2025年）》《浙江省全球先进制造业基地建设"十四五"规划》《福建省"十四五"制造业高质量发展专项规划》。体现高质量海洋装备制造的规划文件，有《上海市高端装备产业发展"十四五"规划》《浙江省高端装备制造业"十四五"发展规划》《江苏省"十四五"船舶与海洋工程装备产业发展规划》《福建省推进船舶和海洋工程装备高质量发展工作方案（2021—2023年）》。体现高质量海洋特色产业的规划文件，有《上海市能源发展"十四五"规划》《江苏省"十四五"中医药发展规划》《江苏省"十四五"可再生能源发展专项规划》《关于促进生物医药产业高质量发展行动方案（2022—2024年）的通知》（浙江）《浙江省可再生能源发展"十四五"规划》《福建省推进海洋药物与生物制品产业发展工作方案（2021—2023年）》《福建省"十四五"能源发展专项规划》等。

无论是综合规划还是专项规划，都充分体现海洋经济高质量发展的战略基调、行动目标和规划方略。如上海总规划中落实制造强国战略，确立高端、先导发展的"上海方案"，同样推进高端先导的海洋经济层面的产业发展。浙江省在总规划中落实制造强国战略，确立基于区域协调发展加快海洋产业高质量发展目标，重点推进高技术、高性能、高附加值的绿色海洋石化、海洋新材料、海洋装备制造和海洋生物医药等海洋制造业；在行业专项规划中，推进宁波、温州、舟山、台州等地联动培育海洋生态医药产业圈与生物制品产业。江苏省在总规划中落实制造强国战略，确立迈向全球产业链价值链中高端的先进制造业基地目标，重点推进国内外领先和前沿技术的海洋船舶和工程装备、海洋药物和生物制品等海洋特色产业；在行业专项规划中，均明确从制造大省向制造强省转变的目标和方式。福建总规划中落实制造强国战略，确立产业结构、创新能力的全方位优化提高和海洋产业高质量发展，重点推进海洋高新产业发展；在行业专项规划中，同样明确特色鲜明产业链、"专精特新"企业和强竞争力产品的发展目标和重点。

二、统筹发展、合理布局

东海三省一市实现海洋第二产业高质量发展以充分体现海陆统筹、临港腹地协调以及产业联动特色，促进域内、域间合作发展与合理布局。发展原则上，充分体现统筹与协调原则。发展布局上，充分体现区域合作与联动布局。

上海市海洋经济发展进程中，始终坚持新型海洋工业在现代海洋产业体系建构下的统筹建设。产业联动方面，形成从海洋资源勘探到高端装备研发制造和应用、现代信息技术深入融合海洋第二产业发展以及海洋产业综合服务提升海洋第二产业发展的产业联动方式。空间布局方面，一廊产业——依托陆家嘴航运金融、北外滩和洋泾现代航运服务、张江海洋药物研发、临港海洋研发服务等高端服务基地基础，支持临港新片区和崇明长兴岛"两核"高端海洋制造业以及辐射杭州湾产业带、长江口产业带邮轮产业和船舶研制基地发展。

浙江省海洋经济发展进程中，始终坚持全省全域范围的陆海统筹发展以及第二产业为核心的联动布局。产业集群建设方面，两大万亿级海洋产业集群以及若干百亿级海洋产业集群全部涉及海洋第二产业，体现第二产业与第一、第三产业联动发展。地区布局上，杭州湾"一环"核心区引领，全面覆盖第二产业核心领域、关键领域和新兴领域，宁波海洋中心城市的"一城"驱动带动北、西、南"三带"海陆统筹经济带："甬舟温台临港产业带、义甬舟开放大通道及西延带以及浙皖闽赣省际腹地衍生带"，从而形成联动海港、河港、陆港、空港和信息港协同发展以及海洋第二产业高质量发展。

江苏省海洋经济发展进程中，陆海统筹，江海联动，第二、三产业互动格局非常鲜明。江苏以沿海地带为纵轴、沿长江两岸为横轴的"L"型海洋经济布局已经形成，沿海沿江海洋经济各占半壁江山。南通高技术高附加值的船舶和海洋工程装备制造优势明显，盐城海上风电产业带动海洋新能源产业发展势头强劲，连云港海洋船舶制造业等优势产业带动涉海设备制造业、涉海产品及材料制造业的快速成长。同时，提升产业竞争力和国际影响力，坚持数字经济服务海洋第二产业，推进第二、三产业深度融合，助推海洋经济新旧动能转换。

福建省海洋经济发展进程中，通过增强海陆资源互补性、产业互动性和区域海洋经济关联，有效强化海洋第二产业发展的特色。福建省主要以福州、厦门两大中心城市为牵引，建设"海丝"产业关系以及海上丝绸之路的战略节点产业辐射作用。积极推进平潭大型企业总部在福清建立生产基地或研发中心，推动福清与平潭探索共建闽台海洋制造产业园。推进宁德—罗源环三都澳湾协同发展，共同打造汽车产业集群，推动装备制造、新材料研制以及跨区跨国产业发展。厦门海洋高新产业园区主推海洋资源综合利用与产业互动发展，布局海洋药物与生物制品产业以及涉海金融、科技、创意服务业等海洋现代服务业的集群与互联推进，落实海洋第二产业特色、高质量发展要求。

三、生态优先，创新支撑

东海三省一市实现海洋第二产业高质量发展，秉承并持续推进依法管海和生态用海的管理建设以及强化攻坚突破、高效转化的技术创新建设。在体系建构方面，坚持底线原则与系统化建设。在平台建设上，引导市场高端要素集聚与高效产出。

上海市推进海洋第二产业高质量发展，坚持严格围填海管控、严守生态红线原则来布局和提升海洋产业发展。上海高标准建设海洋灾害防御能力，包括海洋观测、预警预报、灾害风险防控综合能力，服务海洋工程、海洋装备以及海洋生物资源综合利用的产业安全与信息化要求。推进市、区两级海洋经济运行监测与评估体系，不断完善海洋生产总值核算技术方法，体现绿色、全面的区级海洋生产总值核算标准体系化。上海推进海洋第二产业高质量发展，并聚焦"政产学研金服用"创新体系的建设与提升，充分发挥涉海科研院所、高校、企业科研力量优化配置和资源共享。主推海工装备创新联盟、海洋新能源产业联盟，推进海洋产业基础高级化、创新链产业链供应链现代化，服务海洋"制造"向"智造""创造"转型。主要支持海洋国家实验室、海洋科技创新院士工作站、海洋装备及材料研究中心、海洋综合试验场等功能平台建设，突破海洋智能装备、深远海勘探开发、极地考察、海洋新材料、海洋生物医药等领域"卡脖子"技术，推动这些创新技术和成果持续高效应用于海洋资源产业化发展。

浙江省以海洋生态文明建设为核心，稳步推进海洋第二产业高质量发展。浙江强化海洋"两空间内部一红线"管控，布局第二产业提升发展。强化绿色海洋产业发展导向，高水平建设舟山超大型以有机化工基础原料生产为基础的绿色石化产业集群。强化海洋能源制造和应用替代，创新发展海岛太阳能应用成套体系以及聚焦潮流能技术研发、装备制造、海上测试等。强化近岸海域污染治理，加快落后船舶淘汰，推广绿色修造船。浙江推进海洋第二产业高质量发展，还聚焦做强海洋科创平台主体，主要体现在海洋科创平台、主体的共同建设。推进贯通浙江各市的涉海科创走廊，推动走廊两侧创新主体建设。建设省大湾区创新发展中心、海洋新材料实验室等新型研发机构，带动船舶与海洋工程科技服务、海洋通信、海洋大数据等一批主题产业园和科技企业孵化器建设，有效支持海洋第二产业发展。

江苏省推进海洋第二产业高质量发展，突出生态绿色优先、创新引领发展。生态绿色产业发展理念下，江苏省海洋第二产业发展呈现低碳、循环、可持续海洋经济发展模式。发展沿海绿色产业集聚带，重点聚焦节能低碳绿色环保的钢铁新材料、石化新材料、生物基新材料等沿海临港高端产业；发展绿色"飞地经济"示范样板，汇聚高端科创中心绿色制造业集聚区；持续推进沿江、沿太湖重化产能向沿海绿色化转移。江苏省推进海洋第二产业高质量发展，坚持创新在海洋经济发展中的核心地位，促进涉海创新链和产业链深度融合，提升海洋重点领域核心装备和关键共性技术自给率，尤其是设置涉海规上工业企业研发经费占比目标，着力打造自主可控、安全高效的现代海洋制造产业体系。

福建省推进海洋第二产业高质量发展，同样体现在海洋生态文明建设扎实推进和科技创新持续引领。福建省海洋生态文明建设贯穿第二产业发展诸多行业。海洋船舶工业方面，主体推进高技术船舶及配套设备自主化、品牌化，主推船舶性能优化、绿色高技术船型研制。海洋生物医药原创技术与产业化方面，主推绿色低成本生产工艺、高效率技术集成与产品化等原始创新技术储备。海洋工程装备制造产业方面，主推海洋防污生物技术、海洋防腐新材料、环保节能材料等重点 领域研发与产业化。福建省推进海洋第二产业高质量发展，在海洋科技创新资源整合、创新平台建设、科技关键核心技术攻关以及创新基地建设方面积累丰富的实践基础和成效。福建省成立海洋可持续发展研究院，打造立足福建、面向全国、服务全球的海洋高端智库平台。福建持续改善海洋产业协同创新环境，成立海洋生物医药产业创新联盟，积极支持企业战略联盟建设。福建推动组建省协同创新院海洋分院，有效整合涉海科技力量，促进390余项海洋技术成果成功对接。

第四节　突出问题

一、东海海洋经济第二产业发展规模仍有极大的提升空间

尽管东海海洋经济第二产业整体发展势头较好，但与处于第二产业生产总值位居第一、第二的广东、山东差距较大。浙江省差距最大，仅是广东、山东的58%和56%。上海市差距最小，但也与广东、山东差距14%以上。相比2015年，浙江省第二产业增速较慢，而上海增速较快并超过浙江省。尽管受疫情影响，海洋第二产业发展受到限制，但从各省总量差距与增速情况来看，东海各省海洋经济第二产业有极大的空间开展更为广泛而深远的发展。

二、东海海洋经济第二产业高质量发展面临国际国内多重不确定因素

东海海洋经济第二产业发展的风险因素是多方面的。疫情影响带来海洋生态的部分减压，也带来新生产活动的生态威胁。疫情引致的活动限制部分缓解了生产性活动对海洋的负面影响，但生产活动、运输活动与人员流动限制扰乱正常的生产安排和资源调配，使得生产经营活动难以实现最优协调与效益。疫情以及地缘政治影响，同样对海洋船舶业带来双重影响。既有全球供应链风险加大，导致新船订单和修船量大幅度上升，又有全球经济低迷导致海运贸易、航运市场和海工运营波动剧烈，进一步抑制海洋船舶与工程行业整体发展。疫情引致的医药与医疗需求，对海洋生物医药也带来双重影响。民众对大健康消费的重视，有利于医药生物行业发展，但在短期有限资源配置下将抑制海洋生物医药研制与需求。国内外经济下行风险下，无论是供给还是需求，都将受到不同程度的影响，也会限制海洋第二产业的转型升级或新兴发展。从各省市海洋经济第二产业年度增速来看，体现了以上国际国内多重不确定因素的可能影响。

三、东海海洋经济第二产业高质量合作发展有待进一步提升

基于上海海洋经济规划和成效方面，海洋开放合作领域广泛深入，但在第二产业方面国际合作和引领仍显薄弱。如长三角区域海洋产业在高质量协同发展方面，明确提出海洋产业管理部门、园区、企业、平台、活动各要素合作，主要体现在国际海洋科教合作以及与欧洲蓝色伙伴关系建设，但未涉及第二产业重点领域、方式与影响。

基于江苏海洋经济规划和成效方面，省域间高质量合作导向非常明确，但国际合作导向相对较弱。如推进长三角海洋经济一体化发展，打造世界级海洋经济高质量发展示范区；实施覆盖长三角全域全面创新改革试验方案，制定配套政策措施，重点开展海工装备和生物等科技创新联合攻关；鼓励沿海地区"飞地经济"，强化与长三角地区产业合作伙伴关系。在国际合作导向方面，产业导向较为单一，主要以国际产能合作、国际合作创新网络建设来简单体现。

基于浙江海洋经济规划和成效方面，海洋经济合作领域较多体现在省内合作及与腹地通道、外贸合作，而省域间第二产业分工合作以及国际产业合作或承接等方面几乎没有涉及。

基于福建海洋经济规划和成效来看，海洋经济合作区域与领域比较明确，但涉及第二产业的细分合作仍不充分。在区域合作中，主要强化大闽台海洋产业对接，也体现在海洋经济、科技、生态、航运等各方面，但没有具化第二产业关键领域的合作方式、政策和效应。海外合作中，主要强化与"海丝"沿线国家和地区合作，重点是港航合作和渔业资源合作来落实"走出去"战略，但同样没有涉及第二产业的制造、研发合作方式和政策导向。

第五节 对策建议

一、"双碳"战略部署下全面提高东海海洋第二产业高质量发展水平

"双碳"战略部署下，海洋产业落实"双碳"任务不仅需要严守生态底线，更要彻底转变产业发展"三高"模式，转型任务艰巨但机遇与挑战并存。一是细化"双碳"战略在东海海洋经济第二产业的阶段性工作，具化各方责任、协调各方工作。二是完善东海海洋经济第二产业"双碳"达标的政策规

划或任务清单，分层落实具体工作任务。三是形成东海海洋经济第二产业"双碳"技术清单，建立技术攻关和储备数据库，攻坚克难确保节点性工作要求。四是优化"双碳"目标下东海海洋经济第二产业高质量发展的经济、产业、法律等多方面政策方案设计与工具选择。五是加快"双碳"目标下东海海洋第二产业高质量发展的示范推广，加快跨域跨界高标准、高水平应用。

二、新安全战略部署下全面完善东海海洋第二产业高质量运行监测与协调体系

在新安全战略理念下，充分理解并认识产业安全保障的必要性和重要性，充分考虑国内外多重风险对东海海洋第二产业发展的冲击影响，完善东海海洋第二产业运行监测与协调体系。一是建立疫情后防控与东海海洋第二产业高质量运行评估体系。疫情防控措施与影响呈现阶段性的极大差异，加快建立全面管控放开后疫情影响与产业运行的关联效应，完善东海海洋第二产业高质量运行评估体系。二是完善节能降耗标准与东海海洋第二产业"双控"评估体系。在协调能效和碳效目标下，提升东海海洋第二产业用能与能源转型评估体系。三是完善东海海洋生态监测与东海海洋第二产业高质量生态建设评估体系。应对东海海洋第二产业转型发展中的生态系统、环境系统的新问题、新困难，持续完善第二产业高质量生态水平的监测与评估。四是建立东海海洋第二产业安全预警与调控体系。基于新安全战略下东海海洋第二产业发展安全水平，建设产业安全预警机制和政策方案，实施有效应急响应与产业平稳发展保障措施。

三、新开放合作战略部署下全面提升东海海洋第二产业合作联盟体系

在新发展阶段开放合作新战略理念下，需要实现包容性发展以及开放发展新领域、新要素和新机制，高水平推进东海海洋第二产业合作建设。一是积极开拓区域开放合作新领域。东海海洋第二产业合作需要充分深化到新兴、先导产业领域的生产、科研和服务合作领域，尤其是浙江、福建需要在规划、政策层面充分体现先导产业的合作领域导向。海洋第二产业合作还需要深入到供需互联的生产生活领域（如海陆风能联动与场景性应用），充分扩展合作范围与方式。东海三省一市都应强化"三生"互动的合作领域。二是建设区域开发合作新机制。强化域内合作与域间辐射、合作双向并进。建设充分体现海洋第二产业生产、科研、人才、资本合作的产业联盟平台、技术工程服务平台、人才培养服务平台等，提供开源式、数字化匹配式、独立或组合对接式等多种合作模式，有效推进产业多元合作。三是协调长三角一体化发展与东海区域合作发展关系。长三角一体化发展有效打通上海、江苏和浙江在产业发展、部门协调、政策对接等方面的机制体制问题，可以进一步拓展中心辐射及与福建地区的产业合作关系。建设并突破长三角与周边省市合作范围，强化海洋经济区域辐射带动效应，拓展海洋第二产业区域梯队合作。四是建设更高水平的国际合作与多方合作体系。东海海洋第二产业国际合作凸显与中欧以及同源文化地区合作，可以进一步优化与这些地区结构性和规制性的产业合作，迈过规制壁垒，实现更高水平的开放合作。还可以进一步加强与中亚、中非国家的海洋经济合作。这些国家在承接传统产业以及发展新兴海洋经济领域具有巨大的产业合作空间和规模，可以强化进出口需求拉动以及资源、资源要素双向流动。

第六章

东海海洋第三产业高质量发展研究

在向海开放、向海图强的征程中，以海洋交通运输业、海洋旅游业、海洋科研教育管理服务业等为代表的海洋第三产业发挥着不可忽视的关键作用，其不仅是蓝色经济的支柱产业，还是打造向海经济的主要抓手，更是保障国民经济平稳有序运行、加快"双循环"新发展格局构建的重要支撑力量。作为海洋经济的"主力军"，东海三省一市充分依托当地得天独厚的资源优势和坚实发达的经济基础，积极推动海洋第三产业持续健康发展，在经略海洋过程中呈现的新特点、展现的新态势、取得的新成果令世人瞩目，但在内外部环境日趋严峻复杂的背景下，开发能力不足、产业层次较低、基础研究薄弱等深层次矛盾和问题也在逐渐显现。本章聚焦于东海海洋第三产业的高质量发展，围绕三省一市的实践探索、发展成效、现实困境以及对策建议展开系统梳理和具体分析，以期在复杂动荡的形势中把握前进方向，助力海洋资源禀赋的深度挖掘、产业链现代化水平的全面提升以及经济、生态和社会效益的和谐统一。

第一节　实践探索

为贯彻落实"海洋强国"战略，打造海洋高质量发展战略要地，东海三省一市基于地理区位、资源禀赋、经济基础、主导产业等客观实际，以推进海洋资源保护利用、加快海洋经济转型升级、加强人才建设与科技支撑等为目标，制定出台了一系列针对性的政策规划，着力推动海洋交通运输、海洋旅游、海洋科研教育管理服务等的茁壮发展。本节将对东海三省一市的相关政策文件进行梳理归纳，并结合整体发展格局和各地战略定位，分析苏沪浙闽在探索海洋第三产业高质量发展路径方面的积极举措，在厘清目标任务、政策脉络等的同时，为后续扬长项、补短板、明方向、弥不足奠定坚实基础。

一、江苏省

江苏拥有954千米海岸线和3.75万平方千米海域面积，是位于"一带一路"和长江经济带建设两大国家战略交汇点的海洋大省和经济强省，但"海洋经济"在江苏一直被视为"短板"所在，虽然其海洋生产总值在 2021 年成功突破 9000 亿元，表现出了强劲的发展势头，但与浙江、上海、福建等地的差距依然较大。其中，海洋产业结构问题尤为突出，以第三产业为例，2021年江苏海洋三次产业增加值占比分别为 5.8%、46.6% 和 47.6%，而同期全国海洋第三产业占比已达 61.6%，深入对比细分产业，可发现江苏在海洋旅游、海洋交通运输、海洋科研教育管理服务等领域的发展水平均相对落后，与其经济领头羊地位明显不符。这进一步说明江苏的海洋资源优势未实现向海洋产业优势的高效转化，亟待发展海洋第三产业以有力支撑海洋强省建设。

通过梳理相关政策文件可知（详见表 6-1），江苏根据海洋第三产业的现实瓶颈和发展目标进行了具有战略意义的谋篇布局。针对海洋旅游，江苏坚持特色定位、资源整合、区域联动，积极培育生态康养、海岛休闲、海上运动、科普体验等海洋旅游新业态，着力打造贯通沿海、联动内地的高品质旅游线路，包括推动连云港市整合海州湾、海上云台山、秦山岛等海洋旅游资源，打造海洋旅游产业带，支持南京海底世界、无锡欢乐海洋世界等开展海洋生物科普教育和观赏娱乐活动，发展非沿海地区海洋旅游。针对交通运输，江苏大力发展沿海运输和近洋运输，积极开拓远洋运输航线，扎实推动"南出海口""北出海口""淮河生态经济带出海门户"等规划的落实落地，并且以提升物流服务效率为目标，不断加强重点港区专业化集装箱泊位和信息化建设，持续完善临港物流园区综合服务功能和综合港口集疏运体系。针对航运服务，江苏以沿海沿江重点港区为主要依托，推动船舶代理、船舶供应、信息咨询等传统航运服务业转型升级，并聚焦新业态新模式，大力发展海运物流、船舶经纪、海事法律、航运金融等现代航运服务，同时，着眼于多式联运服务和口岸通关能力的提高，积极拓展港口保税、国际中转、采购分销等服务功能。针对海洋科教，江苏高度重视海洋人才高地的构筑，在"十三五"期间积极探索组建江苏海洋大学，并于"十四五"规划中明确表示，将大力支持江苏海洋大学等涉海高校加强与国内知名涉海院校、科研院所和海洋产业龙头企业合作，同时，江苏把促进海洋科技成果转化置于关键位置进行谋篇布局，通过规划海洋技术转移中心、建设海洋知识产权评估与交易平台、鼓励科技中介机构开展相关活动等一系列举措，大幅提高海洋科技进步贡献率和成果转化率，助推海洋高新技术产业和海洋战略新兴产业加快发展。

表 6-1　江苏推动海洋第三产业高质量发展的积极举措

时间	政策名称	相关内容
2017.4	《江苏省"十三五"海洋经济发展规划》	构建现代海洋产业体系,大力推动海洋新兴产业壮大与传统产业提升互动并进,服务业与制造业协同发展,提升发展海洋现代服务业。大力发展海洋交通运输业,优化近远洋航线与运力结构,提升全省海运国际竞争力;优先发展海洋旅游业,整合开发江苏海岸带旅游资源,加快形成以沿海为主、江海联动的海洋旅游发展格局;引导发展涉海金融服务业,创新海洋特色金融发展机制,打造江苏海洋特色金融创新发展示范区
2019.3	《江苏省海洋经济促进条例》	拓展提升海洋交通运输、滨海旅游等传统海洋服务业,扶持海洋文化、涉海信息服务和法律服务等现代海洋服务业发展。优化近远洋航线与运力结构,开展保税、国际中转、国际采购和分销、配送等业务,发展船舶交易、船舶和航运经纪、航运保险等现代航运服务
2021.2	《江苏省国民经济和社会发展第十四个五年规划和二〇三五年远景目标纲要》	建设沿海生态风光带,推进沿海防护林、滨海湿地等生态系统修复与建设,大幅增加沿海生态空间、绿色屏障;建设滨海风貌城镇带,进一步壮大连云港、盐城、南通城市综合实力,支持打造现代海洋城市;建设高质量发展经济带,优先发展海洋高端装备、生物医药、新能源、新材料、信息服务等海洋新兴产业,推进化工、钢铁等临港产业绿色化发展,大力发展海洋交通运输、滨海旅游和高技术高附加值船舶制造
2021.8	《江苏省"十四五"海洋经济发展规划》	打造"两带一圈"一体联动全省域海洋经济空间布局。构建特色彰显的现代海洋产业体系,大力发展海洋交通运输业,推进海洋服务业拓展升级,精心发展海洋旅游业,有效提升航运服务业,大力发展海洋文化产业,鼓励发展海洋金融服务业。提升自立自强的海洋科技创新能力,拓展聚合有力的海洋经济开放空间

二、上海市

作为国际经济中心、金融中心、航运中心以及物流集散中心和信息服务中心，依海而生、因海而兴的上海高度重视海洋第三产业的持续稳定健康发展，《上海市海洋"十三五"规划》《上海市国民经济和社会发展第十四个五年规划和二〇三五年远景目标纲要》等规划文件均明确指出加快建设全球海洋中心城市的发展目标，强调在海洋科技创新策源、海洋生态保护示范、海洋文化交流教育以及海事综合服务管理等领域发挥先进典型的主导引领作用。

根据《上海市海洋经济统计公报》，上海海洋经济呈现以下特征：一是海洋旅游业与海洋交通运输业的战略地位不断巩固，2016 年以来，两者占主要海洋产业的比重一直保持在 90% 以上，虽然新冠疫情对滨海旅游造成较大冲击，但其依然表现出了较强韧性（2021 年占主要海洋产业比重达 58.3%），同时，海洋交通运输的竞争优势也在逐步凸显（2021 年同比增长 34.2%，并继续位列全球航运中心城市综合实力第三名）；二是海洋科研教育管理服务业的重要性持续上升，其增加值在 2021 年突破 4000 亿元大关，相较于 2016 年翻了一番，并且在 2020 年成功超越海洋主要产业和海洋相关产业，成为海洋经济的核心支柱（2021 年占当年海洋生产总值的 40%）。海洋第三产业的不断壮大在反映上海海洋经济比较优势的同时，也进一步表明了海洋领域的工作重点与发力方向。作为中国内地首个海洋生产总值（GOP）超万亿的城市，上海对自身定位及未来发展规划一直有着清晰准确的认识，强调通过完善现代航运服务体系、强化海洋科研竞争实力，打造多元化海洋旅游产品等举措，实现海洋第三产业行稳致远。通过对相关政策的梳理可知（详见表 6-2），经过长期探索实践，上海正向"两核一廊三带"的海洋产业空间布局大步迈进，重点包括："提升两核"，即围绕临港新片区和崇明长兴岛，集聚发展高端海洋产业集群，引导产业链与创新链深度融合，同时，着眼于海洋科技成果转移转化，以"政产学研金服用"①为发力点，推动海洋"制造"向"智造""创造"转型；"培育一廊"，即充分发挥陆家嘴航运金融、北外滩和洋泾现代航运服务、张江海洋药物研发、临港海洋研发服务等基础优势，大力培育海洋现代服务业发展走廊；"优化三带"，即依托临港、奉贤、金山发展海洋装备研制、海洋药物研发、海洋特色旅游，助力杭州湾北岸产业带提质增效，并以邮轮产业、船舶制造、航运服务等为突破口，推动长江口南岸产业带转型升级，同时，聚焦崇明世界级生态岛建设，以海洋生态保护修复为切入点，探索推进海岛文旅新业态新产品的打造。

---

① "政产学研金服用"即政府主导创环境、企业主体强创新、学科人才激活力、科技研发出成果、金融配套强保障、中介服务提效率、成果转化增效益。

表6-2　上海推动海洋第三产业高质量发展的积极举措

时间	政策名称	相关内容
2012.7	《上海市海洋"十二五"发展规划》	加快构建以现代服务业为主、战略性新兴产业引领、先进制造业支撑的新型海洋产业体系，形成"一带三圈七片"的海洋产业布局，促进海洋经济持续发展；建设以港口为枢纽的现代化航运集疏运体系发展海洋交通运输业；推进现代航运服务体系建设，建立并完善海洋信息服务体系以发展海洋航运服务业；建成生态型旅游度假区，促进滨海旅游业发展
2015.11	《关于上海加快发展海洋事业的行动方案（2015—2020）》	建立现代海洋产业体系，积极培育现代航运服务、海洋金融服务、海洋科技服务、海洋信息服务、海洋检验检测服务等海洋现代服务业；提升海洋科技自主创新能力，加快海洋科技信息服务网络建设。提升海洋科技自主创新能力，研究制定海洋科技管理的权责清单和服务清单，完善海洋科技成果转化机制，加快海洋科技信息服务网络建设，优化海洋科技创新环境
2018.1	《上海市海洋"十三五"发展规划》	顺应国际海洋产业发展大趋势，大力发展海洋先进制造业和现代服务业，加快培育特色明显、优势互补、集聚度高的"两核三带多点"的海洋产业功能布局；积极培育和完善航运服务、海洋金融服务、科技服务、信息服务等海洋现代服务业，做大做强海洋旅游业，加快邮轮游艇经济发展
2021.12	《上海市海洋"十四五"发展规划》	以实施临港新片区、崇明长兴岛国家海洋经济创新示范工作为契机，推进构建以新型海洋产业和现代海洋服务业为主导的现代海洋产业体系；推动现代信息技术与海洋产业深度融合，支持发展海洋信息服务、海底数据中心建设及业务化运行。完善"两核一廊三带"的海洋产业空间布局，助力海洋产业结构优化和能级提升
2022.3	《上海市2022年海洋管理工作要点》	深入推进海洋经济创新示范工作，服务"两核"海洋经济高质量发展。加强海洋经济发展服务水平；继续推进海洋产业综合服务平台建设，不断丰富完善政策咨询、技术交流、融资路演等平台服务功能；探索产业生态创新孵化推广模式，服务打造"人工智能+海洋"科创高地

三、浙江省

浙江是陆域小省，但同时也是坐拥 26 万平方千米海域、6000 多千米海岸线、4300 多个海岛的海洋大省，背倚大陆、雄踞东海让浙江得尽山海之利。浙江对自身潜力所在、优势所在、希望所在一直有着深刻准确的认识，早在 2003 年，"八八战略"就已做出"发挥浙江的山海资源优势，大力发展海洋经济"的清晰表述，同年 8 月，时任省委书记的习近平同志更是明确强调，应该把目标由"海洋经济大省"向"海洋经济强省"提升。20 年来，为启动蓝色引擎、释放蓝色潜力，浙江围绕科学用海、科技兴海、产业强海、生态护海进行了一系列积极探索，通过对相关政策规划的搜集整理，可知浙江尤为重视海洋第三产业的高质量发展（详见表 6-3），以《浙江省海洋经济发展"十四五"规划》为例，其明确表示要"培育形成三大千亿级海洋产业集群"，包括"现代港航物流服务业"和"滨海文旅休闲业"两大千亿产业集群。本节聚焦于浙江在海洋第三产业方面的实践探索，以代表性的港航服务业和海洋旅游业为切入点，探究浙江向海图强、奋楫逐浪的积极举措。

表 6-3 浙江推动海洋第三产业高质量发展的积极举措

时间	政策名称	相关内容
2013.7	《浙江海洋经济发展"822"行动计划（2013—2017）》	大力扶持发展八大现代海洋产业，其中重点发展的海洋第三产业有港航物流服务业和滨海旅游业，以大宗商品交易平台、海陆联动集疏运体系、金融和信息支撑系统"三位一体"的港航物流服务体系建设为主要内容，加强现代航运金融服务、航运信息服务的培育发展，支持海洋信息服务业发展。积极打造滨海精品旅游线路，深化滨海旅游管理体制改革，争取实施更开放、更便利的出入境管理政策
2016.4	《浙江省海洋港口发展"十三五"规划》	积极发展港航物流业。依托专业化集装箱泊位和港口信息系统，优化"港口作业区+集装箱处理中心"的物流模式，提升集装箱物流服务效率。培育发展航运服务业，重点扶持发展港航物流、船舶交易、船舶管理、航运经纪、航运咨询、船舶技术等航运服务业，拓展产业链和服务功能。积极发展海洋港口旅游业，构建海洋旅游线路品牌，积极有序发展游艇旅游产业，合理布局游艇服务基地，完善游艇基地休闲度假配套设施

续表

时间	政策名称	相关内容
2017.11	《浙江省人民政府关于加快建设海洋强省国际强港的若干意见》	大力发展现代海洋产业，培育建成一批现代海洋产业功能区，高水平培育建设港航物流、滨海旅游、高端航运服务、海洋信息与科创服务、海洋清洁能源等一批海洋特色产业功能区块，为浙江海洋产业集聚发展提供空间支撑。推动形成"一核两带三海"的空间布局，争取设立国家级宁波"一带一路"建设综合试验区，不断提高其对海洋强省建设的引领力
2021.6	《浙江省海洋经济发展"十四五"规划》	构建"一环"引领、"一城"驱动、"四带"支撑、"多联"融合的全省全域陆海统筹发展新格局。充分发挥宁波国际港口城市优势，坚持海洋港口、产业、城市一体化推进，支撑打造世界级临港产业集群。建设千亿级现代港航物流服务业集群，培育壮大江海联运、海河联运、海铁联运业务，以宁波舟山港为中心，拓展与长江经济带重要港口、产业园区的合作。打造千亿级滨海文旅休闲业集群，放大宁波、温州、舟山海上丝绸之路文化遗址价值，策划海洋民俗、海上丝绸之路文化、海防文化等主题展览，全面建成中国海洋海岛旅游强省
2021.12	《浙江省海洋旅游发展行动计划（2021—2025）》	夯实发展动能，壮大海洋旅游产业新集群。提升海洋旅游优质供给，打造海洋旅游核心吸引物，提升海洋观光游览水平，推进滨海休闲假发展，推进自贸区旅游发展。推进海洋文旅深度融合，开展文旅资源普查，推进文化基因解码。提高海洋旅游运营能力，探索海岛公园连锁化、品牌化运营模式，强化休闲渔船管理。提升服务品质，打造海洋公共服务新体系，重点围绕生态海岸带建设，加快交通等基础设施建设，健全旅游公共服务体系，为海洋旅游发展提供有力支撑

建设现代港航服务高地。第一，打造航运服务新载体。浙江高度重视大宗商品交易平台建设，以打造价格信息中心和区域价格形成中心为目标，在大力支持现货交易模式创新的同时，稳步推进供应链金融服务体系、风险管

理体系等的建立健全,并且,以本土船舶交易市场为基础,着力构建集船舶产权交易、船舶拍卖、船舶评估等功能于一体的产业链,不断巩固扩展在国内市场的优势地位。第二,推动航运服务要素集聚。浙江以宁波和舟山为着眼点,一方面,主动邀请境内外知名航运金融企业以设立分支机构的形式入驻,发展航运融资、信托、投资、保险等金融业务,以满足日趋多样化的航运服务需要;另一方面,聚焦国际海事服务产业的做强做优,在大力发展燃油、淡水、物资等船供补给服务的同时,持续完善评估、检测、信息、法务等配套服务功能,稳步增强国际航行船舶保税燃油供应和结算服务的便捷高效性。第三,加速港口集疏运体系建设。浙江以宁波舟山港为龙头,依托全省四大交通走廊,统筹发展铁路、公路、管道、航空、内河等各种运输方式,不断加强港口与铁路、公路、内河水运等枢纽的有机连接,持续推进多式联运装备研发和标准体系建设;通过完善江海、海铁、海河、海公等多式联运体系,有效解决港口集疏运节点功能不强和"断头路"问题,稳步推进港口集疏运一体化发展。

打造海洋旅游强省。第一,优化发展布局。浙江明确提出,将以建成人海和谐共生、产业活力迸发、人民幸福美满的海洋旅游强省为发展目标,着力构建"一带统领,四极辐射,六湾协同,十岛带动"的空间布局,形成滨海为基、近海支撑、中远海拓展的陆海一体新格局。第二,夯实发展动能。浙江聚焦于海洋旅游供给体系和世界级滨海旅游产业集群的培育,一方面,深入开展对海洋自然、文化资源的挖掘利用,以海洋博物馆、"海丝"文化主题展览等为发力点,高水平打造海洋文旅目的地;另一方面,不断丰富海洋旅游产品供给,大力开发邮轮游艇、海岛度假、海洋探险等高端旅游业态,持续推进"诗画浙江·海上花园"统一旅游品牌的塑造。第三,提升服务品质。为支撑海洋旅游高质量发展,浙江着眼于生态海岸带建设,在优化海洋空间资源保护利用的同时,健全完善陆海污染防治体系,并通过加快交通基础设施建设、优化旅游公共服务内容、强化海洋旅游安全监管等积极举措,稳步打造海洋公共服务新体系。

四、福建省

作为拥有 13.6 万平方千米海域面积、逾 3700 千米海岸线、125 处大小港湾的海洋大省,福建立足自身优势、瞄准目标定位、深挖发展潜力,锚定打造更高水平的"海上福建",积极推动海洋经济的持续稳定健康发展。经过长期实践探索,福建在耕耘海洋方面取得了一系列标志性成果,同时,也对薄弱环节有了清晰准确的把握，相关文件明确指出，发展滞后的海洋第三产业阻碍了蓝色经济向更高层次更高水平迈进，即海洋信息、滨海旅游、涉海金融等服务业发展水平相对较低，制约了现代海洋产业体系的构建，同时，海洋科技自主创新能力存在多重短板，难以为"海上福建"迈上新台阶提供有力支撑。

　　为做大做强做优海洋经济、稳步推进海洋强省建设目标，福建基于海洋、海湾、海岛、海峡、"海丝"赋予的巨大潜力，聚焦发展布局的持续优化、产业质效的全面提升、科创动力的加速释放，出台了一系列政策规划（详见表6-4），以期推动海洋旅游、港运物流、海洋文创、海洋科研教育等的苗壮成长。由于篇幅限制，本节仅对 3 个具有代表性的海洋产业进行简要概述。针对海洋旅游，提升发展沿海城市蓝色旅游带。福建聚焦两大海洋旅游产业集群建设，在积极培育航海运动、亲海住宿、海岛度假、休闲垂钓等海洋旅游新产品、新业态的同时，以"鲈鱼节""开渔节""海钓大赛"等特色渔业节庆和赛事活动为突破点，不断推动水产养殖业、捕捞业与海洋旅游业的深度融合。针对港航物流，加快航运物流服务规模化、专业化、标准化发展步伐。福建以做大做强航运企业、拓深拓宽腹地空间为发力点，在吸引境内外航运龙头企业落户，推动本土企业扩张规模、增加运力、转型升级的同时，通过构建物流合作平台、完善江海联运体系等积极举措，不断夯实陆向腹地基础。此外，福建高度重视港航服务要素的集聚和口岸营商环境的优化，一方面，大力支持大宗商品电子交易平台、航运交易信息共享服务平台建设，以及海洋金融、航运保险、海事审计与资产评估等新业态的培育引进；另一方面，以"单一窗口"功能覆盖海运和贸易全链条为目标，深入推进全省沿海港口通关一体化、便利化改革。针对海洋文创，打造海洋文化创意产业发展新高地。福建以妈祖文化、"海丝"文化、郑和航海文化等特色海洋文化资源为依托，以文艺创作、影视制作、动漫游戏、数字传媒等为抓手，大力实施海洋文化精品工程和品牌战略，在积极推动福州闽越水镇、莆田两岸文创部落、厦门沙坡尾渔人码头等海洋文创产业园区发展的同时，着力建设世界妈祖文化交流中心、中国海上丝绸之路博物馆、马尾中国船政文化城等集海洋科普、教育和研学于一体的大型公共文化设施。

表6-4 福建推动海洋第三产业高质量发展的积极举措

时间	政策名称	相关内容
2012.8	《中共福建省委、福建省人民政府关于加快海洋经济发展的若干意见》	加强陆海统筹，围绕科学开发利用海峡、海湾、海岛三大优势资源，着力构建"一带、双核、六湾、多岛"的海洋开发格局；打造海峡蓝色产业带，加快建设具有较强竞争力的六大海洋经济密集区，有效利用海岛资源，实现岛屿开发多样化、功能化
2012.9	《福建省现代海洋服务业发展规划》	大力发展海洋旅游业，深化闽台海洋旅游合作，积极发展海洋蓝色旅游，实现海洋旅游业的可持续发展；提升发展港口物流业，实施"大港口、大通道、大物流"发展战略，完善港口规划，建立健全现代港口集疏运体系；培育发展海洋文化与创意产业，充分发掘妈祖文化、船政文化、海丝文化等特色海洋文化内涵，推进海洋文化与海洋经济的结合
2016.6	《福建省"十三五"海洋强省建设专项规划》	推动现代海洋服务业高端化发展，加快发展海洋旅游业、港口物流业、涉海金融服务业、海洋文化创意产业、海洋信息服务业，推进海洋第三产业转型升级，促进海洋第一、二、三产业深度融合，提高海洋经济发展的质量和效益
2021.5	《加快建设"海上福建"推进海洋经济高质量发展三年行动方案（2021—2023年）》	促进海洋信息产业实现倍增，构建海洋信息通信"一网一中心"，培育海洋信息服务与设备制造业；做大做强东南国际航运中心，建设世界一流现代化智慧港口；打造国际滨海旅游目的地，积极发展邮轮产业，建设休闲度假旅游岛，培育海洋旅游精品
2021.12	《福建省"十四五"海洋强省建设专项规划》	持续优化海洋强省战略空间布局，坚持"海岸—海湾—海岛"全方位布局，进一步优化"一带两核六湾多岛"的海洋经济发展总体格局；高质量构建现代海洋第三产业体系，提升滨海旅游、航运物流、海洋文化创意、涉海金融四大海洋服务业，构建富有竞争力的现代海洋第三产业体系

第二节 发展成效

经过长期探索实践，东海三省一市在海洋第三产业高质量发展方面取得了显著成效，不仅实现了规模的快速增长、潜力的持续释放，还推动了传统产业的转型升级和新兴产业的培育壮大。其中，海洋交通运输能力显著增强，促进对外开放水平和供应链现代化水平的全面提升，进一步畅通国民经济大动脉；海洋旅游活力竞相迸发，在引领滨海湾区投资消费热潮的同时，充分释放"一业兴、百业旺"的乘数效应，创造更多就业创业机会；海洋科研教育管理服务实现稳步发展，助力创新人才自主培育、灾害风险有效防范、生态环境科学治理、生产要素有序流动以及经济效率持续提高。本节将在总体分析的基础上，进一步聚焦休闲旅游、航运服务、科研教育等兼具代表性和影响力的海洋第三产业，深入探究东海三省一市的新进展、新成效、新突破、新气象，以期为后续研究奠定坚实基础。

一、海洋第三产业领航发展

在海洋强国建设背景下，中央和地方高度重视海洋资源的科学开发和有序利用，东海三省一市作为经济增长领头雁、蓝色国土耕耘者，聚焦海洋现代服务业水平提升，出台了一系列支持政策，大力推动海洋第三产业的持续稳定健康发展。本节通过查询《中国海洋经济统计年鉴》，搜集并整理苏浙沪闽海洋第三产业的相关数据，以全面清晰地反映东海省市的建设成就和引领地位。

根据表6-5可知，三省一市的海洋第三产业增加值在2006—2020年间迅速提高，由4590亿元飙升至21705亿元，年均增长率超10%，与此同时，其占海洋生产总值比重也从50%稳步升抵60%，发展重要性得到充分彰显，此外，东海省市海洋第三产业占全国比重在15年间始终维持在40%以上，这不仅反映苏浙沪闽领衔发展的澎湃之势，也进一步凸显其蕴含的巨大潜力与增长空间。分省来看，已连续4次进入"全球海洋中心城市"前10名的上海展现出了强劲活力，依托已基本成形的"两核三带多点"海洋产业布局，大步发展以港航物流、滨海旅游、海洋金融为代表的现代海洋服务业，稳居区域乃至世界的第一梯队；作为后来者居上的典范，福建海洋第三产业年均增长率达15%，明显高于苏浙沪及全国平均水平，其不仅在经济总量上成功赶超上海，质量和效益也再迈新台阶、再上新水平，海洋资源开发和产业布局的持续优化以及"一带两核六湾多岛"发展格局的稳步构建正逐渐将"海上福建"的宏伟蓝图变成美好现实；依海而生的浙江与江苏在滨海文旅、船舶运输、港运服务等领域亦取得了举世瞩目的成就，在经济总量保持平稳较快发展的同时，新动能不断激发、新业态持续涌现，虽然由于疫情导致增长放缓，但长期向好的基本面并未改变，韧性强、潜力大、活力足的优势在磨砺中越发巩固。

坐拥得天独厚海洋资源优势的东海三省一市，立足于产业特色和功能定位，以绿色发展理念为引领，以"向海图强谱新篇"为己任，聚焦高质量发展"蓝色引擎"的打造，积极推动海洋第三产业实现质的有效提升和量的合理增长，经过长期实践探索，苏浙沪闽均交出了漂亮的成绩单，充分发挥了海洋现代服务业巩固壮大蓝色经济的支撑作用。

表6-5 东海三省一市海洋第三产业发展水平

年份	海洋第三产业增加值（亿元）					海洋第三产业占比（%）				
	东海	江苏	上海	浙江	福建	东海	江苏	上海	浙江	福建
2006	4590	675	2061	983	873	51.7	52.4	51.7	52.9	50.1
2007	5616	919	2357	1181	1159	52.3	49.1	54.5	52.6	50.6
2008	6385	1060	2665	1321	1339	52.0	50.1	55.6	49.4	49.8
2009	6802	1145	2540	1595	1522	50.3	42.1	60.4	47.0	47.5
2010	8219	1461	3161	1834	1763	50.3	41.2	60.5	47.2	47.9
2011	9459	1821	3418	2164	2057	50.6	42.8	60.8	47.7	48.0
2012	10405	2063	3694	2397	2251	51.8	43.7	62.1	48.4	50.2
2013	11420	2264	3984	2622	2551	53.1	46.0	63.2	49.9	50.7
2014	12551	2379	3966	3006	3200	54.0	42.6	63.3	55.3	53.5
2015	14268	2621	4319	3390	3937	55.0	43.0	63.9	56.4	55.6
2016	16138	2882	4888	3806	4562	56.3	43.6	65.5	57.7	57.0
2017	18890	3329	5635	4320	5606	59.3	48.0	66.3	61.4	59.7
2018	21082	3627	6177	4761	6516	60.4	48.0	67.7	63.3	61.1
2019	23158	3609	7197	5232	7120	61.4	46.7	69.2	63.9	62.4
2020	21705	3770	6307	5222	6406	60.0	45.9	69.5	62.0	61.2

二、海洋旅游行稳致远

在各级政府的统筹规划与大力扶持下，东海三省一市海岸线蜿蜒绵长、管辖海域辽阔广袤、海洋资源丰富多样的发展优势得到进一步发挥，蓬勃兴起的海洋旅游产业不仅在海洋经济中占据举足轻重的地位，还不断释放综合带动效应，为区域经济振兴注入强大活力。海洋旅游发展成效可概括为以下两个方面：

一是支撑海洋经济平稳健康运行。在"十二五"与"十三五"期间，东海三省一市海洋旅游业产值总体呈稳步增长态势，表现出了强劲发展势头，并成功领跑海洋经济。同时，新亮点也在此过程中不断涌现，如在浙江蓬勃兴起的海岛旅游，浙江海岛地区在2018年接待游客就已接近1亿人次，实现海岛旅游收入超1500亿元，带动17%的群众参与产业共建发展。又比如上海日益壮大的邮轮旅游，据测算，预计在2035年，上海邮轮经济直接贡献可达1258亿元，加上间接贡献及衍生贡献可达到2000亿元。海洋旅游的方兴未艾表明其已成为建设海洋生态文明、实现兴海富民以及推动海洋经济发展的重要增长点。虽然由于疫情冲击，游客出行意愿骤降、半径缩短、数量锐减，导致邮轮游艇、海上运动、海岛度假等业态发展陷入停滞，但海洋旅游业对海洋经济增长的贡献依然突出，长期向好的基本面和大趋势没有改变。并且随着国家"双循环"发展战略的提出，海洋旅游市场复苏与振兴的步伐将明显加快，持续提升的经济效益将进一步巩固海洋旅游的主导地位。

二是激发沿海城市消费投资活力。在新冠疫情防控背景下，国内旅游市场遭受重创，但海洋旅游却异军突起，2020年滨海旅游业增加值占全国旅游行业总收入的比重一度达到62%，2021年虽然出现小幅下滑，但依然坐拥中国旅游市场的"半壁江山"。从城市来看，上海、杭州、厦门、宁波、福州等九大滨海旅游城市（大部分来自东海三省一市）2021年共完成国内旅游收入14913亿元，占全国旅游行业总收入的51%。这表明越来越多的国内游客将海洋旅游作为出游首选，而游客向上海、宁波、厦门等沿海城市的集聚势必刺激当地消费市场复苏，加快海洋旅游与第一、二、三产业的融合步伐，在促进新产品、新业态涌现的同时，推动消费市场规模的扩大。并且，海洋旅游的繁荣将有效拉动地区投资增长，通过重大项目牵引和政府投资撬动，吸引大量民间资本涌入基础设施建设、购物餐饮娱乐、装备用品制造等领域，这不仅有助于海洋旅游资源的开发，更有利于旅游业综合带动效应的发挥，助力"稳就业、保民生、促发展"目标的稳步实现。

三、海洋港航提质增效

在双循环新发展格局下，以宁波舟山港、上海港、苏州港为引领的东海区港口积极拓展现代服务功能，通过构建定位明确、层次分明、布局合理、配套协调的服务体系，持续提升其在全球航运网络中的核心节点地位，在加快打造互联互通国际物流大通道的基础上，稳步推动"陆海内外联动、东西双向互济"开放格局的形成。本节从核心层、辅助层、支持层3个维度出发①，以兼具典型性和影响力的宁波舟山港和上海港为例，通过深入分析其取得的建设成效，进一步反映东海三省一市在海洋第三产业高质量发展方面的长足进步。

宁波舟山港是国家综合运输体系的重要枢纽，是服务长江经济带、建设舟山江海联运服务中心的核心载体②。经过多年发展，宁波舟山港的港航服务体系、服务要素及服务功能已基本健全，根据港航服务涵盖领域，其发展成效可概括为以下3个方面：一是主业蓬勃发展。2022年，宁波舟山港货物吞吐量超过12.5亿吨，连续14年保持全球首位，集装箱吞吐量达3335万标箱，连续5年居世界第三，与此同时，运力规模大幅提升，根据《宁波市港航发展"十四五"规划》，船舶总运力指标在"十三五"期间突破1000万载重吨，占全省、全国沿海总运力比重分别达到40%和12%以上，且有4家企业沿海船舶运力跻身全国前二十，1家进入全国集装箱运力前十。二是辅助业稳中有进。浙江船舶交易市场（宁波舟山港集团下属全资子公司）推出集船舶产权交易、拍卖、评估、进出口代理等一条龙服务，五年累计交易量达235.6亿元，年均增长13.3%，船舶拍卖成交额也由0.35亿元（2015年）飙升至17.9亿元（2021年），成功占据国内1/3的船舶交易市场份额③。三是衍生业苗壮成长。宁波航运交易所率先推出衡量国际航运和贸易市场行情的海上丝路指数，并从集装箱向贸易、气象等领域不断延伸，包括16+1贸易指数（CCTI）、航运气象指数（SMI）和宁波航运经济指数（NSEI）等。此外，宁波舟山港集团承办的"海丝港口国际合作论坛"呈多元化、国际化、专业化

---

① 叶士琳，曹有挥. 地理学视角下的港航服务业研究进展 [J]. 经济地理，2018，38 (11)：150-157.

② 交通运输部和浙江省人民政府联合批复《宁波—舟山港总体规划（2014—2030年）》（交规划函〔2016〕854号）（http：//xxgk. zhoushan. gov. cn/art/2016/12/5/art_ 1229295484_ 3631282. html）

③ 陈俊杰，凌旻. 宁波舟山港深耕航运服务业 [N]. 中国水运报，2022-09-23（005）.

发展趋势，目前已吸引 40 多个国家和地区的 200 多家单位、逾 2500 人次的代表参会，累计安排合作会议 160 多场，安排合作与投资协议签署 20 多项①。

根据《新华·波罗的海国际航运中心发展指数报告》，上海国际航运中心的领先地位在近年来不断巩固，已连续 3 年位居中国第一、全球第三。本节将从构成要素视角切入，通过梳理上海港港航主业、辅助业及衍生服务业的发展水平，结合《上海国际航运中心建设"十四五"规划》，系统分析其取得的突出成果。第一，枢纽能级提升。2021 年，疫情造成的"世纪拥堵"致使全球港口裹足不前，但上海港却"逆流而上"，交出了一份满意答卷，其集装箱吞吐量于当年突破 4700 万标箱，同比增长 8.1%，在开局之年提前完成"十四五"目标。并且，上海港在口岸通关无纸化、集装箱码头自动化、江海联运一体化等方面也实现了新突破，稳步推进海港物流体系的智慧协同高效。第二，资源要素集聚。上海已发展形成七大航运服务集聚区，航运资源要素不断集聚。如北外滩、陆家嘴—洋泾地区以航运总部经济为特色，集聚各类航运市场主体；洋山—临港、外高桥地区以港口物流和保税物流为重点，成为现代航运物流示范区；吴淞口地区则初步形成邮轮产业链，建设国内首个国际邮轮产业园。第三，服务功能完善。在航运保险方面，上海船舶险和货运险业务总量全国占比近 1/4，国际市场份额仅次于伦敦和新加坡；在海事仲裁方面，上海海事法院和海事仲裁服务机构共同打造国际海事司法上海基地，海事仲裁服务全国领先；在航运信息方面，上海航运交易所发布的中国出口集装箱运价指数（CCFI）、中国沿海煤炭运价指数（CBCFI）得到广泛认可，基于"中国航运数据库""港航大数据实验室"的应用项目有序实施。

四、海洋科教持续进步

海洋科教水平的持续进步不仅为产业结构的转型升级、空间布局的拓展优化、经济质效的齐头并进提供有力的技术支持，更有助于破解资源环境瓶颈约束，通过提高资源利用效率、增强污染防治水平，促进保护治理与开发利用的和谐统一，为生态效益与经济价值的统筹兼顾奠定扎实的基础。东海三省一市均高度重视海洋科研教育在"深耕蓝色国土，建设海洋强省"上的战略性支撑作用，聚焦"科教兴海"战略出台了一系列针对性政策进行重点扶持，并在"补短板、挖潜力、增优势"等方面取得了积极进展。本节将分

---

① 王肖丰，洪宇翔，唐伟耀. 携手构建全球港航命运共同体 [N]. 中国交通报，2021-10-22 (008).

别对苏浙沪闽的海洋科教创新成果进行归纳分析，以清晰反映东海省市在该领域的突出优势。

江苏省。在"十三五"期间，江苏海洋大学成立，全省设置海洋学院的高校增至8所，与此同时，江苏着眼于海洋遥感、深海探测、海洋药物等前沿领域，相继组建多个省级和国家级重点实验室（如"深海技术科学太湖实验室"），并持续加强海洋重点领域的科技创新平台构建，不断强化"海洋装备"和"海洋生物"两大联盟的支撑作用。此外，江苏研发的"奋斗者"号全海深载人潜水器创造中国载人深潜新纪录，"蛟龙"号载人潜水器获得国家科学技术进步一等奖。

上海市。"十三五"以来，上海海洋科研投入持续增加，据不完全统计，仅科技主管部门支持海洋领域研发经费就已近3亿元，目前，上海已成为全国船舶海工研发设计中心，是我国船舶与海洋工程装备产业综合技术水平和实力最强的地区之一，拥有国家重点实验室4家、国家工程技术研究中心2家、市级重点实验室和工程技术研究中心20余家，并聘请两院院士6人，通过启明星项目、学科带头人计划等资助青年科技人才40余人，不断夯实海洋科技创新基础。

浙江省。浙江海洋科教创新能力在"十三五"期间进一步增强。以温州和宁波为例，温州紧紧抓住了国家自主创新示范区创建的战略机遇，以环大罗山科创走廊为核心，海洋科创平台建设取得重大突破，并依托国科大温州研究院、浙江大学温州研究院等校地合作平台，稳步构建海洋产业全链条式成果转化模式；宁波经过长期耕耘，目前已设立中国科学院宁波材料所、宁波大学、宁波海洋研究院、中电科（宁波）海洋电子研究院等18家涉海科研机构，拥有3家国家企业技术中心、15家省级重点实验室和工程技术中心以及20家市级认定企业技术中心。

福建省。福建在扎实推进自然资源部海洋三所、福建省水产研究所、厦门南方海洋研究中心等重大创新载体建设的同时，积极打造福建省海洋生物资源综合利用行业技术开发基地、福建省卫星海洋遥感与通讯工程研究中心等高水平创新平台，并通过对涉海科技力量和创新资源的有效整合，促进390余项海洋技术成果成功对接，以及一批关键共性技术瓶颈的有效突破（共有12项成果荣获国家技术发明奖或海洋行业科技奖）。此外，福建组织实施海洋科技成果转化与产业化示范项目300多项，以提升科技成果转化率为破局点，大力推动海洋战略性新兴产业提质增效。

第三节 现实困境

经过社会各界的共同努力，东海三省一市海洋第三产业的总体规模稳步扩张、内部结构持续优化、经济效益显著提升，但价值链层次偏低、资源环境约束加剧、全球竞争力不足等深层次问题也随着海洋事业的纵深发展而不断凸显，在内外压力交织、风险机遇共存的大背景下，有必要对东海海洋第三产业面临的现实困境进行系统梳理，在充分认识短板与不足的同时，厘清目标、路径与任务，加快由海洋大国迈向海洋强国的坚实步伐。本节首先基于宏观视角，客观审视海洋第三产业遭遇的内外压力，切实分析东海区存在的薄弱环节，在此基础上，本节将以滨海旅游、港航服务、海洋科教等重点产业为切入点，深入探讨东海省市亟须解决的关键问题与亟待突破的核心瓶颈，进而为新时期新阶段指明前进的道路与方向。

一、内外压力同步交织

外部环境的复杂多变带来不确定性。当今世界正经历百年未有之大变局，国际经济、科技、文化、安全、政治等格局都在发生深刻调整。全球经济增长放缓与贸易保护主义叠加使"逆全球化"倾向凸显，严重影响海洋经贸格局的多元稳定及经济活动的有序开展，新冠疫情肆虐、俄乌冲突升级、瑞信银行暴雷等"黑天鹅""灰犀牛"事件的频频发生则使矛盾进一步激化，不仅导致海洋航运和海事活动的频次和强度明显下降，还对海洋旅游的发展壮大、海洋科教的交流合作等造成剧烈冲击。以上海为例，作为全国首屈一指的滨海旅游城市，其滨海旅游业产值在2021年仅有1500亿元，相较于2019年的2309亿元，跌幅超过35%，境内外来沪旅游人数也分别从2019年的36141万人次和897.23万人次下降至2021年的29382万人次和103.29万人次。

海洋资源粗放开发的隐患逐渐暴露①。一是海洋生态系统退化，资源环境约束加剧。根据《2021年中国海洋生态环境状况公报》，东海区劣四类水质海域面积、富营养化海域面积、赤潮灾害面积等均显著高于其他海区。长期高强度的捕捞开发、水体污染和围填海活动导致海洋生态环境遭受重大损害，

---

① 赵昕. 海洋经济发展现状、挑战及趋势 [J]. 人民论坛, 2022 (18): 80-83.

海域水质持续恶化、渔业资源不断衰退、生物多样性明显下降等现实问题日益凸显，严重阻碍了东海省市海岛度假、海上运动、观光游览、休闲垂钓等业态的持续健康发展。二是用海矛盾问题持续存在，海洋空间资源趋紧。在一些海洋产业聚集区，各产业竞争性、粗放性地抢占和使用岸线，生产、生活与生态空间缺乏统筹协调，造成港城矛盾凸显、亲水空间缺乏、生态空间受损等一系列问题。如在浙江宁波，海洋资源过度利用与开发不全面现象并存，低效工业和港口占据大部分岸线，港口发展后劲不足，同时，海洋产业集聚区高投入、高消耗、高排放的增长模式，引起局部海域生态环境压力增大，导致海洋资源价值难以充分实现。

涉海优质资源要素的争夺日益激烈。党的十八大以来，沿海省市高度重视海洋在区域经济发展中的引擎作用，以建设海洋强省为目标，立足自身优势和特色，相继出台了一系列海洋经济发展规划，聚焦新一轮科技革命和产业变革的蓬勃兴起，以海洋旅游业、海洋金融业、海洋信息业、海洋高新科技产业等为发力点，围绕涉海创新资源要素展开激烈竞争，如上海、青岛、深圳、宁波、厦门等滨海城市纷纷布局海洋中心城市建设，以打造海洋新兴产业领航区，抢占海洋科技创新制高点为中心，多管齐下，多措并举，大力吸引海洋创新资源向核心板块加速集聚，着力推动港口航运枢纽功能、海洋科技创新功能等的稳步提升。在此背景下，东海三省一市集聚涉海优质要素将面临更强的竞争压力，虽然相较于辽宁、天津、广西等地，苏浙沪闽处于明显领先地位，但其与山东、广东等强省的差距依然突出，创新企业较少、人才储备不足、产业结构失衡等亟待弥补的发展短板限制了东海省市对涉海优质资源的获取与利用。如根据《中国海洋经济统计年鉴》，在 R&D 人员方面，广东 2020 年达 8923 人，居于全国首位，浙江同期仅有 1549 人，福建甚至只有 821 人；在 R&D 经费方面，上海作为东海省市的领头羊，在基础研究领域的投入也仅有 75136 万元，远少于山东的 106429 万元和广东的 183165 万元。

二、海洋旅游粗放低效

在海洋强国已经上升为国家战略的大背景下，东海三省一市积极响应中央的统筹规划，推动东海海洋旅游业协同发展，依托丰富的海洋旅游资源大力开发形式多样的海洋旅游产品，随着海洋旅游开发模式的日趋成熟，区域海洋旅游产品竞争力稳步提升，但深层次问题也在海洋旅游高质量发展的过程中逐渐凸显。本节从海洋旅游业的发展模式、产品特色、生态保护 3 方面分析东海文化旅游产业发展面临的问题。第一，挖掘不深、开发不足，有待构建系统化、精细化的发展模式。东海省市的海洋旅游尚未形成系统科学的前瞻性发展专项规划，旅游资源的开发利用仍处于粗放发展阶段，岛屿、海湾、滩涂等优势资源尚未转化为海洋旅游市场新增长点。以浙江舟山群岛为例，受特殊地理区位影响，已开发景点大多为点状分布，诸如嵊泗列岛、岱山岛、桃花岛、普陀山等岛屿没有串联成线或面，景区、景点建设缺乏相互协调，资源开发的整体性不强。此外，舟山市以海洋和海岛为中心的旅游开发依然处于起步阶段，基础设施建设滞后，海上观光线路和游船旅游项目无法满足游客的多样化需求，难以形成产业规模和产品优势；公共服务供给不足，如遇台风等恶劣天气，或逢假期顶峰期，便会严重影响游客的正常活动，无法支撑高质量的海洋旅游体验。第二，业态不足，特色不显，有待打造差异化、深度化的旅游产品。东海三省一市海洋旅游产业发展前景广阔，但滨海旅游城市仍以传统观光游为核心开发旅游产品，即以沙滩、海岛、海湾景观为主打造风景趋同的度假区、度假村，缺乏对资源内涵的深层次挖掘，未根据经济区位条件、资源空间组合、目标客源市场等客观因素，对海洋旅游产品进行创新设计和整体优化。如江苏省连岛、秦山岛等海洋旅游景点，以游船观光、渔家乐、海鲜美食和海滨浴场等开发层次较低的旅游项目为主要卖点，结构单一、价值创造能力不强、资源依赖性明显等现实问题相对突出，难以推动历史文化、民风民俗等地方特色与海洋旅游有机融合，难以打造对游客具有长久吸引力的旅游龙头产品和精品工程，难以通过延长游客逗留时间进一步提高旅游经济效益。第三，保护不足、体系不全，有待建立全方位、可持续的生态保护。沿海城市在推进海洋旅游资源开发时，普遍缺少可持续的发展战略规划，粗放的利用与无序的扩张往往造成海洋旅游资源及其周围生态环境的严重破坏，虽然国家高度重视海洋生态文明建设，明确指出应形成并维护人与海洋的和谐关系，但在经济利益的驱动下，地方政府和企业会倾向于忽视海洋经济客观规律，盲目地进行探索式、粗放式的开发，导致大量珍贵稀缺的海洋旅游资源受到损害。面对海洋旅游开发与海洋环境保护之间突出尖锐的矛盾，亟待构建全方位、可持续的海洋生态保护体系，在避免海洋旅游资源过度利用、遏制海洋生态资源衰退趋势的基础上，稳步推进海洋旅游高质量发展。

三、港航服务发展滞后

"十四五"期间，以宁波舟山港、上海港、苏州港为代表的东海区港口航运资源配置能力显著上升，航运竞争力明显增强，航运交易、航运金融保险、航运法律信息服务等现代航运服务体系不断健全，海洋交通运输业发展取得重大进步。然而，东海区港航服务业仍存在诸如航运辐射能力偏弱、企业主体实力不强等问题，本节以宁波舟山港和上海港为例，分析其在港口航运服务业存在的短板，进一步反映东海三省一市在海洋第三产业发展中遇到的问题。

宁波舟山港已成为世界重要的集装箱远洋干线港、铁矿石中转基地和原油转运基地，但其仍面临"大港小航"的发展困境，港航服务业的价值量和含金量较低，航运金融、保险、流通加工等衍生的中高端服务未建立完整的市场体系，与伦敦、上海、鹿特丹等先进港口存在较大差距。宁波舟山港发展短板表现为以下 3 个方面：一是港航服务业产业规模较小。宁波港航服务业短板明显，特别是国际物流、航运金融保险、海事法律和船舶供应服务缺乏核心优势。从产业增加值看，宁波港航服务业增加值占全市服务业增加值和 GDP 的比重均较低，金融、信息、教育等领域专业化的生产性服务业发展滞后、供给不足，制约了宁波作为国际大港所应有的高端航运服务业发展水平；从收入结构看①，世界强港的港口收入主要来源于高端航运服务业，而宁波舟山港 70%收入来自综合物流和港口装卸业务，此外，在国际船舶管理企业、航运经纪企业、航运保险企业数量方面，宁波也与上海相差很大。二是港航服务辐射能力偏弱。宁波舟山港高度依赖公路集疏运，港口集装箱海铁联运占比仅有 3.84%，远低于世界级大港平均水平，港口集疏运体系结构严重失衡，导致宁波舟山港港口集疏运枢纽功能难以随吞吐量增长形成规模效应；宁波舟山港内港航服务企业多为本地企业，缺乏同时具有国内国际影响力的航运服务机构，进一步制约了宁波舟山港的港航服务辐射能力。三是港航服务保障体制有待完善。与伦敦、鹿特丹等相比，宁波舟山港受发展起步晚、人才引进机制不成熟、城市行政等级等限制，港航服务保障机制有待完善，配套法律不健全，航运人才保障机制不能满足需求，亟待有针对性地完善港航服务业相关体制机制，改善港航服务发展的配套保障体系，扩大港航服务要素集聚效应。

近年来，上海港围绕保障全球产业链供应链畅通，积极完善物流体系，全力提升物流供应链保障能力，不断巩固提升海空枢纽地位，推动上海港集装箱提高吞吐能力。然而，上海港航运服务业当前依旧存在较多问题。一是

---

① 陈坚，陈博. 宁波破解"大港小航"窘境的对策建议［J］. 宁波经济（三江论坛），2021（05）：20-22.

航运服务和治理能力不足。新冠疫情的全球蔓延严重冲击了国际海运的正常秩序，导致船期延误与港口拥堵，伴随而来的缺箱严重、提箱难、落箱难等一系列"顽疾"使整体形势进一步恶化，国际物流供应不畅、船舶运行效率下降、航运企业成本激增等问题的日益凸显，深刻反映了上海港航运服务及治理水平的现实短板。二是海陆运输联动发展不足。上海港作为世界级大港，部分集装箱港区未实现合理布局和集中发展，海运吞吐量增长优势并未带动城市陆运能力增强，加之开港时间的限制，造成港口出货效率低下，难以满足企业日益增长的出货需求，同时国内成品油价格持续上涨加剧了车辆运营成本，使港口陆运几乎无利可图。三是人力资源匮乏。上海港一直以来便存在集卡司机缺乏问题，集卡司机老龄化与青年司机不愿意升级驾照的矛盾突出，集卡司机缺乏引起港口物流企业被迫提高工资待遇招纳员工，加剧了企业成本支出。

四、海洋科教投入不足

东海海洋科教产业发展前景广阔，但囿于研发资金短缺、人才储备不足等因素，未能充分发挥支撑、驱动和引领作用，难以有力推动海洋经济平稳健康运行。根据《海洋经济统计年鉴》，相较于山东、广东等沿海强省，东海三省一市的海洋科研机构 R&D 经费投入明显不足。以 2020 年为例，浙江和福建的海洋科研机构 R&D 经费投入分别为 47652 万元和 34631 万元，而山东和广东已达到 117508 万元和 229835 万元，科研经费投入的差距逐年扩大，而在人才投入方面，浙江与福建同期的海洋开发机构 R&D 人员数仅为 1549 人和 821 人，显著低于山东（7750 人）和广东（8923 人），并且增长速度缓慢。本节将分别对苏浙沪闽的海洋科教服务管理存在的问题进行归纳分析，以清晰地反映东海省市在该领域的短板和不足。

江苏省。江苏海洋科研教育管理服务业主要存在以下 3 方面短板：一是缺少专项资金支持，海洋科学技术的基础与应用研究得不到持续的资金保障，多数科技兴海项目资金来自政府拨款，企业自筹资金比重小，迫使海洋科研工作更具近利性，科研项目仍以生产性活动为主，缺乏自主创新应用研究；二是海洋教育水平不足，江苏省高校中具体设立海洋专业的高校较少，以江苏海洋大学为例，海洋科技专业以本科和大专生教育为主，学科高层次人才数量较少，海洋专业的研究生教育综合影响力不强，海洋科研学科发展潜力有待提高；三是海洋科研平台功能单一，科技产业化能力薄弱，由于资金短缺和急于求成等原因，海洋科研成果转化项目缺乏长效的利益驱动机制，难以达到预期效果，引起产学研三者严重脱节，科研成果转化困难。

上海市。上海作为我国最大的沿海城市，始终把建设海洋经济强市作为经济发展转型的新增长点。近年来，上海不断重视海洋科研机构建设和海洋高层次人才培养，但是在发展海洋科研管理方面仍存在不足：一是海洋管理和科技力量分散，上海市海洋综合规划由发改委负责制定，产业布局和科技发展布局则由其他部门分管，虽然在推动海洋科技创新和产业发展方面取得一定成果，但涉海部门过多导致力量分散，职能交叉，同时缺乏有效的机制进行约束，部门间协调难度大，科研投入与产出效果并不相称；二是海洋科研创新体制机制不健全，特别表现在促进海洋科技成果转化的体制机制有待完善，未形成以海洋科研机构和海洋科技企业为主体的成熟的海洋技术创新体系，基础研究与应用研究脱节，海洋科研成果难以及时转化，造成产学研结合不够紧密，阻碍上海海洋科教管理服务业的发展。

浙江省。浙江与山东、广东等沿海省份相比，一是海洋科技可持续创新能力不强，海洋科技创业服务中心、海洋高新技术园区建设相对落后，社会资源集成度低，海洋高新技术相关企业数量少、规模小，信息技术在科技兴海中应用程度较低；二是海洋科技研发投入不足，难以满足拥有众多研究院所的海洋大省科技研发和创新能力发展的需要，同时，浙江普遍存在海洋科技人才和质量不足现象，缺乏海洋科研高层次人才，知识更新慢，能力素质无法跟上科技经济发展形势。

福建省。近年来，福建省的海洋科研教育管理服务业围绕科研为经济建设服务的宗旨，加强了技术研发与人才培养工作的力度，取得了一定效益，但整体海洋产业仍以海洋渔业、船舶工业等传统产业为主，科研教育管理服务业所占比重较小。一方面由于研发资金投入力度不足，科技支撑能力薄弱，严重制约了海洋高新技术成果的产出效率，海洋科研资源的规模优势无法有效转化为市场价值和产业优势；另一方面，海洋高科技专业人才储备匮乏，2020年福建省海洋开发机构科研人员仅821人，且呈逐年下降趋势，学术交流体系建设不健全，科研团队奖励体制不完善，与福建省的海洋开发战略不相适应。

第四节　对策建议

当前和今后一个时期，重要战略机遇期与重大风险期两种状态并存，光明前景与严峻挑战两种趋势同在。为进一步关心海洋、认识海洋、经略海洋，实现因海而兴、因海而富、因海而强，东海三省一市必须增强机遇意识和风险意识，准确识变、科学应变、主动求变，用新发展理念破解难题、补齐短板、打通梗阻、增创优势，稳步推进海洋经济高质量发展战略要地的打造。本节基于东海省市海洋第三产业面临的现实困境，从海洋旅游潜力的充分释放、港航服务质效的扎实进步、海洋科教水平的全面提升3个角度出发，深入分析海洋旅游、港航服务、海洋科研等代表性产业的发展路径，以期推动海洋经济行稳致远、提档加速，有力支撑建设海洋强国的战略目标。

一、有序释放海洋旅游发展活力

作为蓝色经济增长的关键支柱，海洋旅游业的高质量发展将推动产业结构优化调整、激发消费活力与投资热潮、创造多层次就业机会、加快后发地区经济建设步伐。东海区拥有得天独厚的海域海岛资源和深厚绵长的历史文化底蕴，苏浙沪闽一直高度重视海洋旅游潜力的挖掘和蓝色旅游品牌的打造，经过长期实践探索，三省一市在激活旅游资源、释放产业潜力等方面取得了丰硕成果和宝贵经验，但开发利用程度低、旅游产品同质单一、人才持续供给疲软等问题也随着海洋旅游向更高层次全面迈进而逐渐凸显，为破解发展难题、厚植发展优势，本节针对海洋旅游的现实制约提出以下对策建议。

统筹规划，夯实基础，全要素深挖。一是系统科学地编制沿海区域综合发展规划，三省一市需编制海洋旅游发展整体规划及海峡、海湾、海岛、海岸、海滩等各类旅游专项规划，依托杭州湾、崇明长兴岛、通州湾、厦门湾等海洋经济密集区，建设与之相配套的海洋休闲旅游圈，实现各地旅游重要节点的贯通，促进海洋旅游多点联动发展格局的形成。二是做好旅游要素挖掘工作，在海洋旅游开发与建设中融入"文、商、养、学、闲、情、奇"等拓展要素，将文化、体育、康养、教育、医疗、生态等多要素与海洋旅游深度融合，以提升旅游内涵品位为契机，着力打造高质量有特色的新产品、新业态。三是加强海洋旅游基础接待设施建设，形成全流程专业配套服务，在衔接好景区"小交通"与城际"大交通"的同时，逐步完善餐饮、住宿、游乐、购物等配套接待设施，并以科技赋能为抓手，以智慧云平台为核心，大力推动海洋旅游服务智慧化进程，稳步实现景点、线路、酒店、美食、购物、攻略等旅游信息数据的互联共享，在提高游客对旅游产品满意度的同时，进一步释放消费潜力。

产业兴海，科学利用，全谱系开发。一方面，横向拓展海洋旅游业态，大力推进产业融合。推进"海洋旅游+体育"，打造潜水冲浪、低空飞行、游艇体验、休闲浮潜、技术深潜、海底探险、海上垂钓等海洋体育旅游产品；推进"海洋旅游+康养"，加快与美食、禅修、中医等业态的融合步伐，开发海洋温泉医疗、海岛禅修、高端疗养等海洋康养类产品；推进"海洋旅游+文化"，挖掘海丝文化、海洋民俗文化、饮食文化、宗教文化等的丰富内涵，健全文旅产品支撑体系；推进"海洋旅游+节事"，聚焦"开渔节""钓鱼节""大黄鱼节"等地区传统节日，结合民间歌舞、风土人情、手工技艺、传统服饰、传统饮食等民俗资源，推出一批旅游演艺节目与大型实景演出。另一方面，纵向深化海洋旅游产品，大力推进海洋旅游全时段利用，如发挥福建温热气候优势，培育海水热疗、海水温泉、冬季海鲜美食节等项目，打破冬春淡季旅游瓶颈，打造"海上夜市""海上演艺""海上灯光秀"等夜间体验项目和海峡、海湾、海岛、海岸、海滩等不同区域的海洋夜间旅游产品，提升海洋旅游利用率。

生态护海，做细落实，全覆盖保护。兼顾海洋旅游资源开发与海洋生态保护，深化海洋生态综合治理，以海洋生态的持续优化为核心，严格推进海岸带美化提升工程、滨海湿地生态修复工程、海洋环境风险处置工程等的实施；完善海洋生态环境预警机制，细化海洋生态风险评估指标，推动海洋环境污染监测、评估与治理走向规范化、制度化、常态化；建立陆海统筹的生态环境治理体系，在厘清流域海域生态环境监管机构职责范围的基础上，加大对污染物减排目标、生态修复工程措施、生态环境监管行动等的统筹推进力度，做好流域和海域生态环境监管的协调衔接；坚持"绿水青山就是金山银山"的发展理念，依托以政府为主导、企业为主体、社会组织和公众共同参与的环境治理体系，制定海洋自然资源有序开发与科学养护的长远规划，切实推动经济效益与生态效益的同步提升；促进海洋生态环境公益诉讼制度不断成熟定型，加快实施海洋环境污染强制责任保险制度，严格执行党政领导干部海洋自然资源资产离任审计、海洋生态环境损害责任终身追究制。

二、扎实推进港航服务健康发展

建设以"强港航、畅物流、兴产业"为目标的高水平港口是沿海经济健康发展的关键驱动力，是推动国民经济全面复苏的重要发力点，其中，港口综合服务能力的稳步提升，一方面将优化资源配置，提高生产效率，有效增强产业链供应链韧性和安全水平，另一方面将促进人才、信息、技术等高端要素资源的集聚与流通，为构筑现代海洋产业体系夯实基础。本节聚焦于做大做强港航服务业，提出以下对策建议。

一是发挥组织领导优势。应建立健全省市两级协调运行机制，统筹口岸办、交通局、商务局等的相关职能，通过优化空间功能布局，集聚高端航运服务要素，稳步推进港航服务补短板攻坚行动落地落实。在此基础上，应积极争取国家有关部门支持，联合三省一市政府建立更加权威的组织机构，站在全局和战略的高度通盘谋划，推动苏浙沪闽港政、航政、海事、海关等部门联合作业、联合执法和联合监管，加强港口、码头、岸线、锚地等资源的统一规划、合理分工、联合调度和统筹使用，实现东海港口群从内耗性竞争向共同参与全球市场竞争转变。

二是培育壮大市场主体。制定实施航运服务企业集聚发展支持政策，坚持做大做强本土企业与引进培育国际性企业并举，着力提升航运服务主体规模和发展水平。一方面，鼓励宁波舟山港集团、上港集团等发挥示范引领作用，引导本土航运服务企业提升核心竞争力，稳步推进骨干航运总部企业的做强做优和中小航运企业的做精做特；另一方面，以协会和联盟为依托，拓宽国际知名企业（机构）引进渠道，并通过财税优惠、政策倾斜等积极手段，大力吸引世界500强航运物流企业、航运服务企业落户，以及国际知名的船级社、船舶经纪公司、船舶管理公司等分支机构入驻。

三是夯实港航主业基础。以优质品牌企业的培育为抓手，持续巩固港口装卸、水路货运、货运代理和仓储服务等传统领域，进一步发挥船舶管理、港口泊位等的竞争优势，助力传统港航服务市场做大做强，与此同时，顺应行业发展趋势，以智能化、绿色化、便捷化为主攻方向，综合运用物联网、机器人、人工智能技术和自动控制系统，打造以港航服务数据中心为代表的智能服务平台，实现港口运营、物流运输、政务服务等数据信息的互融互通，以及航运交易、货物提取、监管审批等服务功能的系统集成，推动港航服务业发展质效稳步提升。

四是加快转型升级步伐。鼓励宁波舟山港、上海港等主要枢纽先行先试，依托港口物流与大宗商品贸易优势，推进航运金融中心建设，引导辖区企业加大金融产品创新研发力度，发展船舶融资租赁、海损估算、保险理赔等特色航运金融业务，并聚焦海事纠纷解决机制的完善、港航咨询服务能力的增强、航运综合信息服务的拓展，以燃油供应、检验检测、外轮供应等为支点，全面建设国际海事服务基地和船员服务中心，在补齐高端港航服务短板的同时，稳步提高港航服务业整体水平。

五是完善人才支撑体系。应树立人才是港航服务业高质量发展核心资产的理念，将港航服务业人才发展战略作为区域人才战略的重要组成部分，以卓越的执行力高效实施、稳步推进，在完善梯度化人才政策体系、做好人才落户及相关配套服务保障的同时，加大港航服务领域复合型人才、高端人才及国际化人才培养力度，健全航运技能人才培训体系，深化产教融合、校企合作、工学结合的人才跟踪培养机制，进而形成"产学研"有机结合、"政企校"积极互动的有利局面。

三、全面提高海洋科教发展水平

为发挥海洋资源禀赋优势、拓展蓝色经济发展空间，东海三省一市需要以海洋科教崛起为目标，着眼于高能级科技创新平台的建立健全、高层次科技创新人才的培育引进、高水平科技创新成果的研发转化，加强全局性谋划、战略性布局和整体性推进，在对标一流提升海洋高等教育质量的同时，不断夯实海洋科技自立自强根基，依托高等院校、涉海机构和研究院所，基于政府、市场与社会"三轮驱动"，着力推动海洋经济高质量发展战略要地的打造。为充分发挥海洋科教产业对海洋强国建设的战略性支撑作用，本节提出以下对策建议。

整合海洋科创力量。东海三省一市应立足于自身发展定位与资源基础，系统谋划海洋科技创新顶层设计和前瞻布局，以政府为主导，联合涉海科研院所、高校和相关企业，打破行政和学科壁垒，有效整合地区海洋科研力量，在强化海洋科研项目、资金和人才等一体化配置的基础上，高水平打造一批开放共享、能力集成的高端科技创新平台（以涉海重点实验室、工程技术研究中心、企业技术中心等为代表），并注重开放创新实验室和高等院所的区域合理分布，充分发挥海洋科研平台的区域辐射能力，推动东海海洋科技基础科学水平的总体提升，形成优势互补、各具特色的协同创新发展格局，显著提升海洋科技创新整体效能。

加强海洋科技创新。东海省市需要不断加大海洋科研投入力度，逐步建立以市场为导向的科技立项机制和科技投入长效机制，加快完善从基础研究、应用研究到成果研发的全链条海洋科技创新体系。一方面，需大力支持建设国内一流的海洋科研机构，瞄准发展前沿、聚焦实际需求，围绕关键性、基础性和共性技术问题开展系统化、配套化和工程化研究攻关，加快提升地质调查、环境监测、生态修复、防灾减灾、工程装备等领域科研创新水平；另一方面，应强化企业在创新决策、研发投入、成果转化等方面的主体地位，依托各类政策工具，引导技术、资金、人才、管理等创新要素集聚，支持涉海企业进行科技创新、管理创新及商业模式创新，重点打造创新型涉海企业集群。

促进海洋成果转化。东海三省一市应聚焦创新成果转化渠道的完善，促进海洋创新链和产业链的精准对接，加快科研成果从样品到产品再到商品的转化，依托沿海城市、临海城镇、涉海开发区，着力打造海洋"双创"基地，为海洋科学研究的科研院校、企业科研机构和个人提供极大的成果转化便利，以海洋科技企业孵化器、众创空间和中试基地为抓手，加快全链条孵化体系构建，并积极鼓励海洋科技中介机构面向社会开展技术扩散、成果转化、科技评估、管理咨询等服务活动，利用"海创会""海博会""海洋周"等平台，稳步实现海洋科技成果向现实生产力的转化运用。

打造海洋人才高地。东海省市一方面应努力发挥涉海高校和科研机构的人才集聚效应，依托省海洋科学院、省地勘局、海洋大学等单位，推进成立涉海产学研合作联盟，并以海洋创新需求为导向，支持鼓励高校增设海洋领域新兴学科、争取博士硕士学位点建设，在进一步拓展研究方向、强化涉海广度与深度的同时，稳步扩大高层次海洋人才培养规模，打造一支业务精湛、结构合理、富有活力、勇于创新的科研人才队伍；另一方面，三省一市亟待深化人才体制机制改革，优化人才创新创业生态，健全以创新能力、质量、实效、贡献为导向的海洋科技人才使用、评价和激励机制，在此基础上，以重点人才项目为抓手，以重大科研任务为牵引，聚焦海洋新兴产业、海洋基础研究、海洋现代服务业等重点领域，引进和培育一批高精尖领军人才和创新团队。

第七章

东海海洋生态产业发展的典型实践与
提升路径

生态产业被称为第四产业，所以完全可将海洋生态产业称作海洋第四产业。基于综合视角系统，细致地分析和梳理海洋产业生态化、海洋生态产业化的相关概念，可得到海洋生态产业的概念，即将海洋生态资源摆在核心要素位置，将海洋生态产品价值发掘及其利用列为核心目标，以海洋生态产品为具体对象从事包括生产、加工以及市场销售在内的一系列经济活动的集合。本章首先通过文献研读法，系统阐述了包括海洋生态产业概念内涵、类型划分和发展特征在内的东海海洋生态产业发展的理论基础。其次，以案例分析为主要研究方法，选取了东海海区"三省一市"（上海、浙江、江苏、福建）在海洋生态产业开发领域的典型实践。最后，在系统分析和梳理东海海洋生态产业运行和发展过程中所面临的一系列制约因素的条件下，为东海海洋生态产业的可持续发展提出了颇具针对性和可行性的建议。

第一节　东海海洋生态产业发展的理论基础

作为一种新兴的海洋产业类型，海洋生态产业的内涵和外延仍然十分模糊。因此，在分析东海海洋生态产业发展的典型实践与提升路径前，有必要通过对文献查找与搜集，对海洋生态产业发展进行整体的理论框架构建，针对海洋生态产业发展理论进行深入的探讨研究。本节首先在厘清海洋生态产业的理论缘起——生态产业的概念及其内涵的条件下，参考现阶段海洋生态产业化、海洋生态产品价值实现以及海洋产业生态化等研究成果，界定了海洋生态产业的概念内涵，并将其与海洋传统产业进行对比。其次，从海洋一产、海洋二产和海洋三产的传统行业维度和海洋生态产品的开发、生产、交易的生产过程维度划分了海洋生态产业的类型。最后，从正外部性、耦合性、可持续性和系统性4个方面阐述了海洋生态产业的发展特征。

一、海洋生态产业的概念内涵

(一) 海洋生态产业的理论缘起

海洋生态产业的概念缘起于生态产业，因此，要想理解何为海洋生态产业，需要首先厘清生态产业的概念。"生态产业"这一概念并非先天就有，而是人类生态意识觉醒到一定程度的产物，梳理其理论基础的形成脉络可知，其源自"产业生态"思想的萌芽。20世纪50年代各国环境污染形势越发严峻，加之Carson《寂静的春天》（1962年）的出版，使得全球各国都开始关注人类活动所带来的环境影响，尤其是对生态环境的污染及破坏[1]。学者们在研究生态产业的过程中对其概念进行了专门的抽象和提炼处理，而这些工作起始于产业学的诞生和发展。1969年，Ayres在观察和分析物质材料流动问题的过程中，第一次正式对外抛出了"产业代谢"这一概念[2]，3年后，Ayres在借鉴该概念的基础上提出了一个更具影响力的概念，即"产业生态"。美国国家科学院对产业生态这一概念表示肯定，并和贝尔实验室联手在1991年合力组织了人类历史上第一次"产业生态学"论坛，围绕产业生态学的一系列概念、基础内涵、应用价值和发展前景等方面做了相对全面和深刻的报告。曾在贝尔实验室供职的Kumar指出，所谓产业生态学其实质是围绕产业活动、所处环境这两者维系有何种相互关系而实施的一类跨学科研究[3]。上述思想的萌生意味着人类社会在资源耗竭等现实问题的困扰和冲击下开启了相应的哲学思辨之路，如此背景下，以循环再生为核心内容的产业生态思想自然问世并发挥出了相当关键的作用。在产业实践及发展中，有机引入生态化的组织方式，以此循序渐进地变革、替代传统线性生产方式，逐渐架构起生态化的产业构成体系。

直至20世纪90年代，我国才慢慢有了"生态产业"的概念和说法。邓英淘认为，在工业革命衰退之后，紧随其后的新一轮革命极可能是生态产业革命[4]。作为较早关注和研究生态产业并围绕该概念予以界定的一批学者，李

---

[1] Carson R. Silent Spring [M]. New York: Houghton Mifflin Harcourt, 2002.

[2] Ayres R., Kneese A. Production, Consumption, and Externalities [J]. *The American Economic Review*, 1969, 59 (3): 282-297.

[3] Patel C. Industrial Ecology [J]. *Proceedings of the National Academy of Sciences*, 1992, 89 (3): 798-799.

[4] 邓英淘. 新发展方式与中国的未来 [M]. 北京: 中信出版社, 1992.

周指出，所谓生态产业可被理解为依托特定的生态技术，利用能级转换原理推动能源实际利用效率的进一步提升，同时实现对能耗和污染的进一步降低，包含多种细分业态，除了生态农业和生态工业之外，还包括生态旅游业等，进一步提出资源耗竭和环境恶化是生态产业萌发的外在压力，而技术升级和产业升级则是生态产业崛起的内在动力①。王如松和杨建新从产业生态学的角度出发实施了对生态产业的界定，认为它是遵循生态经济基本原理及知识经济内在规律有机组织形成的，以生态系统承载力为依托的，包含有高效经济运作及其发展过程等内容的一种具有网络型、进化型特点的产业②。虽然早期业界学者围绕生态产业展开了一系列研究和探讨，然而无论是在概念上还是在内涵上依旧没有形成高度共识，在实践层面，多以生态农业、生态工业和生态服务业的形式来划分与推进生态产业建设。

进入 21 世纪以来，特别是党的十七大首次提出把建设生态文明作为实现全面建设小康社会奋斗目标的新要求之后，国内学者对生态产业的探讨越发深入。陈效兰研究生态产业时指出，生态产业是基于五律协同原理等理论架构起来的，立足自然生态系统拥有的实际承载能力的，呈现出较高五律协同水平的一种产业，并将该产业细分成了 4 个子类，除了生态农业和生态工业之外，还包括生态信息业和生态服务业③。李周从宏观、中观和微观等不同维度对生态产业进行了界定，提出生态产业于宏观层面上不仅能规划配套发展战略，还能通过制定有关法规、方针和政策，为企业运营行为提供规范化指导；基于中观层面看，可打造各式规模的生态产业园区，聚拢企业形成特定的产业化集群，建构生态化平台；基于微观层面看，能推动生态技术创新及其普及工作，细化任务并将之转化成切实可行的具体行动④。刘建波等在其研究中指出，所谓生态产业指的是引入生态学并发挥其基本原理作用，将生态系统内部物质、能量的转换规律当作依据，将维系复合生态系统（自然子系统、社会子系统、经济子系统）和谐、平衡运转当作目标，将各种生物视作具体劳动对象，将一系列农业自然资源用作作业资料，将各门生物科学用作

①　李周. 生态产业初探［J］. 中国农村经济，1998（07）：4-9.
②　王如松，杨建新. 产业生态学和生态产业转型［J］. 世界科技研究与发展，2000（05）：24-32.
③　陈效兰. 生态产业发展探析［J］. 宏观经济管理，2008（06）：60-62.
④　李周. 生态产业发展的理论透视与鄱阳湖生态经济区建设的基本思路［J］. 鄱阳湖学刊，2009（01）：18-24.

作业工具，推动特定生产活动的一种产业经济部门①。这一定义与其他学者相比更加狭义。罗胤晨等则结合低碳经济理论和循环经济理论，指出生态产业的实质是将生态经济原理用作基本理论指导，立足资源环境真实承载水平的，包含一系列循环经济过程的复合型产业②。梁蕊娇立足于构建理论实施了对生态产业的界定，认为它是一种参考、借鉴自然生态原理而打造得到的产业系统，搭建了资源从产生到分解的一整套循环过程，在支持社会产出的同时还能服务于经济效益的实现③。以上学者在对生态产业这一概念进行界定时，主要是以产业学、经济学为切入点展开的，任洪涛另辟蹊径，基于法学视角进行了界定，认为它是一定的社会成员遵循当代的生态学原理，遵循永续发展之原则实施的与生态环境和谐共处的、兼顾社会效益的一种较高层次的经济活动模式④。

截至当下，关于生态产业最权威、最详细及最新的理解来自王金南院士，王金南院士将生态产业的概念进一步细化，提出了"生态产品第四产业"，并将其定义为将生态资源用作核心要素，和生态产品价值转化有关的产业形态，以生态产品为对象展开的加工、开发及市场销售等一系列经济活动的集合。基于狭义视角观之，所谓生态产品第四产业一般指的是依托一应生态建设活动丰富生态资源价值的一系列有关产业，以及依托市场交易等一应方式发掘和利用生态产品的内蕴价值并将之转换成对等经济价值的各种产业的集合，产业形态多种多样，如生态保护及修复等。基于广义视角观之，该产业还涵盖基于产业生态化的各种产业集群⑤。

（二）海洋生态产业的概念界定

在梳理"生态产业"概念内涵的基础上，再把目光聚焦于"海洋生态产业"。目前国内对"海洋生态产业"这一概念内涵的研究仍处于探索阶段，仅

① 刘建波，温春生，陈秋波，等.海南生态产业发展现状分析［J］.热带农业科学，2009, 29（01）：39-43.
② 罗胤晨，李颖丽，文传浩.构建现代生态产业体系：内涵厘定、逻辑框架与推进理路［J］.南通大学学报（社会科学版），2021, 37（03）：130-140.
③ 梁蕊娇.数字经济背景下生态产业高质量发展路径探析［J］.时代经贸，2022, 19（11）：142-145.
④ 任洪涛.论我国生态产业的理论诠释与制度构建［J］.理论月刊，2014（11）：121-126.
⑤ 王金南，王志凯，刘桂环，等.生态产品第四产业理论与发展框架研究［J］.中国环境管理，2021, 13（04）：5-13.

有邵文慧基于生态产业的概念完成了对海洋生态产业这一概念的界定，即依托产业生态学理论、生态经济学原理架构形成的，立足海洋生态系统实际承载力、具备一定经济效益、拥有一定综合协调作用的生态型、效率型海洋产业。所谓发展海洋生态产业可被理解成，以海洋生态产业为对象引入并运用生态经济理论，对2个及其更多个生产环节（也允许是生产体系）予以耦合处理，收获多级产出的效果，在此基础上打造出完整的、效率运行的海洋生态产业链①。

纵观既有相关研究可知，尽管很少见到和"海洋生态产业"有关的理论成果，但近年来以"海洋生态产品价值实现""海洋产业生态化""海洋生态产业化"为代表的，与海洋生态产业密切相关的理论研究成果仍然丰硕。如李京梅和王娜将海洋生态产品这一概念界定成，形成和产出于海洋生态系统的，在自然力和人力的综合影响下，以直接方式或间接方式向人类社会输送的全体物质产品及相关服务的总称。参考价值所对应的具体表现形式，能将海洋生态产品价值细分成两种，一种是经济价值，另一种是生态价值②。秦曼等在研究海洋产业生态化时指出，其实质是将海洋产业、环境关系这两方面列为研究核心，通过行为主体采取生态化行为方式向行为客体施加相应影响而达成行为目标的一系列活动过程③。王琰在探讨海洋生态产品价值的市场转化问题时，指出所谓海洋生态产业指的是建构在海洋生态资源之上的、具备一定经济价值的、能和生态环境保护互为增益的绿色产业；而所谓的海洋生态产业化指的是在不超出生态实际承载能力的基础上，立足特色海洋生态资源架构形成一整套海洋生态产业的操作过程，基于集约视角善加利用，能将生态效益转换成相应的经济效益，借此发掘和收获海洋生态资源所具有的经济价值④。

通过搜集和整理和海洋生态产业有关的一系列既有研究成果，辅以王金南关于生态产品第四产业这一概念做出的专门界定，本书将海洋生态产业进行如下界定：海洋生态产业是指将海洋生态资源当作核心要素，将海洋生态

---

① 邵文慧. 海洋生态产业链构建研究 [J]. 中国渔业经济, 2016, 34 (05): 10-17.
② 李京梅, 王娜. 海洋生态产品价值内涵解析及其实现途径研究 [J]. 太平洋学报, 2022, 30 (05): 94-104.
③ 秦曼, 刘阳, 程传周. 中国海洋产业生态化水平综合评价 [J]. 中国人口·资源与环境, 2018, 28 (09): 102-111.
④ 王琰, 杨帆, 曹艳, 等. 以生态产业化模式实现海洋生态产品价值的探索与研究 [J]. 海洋开发与管理, 2020, 37 (06): 20-24.

产品价值的充分表达列为核心目标，从事此类产品的包括加工、开发以及市场销售在内的一系列经济活动的集合。借鉴传统的柯布—道格拉斯生产函数，可以对海洋生态产业生产函数进行如下设定：

$$Q = E^{\alpha} K^{\beta} L^{\gamma} T^{\varepsilon} \qquad (7-1)$$

式（7-1）中，Q 是海洋生态产业总产出，具有实物量和货币形式表现的价值量两种形式，货币形式表现的价值量即海洋生态产业生产总值；E 为海洋生态资源，是主导生产要素，在海洋生态产品的生产中具有不可替代性，海洋生态资源投入基本符合边际报酬递增规律；K 为海洋资本，主要包括人造资本和资金投入等，在海洋生态产业生产过程中，人类对海洋生态系统的影响已然极广、极深，人类的诸如保护之类的一系列行为对保障该系统的正常运转十分关键；L 为涉海劳动力，指从事海洋生态产品开发、生产、销售等相关活动的劳动力；T 为海洋技术，除了和海洋生态建设有关的各项技术之外，同时还包括为海洋生态产品开发提供必要支撑的一系列海洋生态科技，能在某种程度上增加这类产品的溢价。海洋资本、涉海劳动力和海洋技术等生产要素主要通过提高海洋生态资源本底价值进而以间接形式扩大了海洋生态产品的对外提供，又或者是直接通过扩大初级海洋生态产品的供给规模以此实现进一步扩大海洋生态产品的对外提供，且海洋资本、涉海劳动力和海洋技术等生产要素在一定程度上符合边际报酬递减规律。因此，α、β、γ、ε 为常数系数，其大小反映了各要素对海洋生态产品产出的贡献率，α、β、$\gamma<1$，$\varepsilon>1$。

（三）海洋生态产业与海洋传统产业的对比

基于比较角度，与海洋生态产业这一概念保持对应关系的概念是"海洋传统产业"。由既有相关研究成果和实践可知，上述二者在各自特征上存在显而易见的差异（具体见表7-1）。首先，在发展理念及其目标方面，海洋传统产业采用的是机械式作业模式，追求尽可能地攫取海洋经济效益，相较之下海洋生态产业遵循的是可持续发展这一更具潜力的原则，主张应平衡好海洋经济、海洋生态、海洋社会这三者的关系，着力营造和谐共赢的局面。其次，在产业结构上，海洋传统产业表现出相对线性单一的特点，海洋产业彼此间的协作偏少或不深入，而海洋生态产业更强调对各参与主体的科学分工，为其架构了网络化分工模式，形成了更为灵活和效率的生产体系。再次，在投入、生产以及产出这些环节，海洋传统产业无疑是"三高"的重灾区，高消耗、高污染及高排放问题一直悬而未决，海洋生态产业则呈现出消耗少、可

循环、清洁化的可持续特征。从此，基于流通过程层面观之，海洋传统产业
依托的传统物流体系和传统贸易市场，存在海洋资源实际消耗率居高不下的
弊病，而海洋生态产业强调以绿色物流及贸易的方式强化海洋资源的循环回
收利用并将之再次投放到流通环节。最后，基于消费环节层面看，前者关于
海洋产品的消费可被划归到粗放型消费的范畴，伴随着巨大浪费，而后者提
倡的是更具前瞻性的生态消费理念①。

表 7-1 海洋生态产业与海洋传统产业的对比

层面	具体取向	海洋传统产业	海洋生态产业
意识	发展理念	海洋大规模生产；海洋经济快速增长；机械式	海洋可持续发展；人海和谐发展；海洋生态原则
	发展目标	海洋经济效益最大化	海洋经济、海洋生态和海洋社会的协调可持续发展
组织	产业结构	线性；单一固化；缺少协作融合	网络；多元灵活；重视协作融合
投入	资源利用	海洋资源高消耗；粗放式	海洋资源低消耗；集约式
制造	过程管理	松散；污染物高排放	低碳；循环；污染物少排放
产出	产品特性	高耗能；非环保	清洁化；绿色化
	废物处理	直排海；先污染后治理	污染内部循环处理、重复利用
流通	循环利用	海洋资源消耗；传统物流及贸易	海洋资源回收；绿色物流及贸易
消费	消费理念	海洋产品粗放消费	海洋产品绿色消费、生态消费

资料来源：作者综合有关文献详加整理得到。

　　如果将海洋生态产业作为第四产业，可以与海洋三次产业进行更加细致
的对比（见表 7-2）。①基于产业内涵角度看，海洋第一产业指的是将海洋列
为对象并从中直接攫取产品的一类行业，海洋第二产业是依托前一个产业存
在的，将其产品用作原料予以相应加工的一类行业，海洋第三产业通常指的
是生产或提供海洋物质产品（或服务）以外的各种行业的统称，而海洋生态
产业顾名思义，其专指生产或提供海洋生态产品（或服务）的行业。②在根
本目标和核心产品上，海洋三次产业主要生产海水产品、海洋工业产品和海
洋服务产品，用以增进人类福祉，而海洋生态产业则是生产海洋生态产品，

---

① 罗胤晨，李颖丽，文传浩. 构建现代生态产业体系：内涵厘定、逻辑框架与推进理路
[J]. 南通大学学报（社会科学版），2021，37（03）：130-140.

用以推动人与海洋和谐共生。③在服务对象和时空属性上，海洋三次产业主要服务于人类，并且一般主要服务于当代人的需求，而海洋生态产业则服务于人与海洋生命共同体、海洋生态系统、人类及一切海洋生物，并且不仅满足当代人的需要，也满足未来可持续发展的需要，具有跨时空属性。④在创造价值与主导生产要素上，海洋生态产业主要利用海域、涉海劳动力、海洋资本、海洋数据等生产要素，创造物质需求及精神需求，而海洋生态产业主要利用海洋生态资源这一生产要素，创造人类福祉（社会属性）和海洋生态系统服务保值增值（自然属性）。⑤在生产属性和主导文明上，海洋三次产业以人类生产为主，可被细分成 3 种文明，除了海洋农业文明和海洋工业文明之外，同时还包括海洋信息文明，而海洋生态产业与之存在明显差异，是以海洋生态生产为主，人类生产为辅的，对应的是海洋生态文明。⑥从主导消费观念这一角度观之，海洋三次产业重点关注的是海洋产品对应着何种使用周期，而海洋生态产业与前者明显不同，其重点关注的是绿色消费理念的践行。

表 7-2　海洋生态产业与海洋三次产业的对比

维度	海洋第一产业	海洋第二产业	海洋第三产业	海洋生态产业
产业内涵	直接从海洋中获取产品的行业	对海洋第一产业的产品或本产业半制成品进行加工的行业	生产海洋物质产品以外的行业	生产海洋生态产品的行业
根本目标	增进人类福祉			人与海洋和谐共生
核心产品	海水产品	海洋工业产品	海洋服务产品	海洋生态产品
服务对象	人类			人与海洋生命共同体、海洋生态系统、人类及一切海洋生物
时空属性	一般主要服务于当代人的需求			跨时空属性，不仅满足当代人的需要，也满足未来可持续发展的需要

维度	海洋第一产业	海洋第二产业	海洋第三产业	海洋生态产业
创造价值	物质需求	物质需求	物质及精神需求	人类福祉（社会属性）+海洋生态系统服务保值增值（自然属性）
主导生产要素	海域、涉海劳动力	海洋资本 涉海劳动力	海洋资本 海洋数据	海洋生态资源
生产属性	以人类生产为主			以海洋生态生产为主，人类生产为辅
主导文明	海洋农业文明	海洋工业文明	海洋信息文明	海洋生态文明
主导消费观念	主要关注海洋产品使用周期的效用			蕴含全生命周期海洋绿色消费理念

资料来源：作者根据相关文献整理所得。

二、海洋生态产业的类型划分

（一）按传统行业划分

从传统行业分类角度看，海洋生态产业能够和海洋三次产业有机融合，由此分别催生出了一种海洋生态产业类型①：

一是海洋生态农业。最具代表性的是海洋生态渔业，即在保证渔业循环运作和健康发展的前提下，以传统海洋渔业为对象加以针对性改造优化，将之转化成海洋生态牧场。海洋牧场是一种诞生时间尚短，但前景颇佳的海洋渔业生产方式，紧紧围绕生态系统这一核心，合理发掘海洋资源，于事先规划的特定海域因地制宜地培育、维护和利用各种渔业资源而落成的规模不等的人工渔场，现实中较为多见的是渔业增养殖型海洋牧场。

二是海洋生态工业。最具代表性的是海洋可再生能源业，即以海洋蕴藏的一系列可再生能源（如风能、潮汐能及波浪能等）为对象加以综合性发掘和利用，将之转换成能够产生一定经济效益的一种产业运作形式。先明确具备开发价值的海洋能，然后在科学考察基础上规划好开发区域，接下来便可

---

① 王琰，杨帆，曹艳，等. 以生态产业化模式实现海洋生态产品价值的探索与研究［J］. 海洋开发与管理，2020，37（06）：20-24.

建设相应的海洋能开发项目。此类项目在发挥生态保护效用的同时还能创造可观经济效益,实现双赢。

三是海洋生态服务业。最具代表性的是海洋生态旅游业,即以各种各样的海洋特色生态资源为对象加以开发,打造与之契合的旅游活动项目,不会给生态环境带来过于明显的负面影响,还能激活当地经济,促农增收,在某种程度上实现了对社会效益、经济效益、文化效益及环节效益这四大效益的有机统一。

(二)按生产过程划分

除了上述划分方式外,还可以从海洋生态产品的开发、生产、交易等维度对海洋生态产业的范围进行划分(见表7-3),包括3大类和20小类。一是海洋生态产品开发,如海洋生态产品综合开发等。二是海洋生态产品生产,如清洁海洋、适宜气候及海洋物种保育等。三是海洋生态产品交易,具体包括海洋生态产品认证推广和海洋生态产品交易平台。

表7-3 海洋生态产业范围细分

一级分类	二级分类	具体范围
海洋生态产品开发	海洋生态产品综合开发	基于生态导向的生态产品综合开发经营,如"海洋牧场+海上风能"、海洋立体开发综合体等
	海洋生态金融	基于海洋生态产品价值的金融服务
	海洋生态产品监测核查	海洋生态产品调查监测、价值核算服务
	海洋生态咨询服务	海洋生态资产管理服务、海洋生态产品价值实现项目勘查、设计、技术咨询等
	海洋生态建设	海洋生态环境保护相关基础设施建设等
	海洋生态修复	海洋环境综合治理等
海洋生态产品生产	清洁海洋	海岸防护
	适宜气候	气候调节
	海洋物种保育	为海洋动植物、微生物提供生态空间
	海洋碳汇	海洋固碳
	海洋生态资源权益	海域使用权,海洋捕捞配额
	海洋生态渔业	海洋生态水产品、海洋渔业观光、展览业等经营
	海洋生态能源	海洋风能、潮汐能、波浪能、温差能、生物质能等

一级分类	二级分类	具体范围
海洋生态产品生产	海洋生态旅游	强调对海洋景观的保护，可持续发展的海洋旅游服务，国家海洋公园、海洋自然风景区、海洋风景名胜区管理
	海洋生态康养	基于生态产品优势开发的健康养老服务
	海洋生态文化	海洋生态文化产品、海洋生态文化服务
	海洋生态园区运营	海洋生态渔业园区、海洋生态工业园区运营
	海洋生态水源	海水资源淡化与开发
海洋生态产品交易	海洋生态产品认证推广	海洋生态产品溯源认证、信息平台、品牌推广服务
	海洋生态产品交易平台	海洋生态物质产品及海洋碳汇、海域使用权、海洋捕捞配额等生态资源权益交易服务

资料来源：作者根据相关文献整理所得。

三、海洋生态产业的发展特征

（一）正外部性

对于海洋生态产业而言，其正外部性取决于该产业对外输出的海洋生态产品（或服务）所具有的公共物品属性。外部性，即社会主体能够在它原本对应的权利义务之外，向社会施加的一定作用，可被细分成两类，一类是正外部性，另一类是负外部性。前者指的是一项经济活动付诸实施之后能让社会中除己之外的成员从中受益，然而己方却无法从中取得补偿，典型案例如海洋自然保护区的设立，能在很大程度上优化附近区域的生活环境，然而无法从附近地区获取相应的经济补偿。负外部性，即行为主体即将发起或已经发起的行为会损及有关人员的利益，又或是使其生活或经营成本变大，比如涉海企业通过沿海排污口排入海洋的污水会损害周边环境，也会侵害当地民众的身体健康，然而受害方却面临求偿无门的窘境。海洋生态产业所提供的产品可被划归到准公共物品的范畴，在消费层面上，其表现出非竞争性，在受益层面上，其表现出非排他性，换言之，社会成员无须为海洋生态产品的生产支付成本，便能自然而然地享受其形成的正外部效应。

由于存在正外部性，海洋生态产业和其他产业产生明显区分。该产业的核心目标是产生一定的海洋环境效益，而其他产业则将核心目标放在了海洋经济效益的最大化，至于海洋社会效益则属于附带产物。海洋环境效益难以直观评估其能带来何种规模的经济价值，唯有将两处甚至更多处的海洋环境放到一起做对比才能有所感知。受此影响，不少人会自然而然地认为，海洋生态环境源于自然形成，任其受到不断地污染和破坏，也基本忽视海洋环保这一现实问题，随着时间推移终究会酿成一定的海洋环境灾难。该产业所具有的正外部属性反而成了一种"拖累"，使海洋生态环境陷入"公地悲剧"困境而无法自拔。在市场经济环境中，消费者均具备理性经济人这一身份，"搭便车"是他们的一种先天倾向，且他们在享受海洋生态环境提供的种种好处的过程中通常无须为之付出对等代价（金钱或其他成本）。除此之外，涉海企业出于自身利益考量大多对海洋生态产业有着天然的心理抵触，因为该产业的存在会在很大程度上提高涉海企业的运营成本，无论是海洋资源的循环化、绿色化利用，还是海洋环境污染的治理，无不需要为之付出大量金钱，而享受这方面益处的社会成员却往往会无视涉海企业的努力，更不用提向之提供相应的经济补偿了。由于此种正外部性的存在，无论是消费者抑或是涉海企业普遍对海洋生态产业持有不关心的态度，缺乏推动该产业发展的动力和热情。

（二）耦合性

纵观海洋生态产业可知，它是处于特定区域的一批涉海企业彼此联结而打造的一种产业共生网络，基于整体层面推动和维护海洋资源的动态循环，加速和深化不同行业相互间的纵深融合，使其形成和具备了所谓的耦合性特征。海洋生态产业系统还有其特殊的一面，强调依托特定的社会共生关系把各种各样的海洋产业生产工艺同海量的海洋资源信息进行横向层面的耦合，帮助涉海企业更好地组织对海洋产品的生产，从而达成生态化运行的目标，正因如此其具备和展现出了一定的耦合性。

具体来讲，基于横向耦合视角，海洋生态产业强调各种工艺流程之间能产生更充分的横向耦合，能更有力地支持资源共享，实现对海洋污染负效益的有机转化，使之蜕变成海洋资源正效益；基于纵向耦合视角，海洋生态产业要求集生产、流通、消费、回收、海洋环境保护和能力建设于一体，海洋生态产业与传统海洋三次产业在产业系统内部形成完备的功能组合。在区域耦合上，海洋生态产业要求涉海企业的厂内生产与厂外相关的自然及人工环境构成产业生态系统或复合生态体，逐步实现有害污染物在系统内的全回收和向系统外的零排放。

（三）可持续性

海洋生态产业的可持续性反映了该产业运营活动中所遵循的保护理念。首先，该产业是出于改善、保护海洋生态的目的而形成和成长起来的一种社会经济。基于人类社会发展历程，近代社会迎来了空前的经济繁荣，而这发端于工业文明时代，但该阶段发展的一个重要特征是，不惜通过污染环境、破坏自然生态、大肆攫取的方式换取经济发展。在过去 200 多年的短短时间里，工业文明给环境带来了难以想象的破坏，比延续数千年之久的农业文明有过之而无不及。海洋生态产业给人们提出了一定要求，即在发掘和利用海洋资源的过程中也要重视和做好环保工作，将必定产生的海洋环境污染及生态破坏管控在一定范围内，即不能超出海洋本身的自净能力，从而打造海洋生态环境保护和海洋经济发展同步、和谐进行的理想局面。海洋生态产业向参与者提出的要求是，在生产相关产品的过程中，应尽可能地选择那些无污染或污染小的原料，例如水能、风能及潮汐能等，均属于无污染的、支持循环再利用的绿色资源，而对以煤为代表的这类非再生能源则提出了节制使用的要求。该产业还肯定了引入绿色生产工具的必要性和重要性，即应尽量选用那些自然条件下不会释放污染物的且具有不俗使用效率的工具，从而为人们的相关生产提供有力支撑。

其次，对于可持续发展理论体系而言，海洋生态产业是一项不容回避的重要实践内容。该产业认为海洋经济应保持在适度增长的水平上，应走"开发+保护"模式，是一种能让当代人需要得到有效满足，同时又不会给后代人发展带来妨碍的持续型、循环型发展方式。该产业将"可持续"设定为发展核心，高度关注发展的健康性、持续性及协调性，展现了人和海洋之间应当保持的和谐共处关系。该产业主张要尽可能地提升人们对海洋资源的实际利用效率，即要达到物尽其用的效果，推动海洋资源的利用踏上一条循环再生之路，最终让特定区域更具生机和潜力。该产业将如何可持续利用资源当成待解决的重点问题，这也是推动人类社会可持续发展的关键一环。

（四）系统性

分析海洋生态产业的系统性可知，其主要反映在相关效益（经济效益、社会效益和生态效益）之间的深度融合。该产业在产出一定经济效益的过程中更强调对生态效益的提供，不会在某个或某几个涉海企业、地区的促使下放弃对生态效益的追求。在该产业的维系和保护下，海洋生态环境会进入一种绿色的、循环的、健康的生态状态，人和海洋的联系越发紧密，成了一种利益共同体。该产业对海洋生态环境进行了重新定位，使其脱离了被征服的身份，成了和人类社会密切关联、休戚与共的伙伴。海洋生态生产力彰显了人类和环境和谐共处、持续发展的先进理念。该产业很好地平衡了社会、经济、环境之间的利益关系，在推动海洋经济发展的同时，还强调对海洋生态环境的保护，此外，还密切关注如何不断提高人类生活质量的问题。

该产业的系统性还反映在，它是共同经济社会及自然生态环境高效运行和健康发展的物质基础及技术保障。分析除该产业之外的其他涉海生产单位所推动的海洋产品生产活动可知，其实质是取得一定的海洋生态资源并予以加工，最终将之打造成生活或生产资料。该类模式将难以计数的海洋生态资源转化成人类用品，却对随之产生的资源浪费、能耗过度及环境污染等很少在意甚至完全忽视。随着时间推移，海洋生态产业越发受到认可，是海洋产业结构的后续优化方向，会促成人类消费观念及其方式的合理转变，还是海洋生态环境循环、绿色运行和发展的技术基础。一方面，该产业通过营造出更为理想的海洋环境去改善人类生活质量，通过保护生物多样性免遭过度破坏借此提升海洋社会效益，通过协调好代内、代际利用的关系，保证这类资源的实际利用效能；另一方面，该产业的运作和成长离不开海洋生产技术的支撑，后者的持续性优化能让相关产品的质量得到进一步拔高，赋予整个产业更为可观的市场竞争力，进而会给相关企业的运营和成长带来巨大影响①。

第二节　东海海洋生态产业的典型实践

在海洋生态产业理论基础上，本节对东海"三省一市"（浙江省、福建省、江苏省、上海市）海洋生态产业发展的典型案例进行分析。具体包括：一是上海市崇明岛的"生态立岛"之路，聚焦海洋生态产业综合体开发与建设。二是浙江省温州市沿浦镇海洋渔业碳汇交易，聚焦以海洋碳汇为代表的典型海洋生态产品价值实现机制。三是福建省莆田市"风渔互补"的创新举措，聚焦海洋生态产业内部的产业融合。四是江苏省盐城市海洋能源绿色开发，聚焦海洋传统产业与海洋生态产业的融合，以实现海洋传统产业的生态

---

① 任洪涛. 论我国生态产业的理论诠释与制度构建 ［J］. 理论月刊, 2014 (11): 121-126.

转型。

一、上海：崇明岛的"生态立岛"之路

（一）生态海岛

海岛一般指的是为海水所四面环绕且于高潮情形下高出海平面的、天然存在的一类陆地区域，可被划分成两类：一类是居民海岛，另一类是无居民海岛。海岛和大陆之间往往有着紧密联系，也是一类相当重要的生态经济系统，应做好对应的开发及保护工作，这是持续发展海洋经济的一大客观要求。生态海岛建设指的是，出于保护对各种破坏缺乏抵御力的海岛生态系统，助力海岛社会经济踏上循环之路等目的的一类活动。为实现对海岛的合理开发和充分利用，我国早在 2010 年便出台了专项法规，即《中华人民共和国海岛保护法》，其中专门指出："中央及相关各级地方政府务必要高度关注海岛保护及开发工作，且要将上述工作正式写进国民经济和社会发展规划之中，出台对应举措，有序推动保护及开发工作。"我国首部《全国海岛保护规划》也于 2012 年 4 月正式发布实施，围绕国内海岛如何划分类型及如何实施分区保护的问题提出了相关要求，正式确立了十项重点工程，并在包括组织领导在内的多个方面详细罗列了一系列保障措施。该规划的出台和生效在很大程度上拔高了我国生态海岛建设的速度和质量①。

海岛是特定海洋资源和特定生态环境有机交融形成的复合区域，所谓海岛经济可被划归到资源型经济的范畴，立足相应资源优势建构起了不同规模、各具特色的产业结构系统，这一系统现阶段主要以资源开发及初级原材料加工输出的生产性结构为主，还没有围绕资源开发加工形成专业化分工和整体推进有机融合的先进产业结构系统。生态海岛建设给开发者提出了一定要求，即不仅要打造海岛经济系统，还需架构与之配套的生态系统，且要帮助两者形成一种良性循环关系，遵循永续利用的理念和原则对相关资源善加利用，不可浪费，更不可破坏②。

（二）崇明实践

崇明岛是世界上面积最大的河口冲积岛，也是我国的第三大岛，被誉为

---

① 陈东景，郑伟，郭惠丽，等．基于物质流分析方法的生态海岛建设研究——以长海县为例［J］．生态学报，2014，34（01）：154-162.

② 彭超．我国海岛可持续发展初探［D］．青岛：中国海洋大学，2006.

上海的"绿肺"，扮演着关键性生态屏障的角色，素有"长江门户、东海瀛洲"的美称。受诸多因素的共同影响，崇明岛一直以来都表现出相当显著的城乡二元结构特征，无论是经济发展抑或是社会发展均在某种程度上落后于上海辖区下的其他地区。早在20世纪末，该岛便开始针对自身的可持续发展问题展开了积极探索。

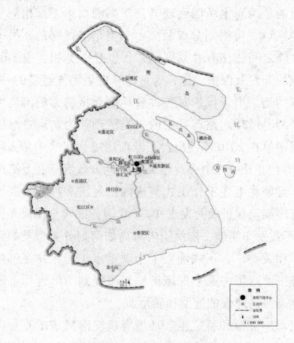

图7-1 崇明岛区位图

图片来源：标准地图服务，审图号 GS2019（3333）号

2001年，国务院正式通过了《上海市城市总体规划（1999—2020年）》，其中明确提及要把崇明岛打造成典型的生态岛，该岛自此之后开启了自己的生态发展之路。2006年，《崇明县区域总体规划（2005—2020年）》获批，专门列出了拟将崇明岛打造成现代化生态岛区的总体目标。2010年，《崇明生态岛建设纲要（2010—2020）》专门强调，要扎实、稳步推进将崇明岛打造成现代化生态岛的这一总体目标，在推进过程中需遵循科学适用原则架构起配套的指标评价体系，并充分发挥其指导作用，且要在2020年时落成初步框架。倚靠得天独厚的地理位置和资源禀赋，再加之政策的支持，"生态立岛"理念获得了岛内居民的普遍认可，并深度融进了当地经济社会的运作和发展。

2016年9月，上海对外宣称将全力推动崇明建设，推动其朝着"世界级生态岛"的方向不断前进。崇明全岛范围内禁止捕猎，公布了全天接听的举报电话，为打造生态东滩启动了一系列生态修复项目。随着相关举措相继付诸实施，更多越冬候鸟被优越生态所吸引而选择了崇明东滩，以白头鹤为代表的多种国家珍稀保护鸟类的种群规模有了大幅扩大。2016—2021年5年间，崇明在提升生态环境品质上全力以赴，并取得了丰硕成果，全岛劣V类水体彻底成为历史，森林实际覆盖率上升至30%以上，地表水环境功能区优化工作成效斐然，全部达标，环境空气质量更上一个台阶，优良率长期保持在92.8%左右，全岛深度发掘发挥了可再生能源的发电潜力，使其发电量的占比上升至26.4%。水、土、林、气等海岛生态要素品质全面提升，成为上海生态环境的标杆，魔都的"绿肺"。

历经二十多年的不懈努力和持续积累，崇明在生态保护上取得了令人侧目的成绩，生态环境质量颇佳，一直位列上海第一，产业转型有序展开，民生福祉得到了有力保证，发挥出了越发显著的生态示范效应，有效夯实了生态基础，大体上架构起了"三生共赢"式的发展框架（三生分别指生态、生产和生活）。《崇明世界级生态岛发展规划纲要（2021—2035年）》（2022年）专门提到，拟于2035年之前促成该岛生态环境更上一层楼，将之建设成绿色生态"桥头堡"，在全国乃至全球范围内成为生态文明的一张名片。同时，还构建了崇明世界级生态岛发展指标体系（见表7-4）。以生态立岛为基本准则，崇明岛正在向世界级生态岛建设的道路上不断前进。

表7-4 崇明世界级生态岛发展指标体系

指标	单位	目标值
占全球种群数量1%以上的水鸟物种数	种	>12
长江河口水生生物旗舰物种种群数量	头	>40
地表水达到或好于Ⅲ类水体比例（市、区、镇级河道断面）	%	市、区级100，镇级>95
土壤健康度（土壤质量、土壤肥力、土壤生物）优良点位比例	%	>80
生态空间（滩水林田湖）占比	%	>86
碳排放量	万吨	≤35
生态产品总值年增长率	%	高于GDP增速
第三产业增加值占GDP比重	%	≥80

指标	单位	目标值
人均社会事业财政支出	万元	>4
公众综合满意度	%	>90

资料来源:《崇明世界级生态岛发展规划纲要(2021—2035年)》

(三)成功经验

崇明生态海岛建设的成功得益于多方面措施的实施。以海岛生态环境治理为海洋生态产业发展提供生态环境基础;以创新海洋生态产业新业态为海洋生态产业发展提供核心支持;以引导海岛居民践行绿色生活方式为海洋生态产业发展提供社会力量。

一是实施海岛生态环境跨区共治。一方面是加强海岛区域生态环境协同管理。在《中华人民共和国长江保护法》等多项法规和政策的引导、规范下,加强流域上下游联系并为之打造了更趋完善的协作机制,以协同方式推动流域、河口及海域等不同区位的生态环境科研活动,打造更具效率的联合监督执法模式,不断提高流域信息共享水平和质量,不仅做到了污染共治,同时还做到了生态共保,基于可能发生的重大环境污染事件以及跨行政区视角,设计和打造了高度完善的应急联动机制。开启了跨行政区域联合执法这种新的有益尝试,旨在集各方之力尽快落成长江口保护开发战略协同区。另一方面,尝试走出国门,积极参与国际生态交流,寻求互惠合作。寻求和国家级生态研究机构的合作,打造世界级水准的生态科创一体化平台,投入大量资源组建了长江口生态科学研究院,并以之为依托推动各种生态科研项目。和老牌的、一流的国际生态保护组织建立常态化合作关系,围绕生态科研问题组织跨国性质的学术交流会议。疏通跨国绿色合作路径,积极学习他国的有效模式和先进经验,和国内外自然保护区取得联系,秉持互利原则打造姊妹保护区,形成更强合力,积极建设人和自然有机相融的生命共同体。在从国外汲取经验的同时,大力扶持本土相关组织的发展,打造示范推广平台,做好对关联项目的引进和推出工作,向那些面积较大的、情况复杂的人居河口岛屿投入更多资源,推动其生态岛建设进程,进而扩大其国际影响力。

二是创新海洋生态产业新业态。首先是积极发展海岛生态旅游。整合优化、多层次发掘区域范围的文化旅游资源,集中反馈长江大保护的不俗成效及东海文旅的别样内涵,因地制宜地落成以长江河口博物馆为代表的一系列重大文化项目，夯实区域的文化供给之基。与此同时，助力打造精品旅游线路，重点培育诸如"静谧西沙"之类颇具吸引力和人文内涵的特色旅游空间。其次是聚焦培育海岛康养平台。依托良好海岛生态优势，建立了覆盖高端医疗、健康养老、中医养生、医疗美容等领域的康养体系。中信崇明 CCRC 国际社区、太保家园东滩国际颐养中心、莎蔓莉莎高端医美、上实东颐疗养院、国华国际生态医养中心等重点项目建设落地，东滩瑞慈花园等持续照料退休社区平台不断发展，打造了特色鲜明、功能互补、产业联动的大健康服务聚集区。积极引入了高端设备、高水准医疗技术和高品质服务，打造集环境、技术、服务于一体的高端康复医学中心和体检中心。最后是加快海洋传统产业绿色转型升级。加快淘汰了落后产能和落后技术，持续推广节能减排技术，聚焦绿色低碳、节能环保、海洋资源循环、海洋生态治理等领域，大力推进生态创业、生态创客集聚发展。全面推进企业能源管理中心建设，扶持智慧生态环境系统的研究和架构，围绕零碳驱动这一基本目标打造更趋完善的绿色制造体系。依托崇明智慧岛数据产业园区，大力发展新一代信息技术、新能源、储能、新材料、清洁能源车船、绿色环保等战略性新兴产业，推动数据中心项目落地，打造若干绿色低碳产业集群。

三是引导海岛居民践行绿色生活方式。一方面引导居民养成绿色消费的习惯。弘扬节约美德，积极宣传绿色消费理念和方式，大力研发和投放绿色产品，多措并举地促使居民加入绿色消费大军。落实生活垃圾分类存放、回收及利用工作。从源头上减少不必要生活垃圾的形成，针对可回收物进一步健全配套的"点站场"体系，基于全局视角做好对生活垃圾处置设施的引入、摆放和利用工作，切实强化这方面的回收利用能力。另一方面应向全岛居民发出绿色出行的号召。在海岛区域内大力推广绿色交通设施和工具，落成更趋完善的绿色交通体系，增加绿色能源应用在整个交通领域的占比，加速域内车辆的电动化进程，进一步发掘各大港口的泊船效能，提高电动船舶的占比，大力发展诸如充电桩之类的配套设施。打造畅通的、实用的、高舒适度的绿色海岛出行交通体系。充分发挥轨道交通的主体作用，打造能耗更低、污染更小、效率更高的换乘体系，参考轨道交通的规划，合理规划和建设换乘停车场等和换乘相配套的设施。建设优越的慢行环境，推出科学合理的慢行分区方案，让自行车和行人各行其道，形成完善的交通网络，突出"公交+慢行"的主导地位，在此基础上架设起具有绿色、多元化、宜人化等优点于一体的公共交通系统。

二、浙江：温州市沿浦镇海洋渔业碳汇交易

（一）固碳机制

基于生态系统的碳汇是一种安全、稳定和高效的碳中和途径。在地球上，海洋是规模最大且最为活跃的碳库，在气候变化领域发挥着直接且关键的作用，储存了全球93%的CO_2。在人类排放到大自然的CO_2中，有1/3最终为海洋吸纳。和陆域碳汇相比，海洋碳汇具有固碳量大、碳循环周期长、固碳效果持久的优势。海洋碳汇，即借助各种各样的海洋生物和一系列的海洋活动实现对空气中CO_2的吸纳，然后将之固化并存储于深海的机制。海洋固碳大多经由3种途径实现，除了生物泵和溶解度泵之外，还包括碳酸盐泵。所谓生物泵是指借助以浮游植物为代表的各种海洋生物对空气环境中的CO_2进行吸纳和转化，使之成为颗粒形态的有机碳，经由海洋表面通过沉降作用带入深层海底并分解储存的过程。但是，由生物泵导致的颗粒有机碳向深海的输出效率并不高，绝大部分在沉降途中被降解呼吸又转化成了二氧化碳。溶解度泵是通过水流涡动、二氧化碳气体扩散和热通量等一系列物理反应实现海洋中的碳转移过程。尤其是在低温、高盐区域，海水的密度更高，受到重力的影响，把海气交换吸收的二氧化碳传递到深海，进入千年尺度的碳循环。碳酸盐泵则是指海洋微生物在生长和新陈代谢活动过程中通过诱导产生碳酸盐沉淀的过程，具体表现为一种矿化机制，如海底叠层岩、冷泉碳酸盐等。从上述研究成果中可以发现，海洋固碳中的生物泵和碳酸盐泵更加偏向于一种生物化学过程，主要依赖于一系列海洋生物，而溶解度泵则更偏向于一种物理过程，主要依赖于海洋水文环境。但是无论是哪一种机制，都需要良好的海洋生态系统作为支撑。

（二）沿浦实践

沿浦镇所在的苍南县作为浙江省海洋大县，全县海域面积颇为可观，达到了2740平方千米，大陆岸线绵延了206千米，近海渔场面积不俗，大概有1.2平方千米，沿海滩涂面积14.6万亩，拥有红树林、盐沼等滨海湿地生态系统，是众多海洋生物栖息、生长、繁殖的良好场所。沿浦镇拥有中国最北端海湾红树林湿地公园，现有红树林1260亩，计划新增种植1800亩。红树林、海草床、盐沼并称为三大蓝碳生态系统，红树林被国际社会公认为是应对气候变化中"基于自然解决方案"的重要内容，具有很强的碳汇能力。此

外，沿浦镇是全国清洁能源发展示范地——1200亿元的三澳核电、400亿元绿能小镇、50亿元远景风电零碳基地，在积极打造浙江省乃至长三角区域知名的"零碳小镇"。

沿浦镇是中国紫菜之乡，湾区滩涂面积13平方千米，海洋藻类及贝类养殖历史悠久，紫菜养殖面积最高达1.8万亩，海带3500亩，蛏子6000亩。经过评估测算，在2018—2021年3年间，沿浦镇的紫菜、海带和蛏子养殖的碳汇总量达到2.3万吨，可为渔民额外增收约20万~50万元。2022年1月，全国首宗海洋渔业碳汇交易在福建连江完成。结合沿浦镇优越的海洋渔业优势禀赋，沿浦镇看到契机，着手开展浙江省第一例海洋渔业碳汇交易工作。2022年10月，苍南县海洋渔业碳汇交易签约仪式在温州市苍南县行政中心举行，正式完成沿浦镇1万吨海洋渔业碳汇交易，交易双方分别为沿浦镇和浙江珑岱农业发展有限公司，浙江珑岱农业发展有限公司以10万元向沿浦镇政府购买1万吨海洋渔业碳汇，用于抵消二氧化碳排放量。该项交易由自然资源部第三海洋研究所出具核算报告，厦门产权交易中心登记备案，是浙江省首宗海洋渔业碳汇交易。

沿浦镇以此次渔业碳汇交易为契机，完善渔业碳汇市场化交易体制机制，打造浙江省养殖渔业碳汇交易模式，为全省乃至全国大范围、大规模交易积累试点经验，并提供成熟模式，为实现海水养殖碳汇价值的市场化提供示范。在成功开展海洋渔业碳汇交易的基础上，苍南县正在测算沿浦湾1300亩红树林的碳汇储量，将加快推进红树林碳汇交易，进一步探索海洋碳汇的应用场景。

（三）模式总结

开展海洋渔业碳汇交易，首先需要明确交易主体。海洋渔业碳汇交易的实现需要政府、企业和社会的多方参与。各主体在海洋渔业碳汇交易发展的不同阶段扮演何种角色需要界定清晰，各个主体所拥有的责权利也需要合理划分。一是在起步阶段，由于市场机制不完善，多数企业基于规避风险考虑通常对海洋渔业碳汇交易持观望态度。因此，需要具有公信力的政府机构直接参与到海洋碳汇交易中，作为海洋碳汇交易中的卖方，以国内、省内知名企业或组织为主要买方，发挥好示范引领作用。二是随着交易市场的不断完善，水产龙头企业及个体养殖户被纳入供给方并逐步成为主要卖方，而碳市场中具有强制减排义务的企业（如发电、化工、建材、钢铁行业的企业）被纳入需求方并逐步成为主要买方。三是在这一过程中，政府的身份需要从

"运动员"转变为"裁判员",逐步退出海洋渔业碳汇的直接交易,承担起市场监管的职责。

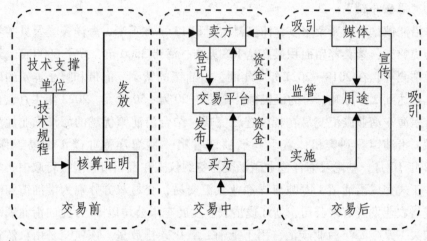

图7-2 海洋渔业碳汇交易流程

在厘清海洋渔业碳汇交易主体的基础上,就需要按照"交易前—交易中—交易后"3个阶段实施海洋渔业碳汇交易。如图7-2所示,首先是交易前的监测与评估。在海洋渔业碳汇交易前,需要借助技术支撑单位(如海洋二所)的力量,进行实地监测和采样,并且依据技术规程和评估标准对需要进行交易的海洋渔业碳汇资源碳汇能力和经济价值进行核算,并向卖方发放海洋渔业碳汇经济价值核算证明。其次是交易中的协商与定价。卖方凭借海洋渔业碳汇经济价值核算证明在海洋碳汇交易平台进行登记,交易平台将信息在其官网上发布,有购买意愿的企业或组织借助交易平台与卖方进行协商,具体定价可采用协议定价(单个意愿购买者)或公开竞价(多个意愿购买者)的方式,最终通过交易平台完成资金的流转。最后是交易后的监管与宣传。在交易完成后,买方可以对所购买的海洋渔业碳汇进行具体用途开发,如广告宣传、打造品牌形象、开发"零碳"商品等。交易平台需要对这些具体用途进行监管,杜绝虚假宣传和过度将购买成本转嫁给消费者的行为。此外,可以借助媒体对整个交易事件进行宣传推广,以吸引更多的企业、组织或个人加入海洋渔业碳汇交易中。

三、福建：莆田市"风渔"互补的创新举措

（一）"风渔"互补

所谓"风渔"互补，是指海洋牧场与海上风电融合发展。海洋牧场与海上风电是海洋经济体系中尤为关键的组成部分，前者能提供大量优质蛋白，而后者则能提供可观的清洁能源，在促进供给侧结构性优化调整等多个领域均发挥出了相当积极的作用。"风渔互补"是关于如何基于综合视角发掘和利用海洋资源的一种新颖思路。依托集约化手段发掘和利用相对有限的海洋空间，基于统筹视角推动渔业资源利用工作，打造现代化、标准化、高效化的海洋牧场，创设水下和水上齐发力的新局面，探索出一条支持照搬的、便于推广的、优势突出的海域资源集约化开发利用模式，在夯实海域海上粮仓身份的同时，巩固其蓝色能源提供者的身份。能为海岸带地区如何基于持续、综合角度开发和利用各种海域资源提供现实参照物，在推动和加速"三效统一"（即生态效益、经济效益及社会效益）方面有着相当积极的作用。

包括德国、荷兰及挪威在内的多个欧洲国家早在 2000 年便各自启动了本国的"海上风电开发+海水养殖"项目，其基本原理是先准备好特制的养殖网箱（适合鱼类养殖）、养殖筏架（适合贝、藻类养殖），然后将之妥善固定于风机基础上，从而发挥出集约用海的效果，为评价海资源综合利用问题提供了真实数据。2016 年，韩国也开启了该国的"海上风电开发+海水养殖"项目，通过实践观察到以双壳贝类为代表的多种颇具价值的海洋生物在该种模式下有了较为明显的产量增加。

（二）莆田实践

莆田海域面积 1.1 万平方千米，为陆域面积的近 3 倍。当地海洋资源丰富、独特，是国家级海洋牧场。目前，莆田市海洋生产总值占 GDP 的比重达26.7%。发展至今，海洋经济的产值规模有了，但是整体开发方式比较单一，主要集中在港口建设、海水养殖等产业链中低端环节，而临港产业发展相对滞后，与港口之间存在无法适配等问题。因此，从总体上看，莆田海洋经济的产业链条还要延伸、结构仍需优化、竞争力有待提升。

莆田市拥有湄洲湾、平海湾、兴化湾三大港湾，具有得天独厚的港口资源和渔业资源，而且已经形成比较完备的交通集疏运体系。2021 年 5 月，罗屿港口正式落成了 40 万吨级泊位并将之投入了正式使用，标志着莆田市迎来

了大港时代。秀屿区南日岛是福建省第一离岸大岛，海域面积广阔，拥有良好的天然海域生态环境和得天独厚的风能资源优势。2018 年年底，南日岛海域凭借着得天独厚的条件获批成为福建省省域范围内第一个国家级海洋牧场示范区。

海洋牧场是将人工鱼礁投放至海底，让海洋生物有良好的栖息环境，从而可以安身繁衍，实现海洋生态环境的养护。南日岛人工鱼礁工程分两个片区共七期建设，总投资 4600 万元，使用海域面积 7.24 平方千米，一至七期建设任务已于 2020 年 7 月全部完成并通过验收。几年间，数千万尾的石斑鱼、黄鳍鲷、黑鲷以及双线紫蛤、鲍鱼等种苗先后被投入海洋牧场，由权威机构给出的专业评估可知，该牧场鱼礁区生物密度有较为明显的增大，多样性水平明显提高，幼鱼幼体得到有效庇护，社会和生态效益初步显现。

2021 年 3 月，国家能源集团龙源电力福建公司与秀屿区政府签订了深海网箱养殖融合漂浮式海上风机示范项目框架协议，共建我国首个"风渔互补"示范项目。2022 年 11 月，漂浮式海上风电融合深海养殖关键技术研发与工程示范项目半潜式浮体平台正式开工建造，标志着世界上第一个"漂浮式风电+网箱养殖"项目付诸实践。在基础选型上，采用了半潜式浮体平台，配置了 1 台功率高达 4 兆瓦的漂浮式且支持海上运行环境的风电机组，另外还在浮体平台上铺设了一定数量和功率的光伏板，平台中间专门规划了一个正六边形用于海水养殖，养殖水体的上限被设定为 1.2 万立方米，用来分析和评价"漂浮式风电+深海养殖"这类项目的可行性。项目付诸实施之后，将建构成具有融合式特点的新业态，在打造"绿色生态"的同时，实现可观的"蓝色经济"，并发挥两者的相互补益作用，对新时代背景下践行国家海洋强国战略有着相当积极的现实意义，同时这也是我国生态文明建设的一项重要内容。据估算，该项目一年生产的绿色清洁电能能达到惊人的 14 亿千瓦时，节省标准煤 45 万吨，节水 439 万吨，减排二氧化碳气体 140 万吨。该项目的实施为广大渔民提供了更多就业岗位，同时还推出了便于照搬、容易普及、效益不俗的海上风电区域融合型绿色养殖模式，推动全区海洋产业结构向中高端攀升，打造沿海绿色产业经济带。

（三）融合方式

海上风电场风电机组基础不仅牢固且面积较大，是一些海洋生物比较喜好的栖息地。在推动海上风电场项目的实践中，会导致海水水质发生一定变化，也会使得各理化因子出现某种程度的改变，能为区域内浮游动植物营造出较为理想的生存和繁殖环境,赋予风机桩基一定水平的初级生产力。莆田市"风渔"互补的创新举措主要体现在以下3种融合方式上。

第一,空间融合。"风渔互补"不仅利用了海面空间还发掘了海底空间,采用立体开发模式,基于综合利用视角充分利用自然风能和各种生物资源,在制造绿色电能的同时,还收获了大量且颇具经济价值的绿色渔业产品,空间耦合效益较为突出。在发挥融合途径的过程中,充分利用了海上布设的各座风机的稳固性,依托风机基础打造了大量满足建设标准的养殖设施,包括牧场平台、休闲垂钓平台、网箱及筏架等,在减少了运维投入的同时,还进一步扩大了海洋经济生物养殖的实际容量,基于集约理念实现了对有限海域空间资源的充分发掘和利用,是一种全新的、效率的、绿色的海洋开发模式。

图7-3 "风渔互补"模式示意图

图片来源:杨红生,茹小尚,张立斌,林承刚.海洋牧场与海上风电融合发展:理念与展望[J].中国科学院院刊,2019,34(06):700-707.

第二,结构融合。打造增殖型风机基础,一方面能建成所需的风电基础底桩,另一方面还能得到适宜的人工鱼礁构型,在发挥资源养护之效的同时,还能起到环境修复的作用。融合途径如下:建成单桩式风机底桩并发挥其基础作用,结合各种礁型(如多层板式集鱼礁等)的特点和需求,形成融合式构型,集海上风力发电、人工鱼礁养殖这两大功能于一体,赋予风电场区域一定水平的初级生产力,确保区域食物网始终处于相对稳定的状态,从而顺利达成包括生境养护、海产品增值、绿色能源制造在内的多元化目标。

第三,功能融合。全方位发掘季节性渔业生产高峰的潜力,同时充分利用好风力发电高峰,不仅要保证海洋牧场能收获丰富生物资源,还应确保风力资源得到深度发掘,从而基于时间视角实现对上述两者的充分耦合。融合途径如下：架构稳定性上佳的海上智能微网，确保海洋牧场始终得到充沛的电力供应，每逢渔业高峰期，可将风电就地投向海洋牧场平台，支持各项设备设施的正常运转，为牧场高效运行提供充分的电力支撑，增强海洋牧场的综合抗风险能力，维护其生态安全、运营安全；进入风力发电高峰期之后，可将绿色风电传输给区域电网，分摊火力发电系统的压力，降低对自然环境的破坏，提高居民的用电质量和用电安全，在此基础上架构起循环型绿色运作新模式，一方面保证了清洁能源充分产出，另一方面保证了渔业资源的长效运作。

利用空间融合、结构融合和功能融合建构相对完善的"海上风电功能圈"，推动海洋牧场产业朝着现代化、高效化方向不断迈进，同时助力清洁能源产业更上一个台阶，打造互为增益、双赢升级的局面。

四、江苏：盐城市海洋能源绿色开发

（一）海洋绿色能源

海洋绿色能源指从海洋中提取的可再生能源，包括海潮能、海风能、海流能、海温差能等。其中海潮能是指从潮汐能量中提取的能源，潮汐能发电系统通常包括潮汐水轮机或潮汐液压发电机，它们可以利用潮汐的能量发电。潮汐能发电不仅可以减少对传统能源的依赖，还可以推动环保产业发展。海风能是指从海洋风能中提取的可再生能源。海风能发电系统通常包括风力涡轮机，可以利用海洋风速的能量发电，海风能发电可以减少对传统能源的依赖，有助于环保。海风能还是一种不受地理位置限制的能源，并且发电效率随着风速的增加而增加。因此，海风能在推动可再生能源发展方面具有重要意义。海流能是指从海洋流动能中提取的可再生能源，其由海洋的温度、压力和海面形态所产生。海流能发电系统通常包括流动水轮机，可以利用海洋流动的能量发电。海流能发电是一种不受天气影响的能源，并且具有稳定的发电效率。海温差能是指利用海洋温差产生的可再生能源，通过利用海洋中温度较高的水与温度较低的水之间的温差产生。海温差能发电系统通常包括热泵发电机，可以利用海洋温差的能量发电。海温差能发电是一种不受天气影响的能源，并且具有稳定的发电效率。作为重要的海洋绿色能源，其对减少对传统能源的依赖和促进环保具有重要意义。

海洋绿色能源是以海洋天然资源为基础的能源，具有可再生、可预测、低碳排放等特点。海洋绿色能源发电系统可以大大减少对传统能源的依赖，

有助于改善环境状况和减缓全球变暖。为了实现这一目标，国际社会正在加强对海洋绿色能源的研究和开发。在研究和开发技术上，研究人员和工程师正在努力开发更高效、更安全的海洋绿色能源发电技术。在资金投入上，政府和私人投资者正在投入大量资金，以支持海洋绿色能源的研究和开发。在公共政策支持上，许多国家和地区正在通过制定政策和法律来支持海洋绿色能源的开发。在国际合作上，许多国家和地区正在合作，以推动海洋绿色能源的研究和开发。在社会推广上，许多环保组织和支持者正在通过教育和宣传来推广海洋绿色能源的重要性。例如：挪威的海洋风力发电项目已经在运营，该项目利用海洋风力发电产生电力；英国的 MeyGen 项目是一个海潮能项目，该项目利用海潮能发电；日本的藤田海温差能项目是一个海温差能项目，该项目利用海水温差发电；加拿大的 Open Ocean 海流能项目是一个海流能项目，该项目利用海流发电。通过这些努力，国际社会正在逐步提高对海洋绿色能源的认识和投入，以促进可再生能源的发展和实现更环保的能源模式。

（二）盐城实践

盐城是隶属江苏的一座沿海城市，是该省境内海岸线最长、海域面积最大的城市，拥有相当可观的滩涂湿地资源，还拥有得天独厚的海洋资源，延绵不绝的黄海滩涂，广阔无垠的蓝色海洋，无不是有待深挖的、极具价值的"风光"资源。应通过何种方法和路径将资源优势转换成实实在在的产业、经济或发展优势呢？在实现"双碳"目标的大背景下，盐城十分关注新能源产业建设，为之投入大量资源，并进行了针对性的优化布局，以期走在行业前沿。依托得天独厚的"风光"资源，盐城云集国家电投、华能、国家能源、三峡、大唐、国信、华电、中广核等一大批颇具规模的央企、国企，聚焦风光资源着力推动其规模化开发和利用工作。

一是构建形成"2+4+8"产业布局。为推动新能源产业的可持续发展，基于立体化视角为之打造了集"两大集群、四大基地、八大园区"于一体的、颇具潜力的发展格局。"两大集群"为海上风电产业集群、光伏产业集群；"四大基地"为近海千万千瓦级海上风电开发基地、远海千万千瓦级海上风电开发基地、百万千瓦级光伏综合利用基地、海上风电运维基地；"八大园区"即大丰风电产业园、射阳新能源及其装备产业园、东台风电产业园、阜宁风电装备产业园、滨海风电产业园、响水风电产业园、盐城经济技术开发区光电产业园、建湖光伏产业园。二是构建"2+2+2"新能源产业体系。夯实风电、光伏的根基，进一步凸显其优势地位，积极进军储能、氢能产业，抢占先机，科学孵化输变配电、综合能源服务产业，有效发挥其配套效能，不断提升产业转型"含绿量"。

（三）主要成就

经过多年在海洋绿色能源领域的深耕，江苏省盐城市已发展成为全国首批新能源示范城市、国家海上风电产业区域集聚发展试点、长三角地区首个"千万千瓦新能源发电城市"。目前，盐城已落户江苏省沿海可再生能源技术创新中心，成立行业领先、国际一流的润阳光伏研究院，落成了以中车电机国家认定企业技术中心为代表的 10 余个省级乃至国家级的、颇具实力的科创新平台。

"十三五"期间，盐城规划海上风电容量 822 万千瓦，占全省 56%。海上风电并网容量占全省 61%、全国 39%、全球 10%。"十四五"期间，盐城结合自身禀赋规划了近远海海上风电，总容量超过 3000 万千瓦，占整个省的 70% 以上。同时，对光伏资源进行全面系统开发建设，打造中国东部沿海光伏发电基地。截至 2022 年 9 月底，盐城新能源发电装机容量 1235.76 万千瓦，占全省 25.48%，规模全省第一。其中，风电 946.58 万千瓦，占全省 42.12%。1—9 月份，新能源累计发电量再创新高，达到了 198.45 亿千瓦时，同比增幅多达 8.49%，在江苏省新能源发电总量之中的占比为 29.15%，在盐城市社会用电总量之中的占比为 59.23%。这意味着，全市每使用 100 度电，就有 60 度来自新能源发电。

盐城"十四五"新能源产业发展规划提出，到 2025 年，新能源产业迈向两个"2000"蓝海：产业规模达到 2000 亿元，装机容量达到 2000 万千瓦的目标。盐城将加快建设绿色低碳发展示范区，打造绿色能源之城，阔步迈向两个"2000"蓝海，为全国实现碳达峰碳中和探索路径，创造绿色智慧能源美好未来。

第三节　推动东海海洋生态产业发展的现实路径

一、东海海洋生态产业发展的制约因素

（一）海洋生态损害严重

海洋生态损害指的是受到人类活动的影响，导致海域自然条件发生变

化，或者将污染物质排放到海域，从而对海洋生物因子、非生物因子以及生态系统造成破坏。主要表现为海洋生境发生变化、损失大量的海洋生物资源以及海洋功能退化。导致这类损害发生的原因比较多，主要总结为两点：一是自然原因，二是人为原因。前者指的是受到自然灾害影响造成的损害，一般包括风暴、海啸等；而后者指的是各式各样的海洋开发行为以及污染事件，例如围海、填海、陆源排放以及溢油等。工业排放、油轮泄漏、污水排放、海床采矿等活动对海洋生态环境造成了严重损害，使得许多海洋生物生存环境受到严重污染。海洋污染是造成海洋生态损害的主要原因之一。化学污染物、生物毒素、微塑料等有害物质对海洋生物造成了严重危害，并且随着时间的推移，污染物在海洋生态系统中传递，会对生物体造成更严重的影响。

海洋生态损害对海洋生态产业发展带来的最重要的影响在于引起海洋资源短缺。海域资源短缺是当前东海面临的一个严峻问题，涉及人类对海洋资源的消耗和保护。海洋资源包括鱼类、石油、天然气、矿产、生物资源和水资源等。人类对这些资源的消耗已经超过了海洋自然生产和再生的能力，导致海洋资源严重短缺。过度捕捞是造成海洋资源短缺的主要原因之一。随着人口增长和对海产品需求的增加，海洋捕捞活动日益加强，使得许多海洋生物的数量急剧减少，一些物种甚至濒临灭绝。另一个导致海洋资源短缺的因素是海洋污染。工业排放和油轮泄漏等活动对海洋生态环境造成了严重损害，使得许多海洋生物生存环境受到严重污染。此外，人类对海洋资源的开发也造成了海洋生态环境的破坏。例如，海床采矿活动和油钻活动对海洋生态环境造成了严重损害，使得海洋生物多样性受到严重影响。

（二）监管体制运行低效

海洋具有典型的公共物品属性特征。在"重陆轻海"等传统理念的束缚下，中国近海在过去相当长的一段时间中处于"有人开发、无人负责"的尴尬境地。纵观海洋生态产业的运作，从表面观之似乎是技术层面的问题，而透过表象看本质便会发现这是体制、机制以及制度层面的问题。海洋是一个整体且处于流动状态，上述特点与海洋管理的分散性之间存在不小的矛盾，而这被很多专家和学者认为是不利于海洋生态产业运作和成长的关键性障碍。自20世纪80年代开始，中央和各级地方政府便先后颁布了多项相关法规，旨在打造一套运行效率更高、更趋完善的海洋生态保护制度体系，从而有序推动包括资源规划、监测评价、督促修复在内的各项工作。然而海洋生态产业发展需要面对诸多问题，是一项涉及面颇广、复杂系数颇大的系统性工程，虽然配套法规、政策和文件处于不断丰富之中，但是该产业的发展仍然任重道远。

一方面，海洋生态产业发展的监管主体单一。传统的海洋事务监管机制以政府单一主体模式为主，但由于受观念意识、信息平台、利益纷争等影响，各层级地方、各区域政府间往往存在不协作的问题。政府单一主导下的海洋生态产业发展的监管机制本身存在结构性缺陷，"碎片化"现象严重，导致监管效率低下，"公地悲剧"问题日趋严峻。另一方面，海洋生态产业发展的监管机制内部协调统筹能力不足。2018年国务院机构改革中虽然将海洋事务监管职能统一划归到生态环境部，并下设海洋生态环境司，选取机构设置为突破口，旨在弱化甚至消除陆海分割壁垒，为全局统筹式推进海洋事务监管奠定了基础。但是原来主要负责海洋事务监管的国家海洋局仍然整合进新组建的自然资源部中，加挂国家海洋局牌子，在下设的海洋战略规划与经济司、海域海岛管理司、海洋预警监测司中也涉及海洋事务监管职责。此外，更是将区域海洋事务监管职责分摊到其派出机构自然资源部北海局、东海局和南海局中。因此，我国海洋生态产业发展的监管机制仍然面临机构设置不合理的问题，机构权限交叉、划分不明。部门间缺乏联动机制进一步加剧了海洋生态产业发展的监管机制的低效运行。

（三）关键技术仍未突破

技术是推动海洋生态产业发展的关键因素之一。首先，高水平的海洋生态产业开发技术可以帮助保护海洋资源，防止资源过度损耗，保证海洋生态的稳定。其次，提高海洋生态产品的生产效率，减少生产成本，提高生产效益。同时，海洋生态产业相关技术的改进可以提高生产质量，保证生态产品的安全性和可靠性。最重要的是，海洋生态产业相关技术可以帮助恢复海洋生态，赋予海洋生态更为理想的稳定性，推动该产业踏上持续发展的道路。除此之外，海洋生态产业相关技术可以提高海洋监测评价能力，帮助对海洋环境进行有效监测评价，预测和防范环境危害。因此，海洋生态产业发展中技术的重要性不言而喻，技术的提高对于海洋生态产业的发展具有重要的意义。当前，海洋生态产业发展中的关键技术仍未突破，技术水平仍然不足，主要表现在以下几个方面：

一是海洋资源保护技术不足。目前海洋资源保护技术仍然缺乏针对性，不能满足各种海洋生态系统的保护需求。同时，各国海洋资源保护技术仍然存在着很多分散、不协调的现象，缺乏整合的保护体系。此外，海洋资源保护技术的发展相对落后，环保技术的应用不够全面，对于一些特定的污染问题缺乏有效的解决办法，如海洋重金属、微塑料污染的治理和海洋生物多样性保护等。二是海洋生态修复技术不足。一方面，缺乏有效的生态评估方法，目前海洋生态评估技术仍然存在很多的技术局限性，难以对海洋生态系统的修复效果进行全面、准确的评估；另一方面，修复技术滞后，海洋生态修复技术的发展相对落后，对于一些如海洋废弃物处理等特定的海洋生态问题缺乏有效的解决办法；此外，修复技术成本高，海洋生态修复技术的实施往往需要大量的资金投入，成本高昂，难以普及。三是海洋生态产品生产工艺不足。首先，海洋生态产品生产技术不成熟，目前，生态产品生产技术仍然处于不成熟阶段，很多生态产品的生产工艺缺乏科学性。其次，海洋生态产品生产设备落后，海洋生态产品生产的设备水平落后，难以满足生产要求，影响生产效率。再次，海洋生态产品生产的人力成本高，对生产者的经济负担很大。从此，海洋生态产品生产过程中品质不稳定，难以保证生产的稳定性和可靠性。最后海洋生态产品生产的环境难以控制，导致生产效果不稳定。四是海洋监测评价技术不足。首先，海洋数据不全面，海洋监测评价技术缺乏全面的数据，影响监测结果的准确性。其次，海洋监测仪器有待更新，海洋监测评价仪器落后，难以满足监测评价的需求。再次，海洋监测方法单一，目前的海洋环境监测评价方法单一，难以揭示复杂的海洋环境变化。最后，海洋监测评价缺乏系统性，难以得出科学的评价结论。

（四）社会关注参与不足

海洋生态产业发展需要政府与社会力量共同努力。海洋生态产业发展表现突出的国家在海洋环境保护工作中往往非常重视与社会中其他团体与个体的合作，这些社会成员包括涉海利益相关者、环保团体、社会公众等。党的十八届三中全会提倡国家治理体系与治理能力的现代化，"治理"即强调政府与社会力量的合作。在海洋生态产业发展方面，除了完善立法、建立有效的执行机制，加强与社会团体的合作也是非常重要的一个任务。发达国家在海洋生态产业发展过程中，非常重视与社会团体的合作，很多国家在海洋生态产业发展的基本计划中就将这一条列入主要任务之一。

尽管东海海洋生态产业的重要性日益凸显，但在其发展中社会关注和参与仍然不足。首先，缺乏对海洋生态产业的全面了解。很多人对海洋生态产业的认识仍然停留在表面，对其对环境、社会和经济的影响缺乏充分了解，因此很难对海洋生态产业产生关注和参与。其次，缺乏有效的沟通渠道。目前，海洋生态产业与社会之间缺乏有效的沟通渠道，很难将海洋生态产业的相关信息传递给社会，从而影响关注和参与。再次，缺乏充分的参与机会。很多人希望参与海洋生态产业的发展，但由于缺乏充分的参与机会，很难实现。最后，缺乏有效的监管和评价机制。海洋生态产业的发展需要监管和评价机制的保障，但目前缺乏有效的监管和评价机制，导致社会关注和参与不足。

二、东海海洋生态产业发展的提升路径

（一）加强海洋生态环境的协同治理

协同治理论的实践和学术探讨兴起于西方，常用来指代政府、企业、非政府组织和公民之间的跨主体互动和合作的现象。在概念界定上，集中讨论了参与方话语权和地位的平等性、个人和组织的自主性、规则的重要性、社会机制在决策过程中的参与等问题。自 21 世纪初协同治理论引入我国以来，国内学者对于协同治理论也进行了诸多探讨，概念界定上基本认同"协同治理＝协同理论+治理理论"，即协同治理论是自然科学中的协同理论与社会科学中的治理理论相结合的产物，具备治理主体多元性、各子系统协同性、规则制定共同性等特征。除"协同治理"之外，国内学界也经常提及"合作治理""协作治理"，通过上述二者表示政府和有关组织共同发起的跨部门合作。虽然国内外不同学者对于协同治理论的理解存在差异，但仍然存在一些基本共识：在推动治理工作的过程中，引入了非政府性质的行为主体；但凡参与治理的各行为主体均会为了实现共同目标而献策、出力。随着我国生态环境保护问题逐渐受到重视，协同治理论在环境治理领域的应用也越加丰富，如大气污染、工业污染、水污染、海洋污染等。海洋生态环境的协同治理主要包括以下 3 方面：

一是跨行政边界的协同治理。海洋生态环境常常被不同的行政区分割管辖，海洋生态环境的整体性与行政区分割的矛盾，使得不同行政区之间因为利益冲突而引起海洋污染纠纷，严重影响了整个海洋生态环境的污染防治。跨行政边界的协同治理就是要打破海洋生态环境之间的行政区划壁垒，通过建立跨行政区的区域海洋管理委员会协调海洋环境治理问题。跨行政边界协同治理中的利益逻辑与解决机制包括政府横向协调机制、区域联动机制等。在海洋生态环境跨行政边界协同治理的具体实践中，自上而下由中央试点推

广的湾（滩）长制最具代表性。

二是跨自然边界的协同治理。海洋生态环境协同治理涉及流域、河口、近海和远海等多个自然要素，跨自然边界的协同治理机制认为这些自然要素间并不存在清晰的边界，它们相互交织、互相影响，共同构成了流域和海域生态系统。国内跨自然边界的协同治理机制在流域的生态补偿中运用最为普遍，如新安江、九洲江、东江。也有学者对跨自然边界的海域生态补偿的政策变迁、机制构建、政策绩效、法律完善等做了诸多探讨。基于这些丰富的实践经验和研究成果，一些学者又提出了构建流域和海域相结合的跨界生态补偿机制设想，以海定陆，对各种入海污染物以区域联动方式在各流域加以管制。在构建流域—河口—近海跨自然边界的污染防治机制时，要以污染防治协调管理制度为基础，以污染物总量控制制度为核心，以污染防治规划为依据，以生态补偿制度为保障。2017 年福建九龙江流域—厦门湾区域水环境治理正是基于这一理念，实现了跨自然边界的协同治理模式，生态系统形成良性循环。

三是跨部门边界的协同治理。当环境治理由多个部门进行行政管理时，常出现权责不清、相互推诿的问题。我国海洋生态环境治理长期处于多头管理，造成了"九龙治水"和"九龙治海"的乱象。而跨部门边界的协同治理能通过部门高层之间的横向交流以及治理目标的及时制定，有效减少跨部门之间的冲突，提高要素利用效率和环境管理效率，是解决这一问题的关键所在。我国于 2018 年通过机构改革，整合并新组建了生态环境部和自然资源部，正是通过跨部门边界进行海洋生态环境协同治理的重要实践。此外，许多学者也提出了一些跨部门协作治理的其他设想，如建立不同级别的海洋委员会、组建环境监测陆海统筹委员会、成立各级部门共同参与的综合治理的协调小组。

（二）构建陆海统筹的海洋生态产业发展监管体制

陆海统筹理念在我国起源于 20 世纪 90 年代，除了陆海统筹外，相似的提法主要有海陆一体化和海陆互动。直至"十二五"规划纲要正式将相关提法统一为"陆海统筹"。国外虽然没有陆海统筹的提法，然而分析其提起的海岸带综合管理理念不难发现，和我国主张的陆海统筹发展理念之间有颇多相通之处。从宏观战略视角看，所谓陆海统筹可被理解成，在全面统筹与科学把控陆海开发关系的条件下，启动并落实好统一筹划工作，深化海陆联系，互助互利，在海洋和陆地两大自然系统中建立合理利用资源、保护生态环境安全的发展模式，确立陆海一体、陆海联动发展的一种战略思路。从地理空间视角看，可将陆海统筹视为陆海发展空间与资源环境的整合。从区域经济视角看，陆海统筹可以定义为一种处理区域和产业发展的基本理念，着重强调了陆域和海域的协同发展以及陆海区域间的联动作用。具体来说，构建陆海统筹的海洋生态产业发展监管体制可以从以下3方面开展：

一是中央层面应建立对地方海洋环境与资源状况常规化的监测体系。通过对沿海地方海洋环境与资源状况的常规化监测，中央政府能够识别沿海地方政府海洋环境的治理绩效，使得沿海地方政府能够将海洋环境治理和保护纳入地方工作当中，改变沿海地方政府"重陆地，轻海洋"的惯性思维。现有的海洋督察和环保督察对地方近岸海域生态环境起到了很好的监督作用，但仍无法同时对所有沿海地方政府实施常态化的监督。本质上而言，海洋督察和环保督察仅是地方海洋环境治理的外生冲击，难以改变沿海地方政府的海洋环境治理体系。通过对地方建立常规化的海洋环境监测体系，促成地方海洋环保动力朝着内生的方向不断转化，从而帮助地方政府不再被动地应对督察反馈，充分调动地方政府的主观能动性，创新海洋环境管理模式。

二是沿海地方层面需要建立起独立于地方利益的海洋生态产业发展统筹机构。海洋生态产业发展的阻碍之一在于海洋生态产业发展机构被地方利益所俘获。但海洋并非仅仅属于沿海地方政府，建立在地方利益基础之上的海洋生态产业发展监管危及所有公民以及子孙后代的利益。因此，要真正发挥海洋生态产业发展监管机构作用，需要使其摆脱沿海地方政府的掣肘，独立行使监督权。此外，陆海统筹也要求海洋生态产业发展监管机构与地方产业发展有效对接，参与到产业规划当中，防止出现危害海洋环境的不合理的产业布局。

三是建立以流域为单位的陆源污染综合管理机构，打破基于行政边界管理导致的碎片化治理。良好的海洋生态环境是发展海洋生态产业最重要的基础。近岸海域生态环境损害和沿海地区乱排乱放各类污染物及盲目开发有关，同时和内陆地区的排污行为也有一定关系，内陆地区尽管离海较远，然而其产生的污染物会顺着河道抵达海洋。所以，在推动海陆统筹工作的过程中，应将沿海地区、内陆地区全部列为被统筹的对象，而现阶段基于行政区的治污模式尚存在诸多不足，尤其是容易诱发彼此推诿的问题，严重时还会产生所谓的囚徒困境，最终导致污染排放陷入无人肯管的局面，这对于保护近岸海域生态环境而言是极为不利的。应引入系统性治理模式，突破传统模式的束缚，尝试划定不同流域并设立综合管理机构，以此实现对陆源污染的有效防治。另外，还应围绕近岸海域生态环境治理领域当前业已确立的整体性目标，统筹安排流域上下游地区的各项相关事宜，促使地区间开展有效合作，协力改善近岸海域生态环境。

（三）推动海洋生态产业关键技术创新

科学技术是第一生产力，海洋生态产业是国家经济发展的重要组成部分，关键技术创新是推动海洋生态产业发展的关键因素。推动海洋生态产业关键技术创新具有重要的现实意义。关键技术创新可以提高海洋生态产业的竞争力。通过不断地技术创新，可以提高海洋生态产品的质量和效率，降低生产成本，同时增加市场占有率，提高海洋生态产业的竞争力。

关键技术创新还可以促进海洋生态产业的可持续发展。海洋生态产业对海洋生态环境具有重要的影响，因此，关键技术创新不仅可以提高生产效率，还可以为海洋生态环境提供有力保护，最终推动和保障整个海洋生态产业的有序运作、健康发展。除此之外，关键技术创新还可以促进海洋生态产业的创新和技术进步。通过不断地技术创新，可以引领海洋生态产业的技术进步，推动行业的创新，从而促进海洋生态产业的发展。为了推动海洋生态产业的关键技术创新，可以从以下几个方面入手：

一是政府支持。政府可以通过设立科技基金、创新基金等，向海洋生态产业相关的科研项目和企业提供资金支持。还可以通过出台相关政策，如税收优惠、补贴、保险等，来扶持海洋生态产业的发展。同时，可以建立海洋生态产业技术创新公共服务平台，为企业提供技术开发、转化、商业化等服务。此外，还可以加强知识产权保护，刺激海洋生态产业踏上更效率的技术创新之路。政府可结合当地条件和需要设立海洋生态产业技术创新奖，对优秀的科研成果和技术产品进行奖励。

二是国际合作。首先，可以加入如联合国海洋组织等国际组织，与国际机构合作，共同推动海洋生态产业的技术创新。其次，可以与国际上相关的科研机构和企业合作，开展科技合作项目，共同推动海洋生态产业的技术创新。再次，鼓励海洋生态产业相关人才与国际同行交流，互相学习和借鉴。最后，还可以组织海洋生态产业技术论坛，邀请国际专家参会，促进技术创新的交流与合作。

三是技术转移。一方面，可以建立海洋生态产业相关技术转移平台，为企业和研究机构提供海洋生态产业相关技术转移的渠道。同时加强科技中介机构的建设，提供海洋生态产业相关技术转移的服务。另一方面，推广海洋生态产业相关技术许可，鼓励企业和研究机构进行海洋生态产业相关技术转移。此外，还可以开展海洋生态产业相关技术培训，帮助企业和研究机构提高技术水平，促进技术转移。

四是人才培养。加强海洋生态产业相关的高等教育，培养海洋生态产业领域的人才。还应加强研究生教育，鼓励更多的人才投入海洋生态产业领域。同时，开展工程师培训，帮助企业提高技术水平，培养人才。此外，鼓励海洋生态产业相关人才与国际同行交流，互相学习和借鉴。另一方面，还可以与海洋生态产业相关企业合作，开展实习培训，帮助学生了解海洋生态产业，培养人才。

（四）鼓励社会力量参与海洋生态产业建设

海洋生态产业建设多元主体参与模式的基本特点是主体多元、合作协商，从而突破了联动机制的限制，将社会多元主体纳入联动的体系中，最大限度地整合社会资源，社会化组织企业、非政府组织、公众等既是海洋生态产业的受益人，也应当是海洋生态产业的建设者。在实际发展当中，公众参与海洋生态产业建设表现为以下几个方面：

一是增强海洋环保意识，主动丰富海洋环保知识。这是公众在海洋生态产业建设当中发挥积极作用的先决条件。公众作为维护和改善海洋环境的主力军，意识的增强使其更加积极参与到海洋环境保护当中，而知识的丰富使其在此过程中能够采取有效的方式，达到事半功倍的效果。当然，除了通过自身的努力为保护海洋环境献出一份力，公众还可以呼吁并督促政府参与其中，提高环保意识。

二是监督政府实施海洋生态产业管理权。公众只有全程参与并监督政府海洋生态产业建设工作，才能使其从公众需求出发，提高效率。而这是以法律保障为前提，只有这样，公众才能合法行使如知情权、监督权等相关的海洋生态产业管理权益。

三是落实绿色消费理念，改变涉海企业的生产方式和发展观念。在过去的生产中，受传统观念的影响以及现实条件的限制，数量众多的涉海企业采取的是粗放型的生产方式，不仅导致原材料的浪费，还可能造成海洋环境的污染。而利润和市场作为企业追求的目标，消费者是其服务群体。基于此，公众通过改善消费习惯的方式，倡导绿色消费行为，来促使企业发展观念和生产方式的转变，最终促进海洋传统生产的绿色转型升级，倒逼海洋生态产业发展。

为此，政府一方面要积极开展宣传教育活动，培育保护海洋生态环境的社会共识，向社会公众普及海洋生态产业相关知识，鼓励引导社会公众消费海洋生态产品；另一方面，通过资助环境领域项目、开展环境质量评估与咨询活动等，参与和影响政府间国际组织关于海洋保护开发的决策过程及政策实施，力求融合绿色经济和生态治理，以保护和促进生态多样性的发展，为海洋生态产业建设提供助力。

第八章

东海海洋产业政策实践及优化研究

海洋产业是人们在发展海洋经济的过程中，对海洋资源进行开发、利用和保护时所进行的生产和服务活动。近年来，随着世界海洋经济的快速发展，人们越发重视海洋产业的规划和发展。海洋产业政策是政府制定和实施的与海洋产业相关政策的总和，包括法律法规、行政条例、通知意见和经济政策等。高效合理的海洋产业政策有利于促进海洋资源的合理开发利用，实现海洋资源到经济优势的现实转变，从而推动海洋产业的全面、协调和可持续发展。东海海洋资源优势明显，海洋经济已成为拉动东海沿岸地区经济发展的有力引擎。为了推动海洋经济发展，东海沿岸各地充分发挥政府职能，实施了不同类型的政策和措施，以优化海洋产业发展布局，提升海洋经济发展水平。尽管东海海洋产业呈现向好的发展趋势，但仍然存在一些问题和不足。海洋产业政策的制定需要顺应地方发展趋势，结合地区区位优势和产业需求，以更好地发挥政策引领作用。为此，本报告对东海地区（即上海、浙江、江苏和福建三省一市）近 25 年的海洋产业政策的阶段演变、主要特征和政策工具使用进行分析，并在此基础上提出海洋产业政策优化方案。

本报告通过自然资源部东海局官网①，北大法宝数据库对东海沿岸各地区海洋产业政策文本进行收集，文本收集原则如下：一是发文单位，选用全国人大、国务院及其直属机构以及地方部门的政策法规；二是检索词，分别以"海洋产业"②、《中华人民共和国海洋及相关产业分类》中提及的具体细分产

---

① https：//ecs. mnr. gov. cn/home/
② 指以"海洋产业"为主要检索词进行检索得到的政策文本以及涵盖所有分类产业的政策文本，本报告将这类产业政策归类为"综合产业政策"。

业的名称①，为分类政策的关键词进行全文检索；三是政策类型，主要选取法律法规、规划、意见、办法、通知公告等能直接体现政府对海洋能产业发展所持态度的政策，复函、批复类不计入；四是政策时间范围，选取 1996—2022 年期间（"九五"至"十四五"时期）的政策文本。根据上述原则，本报告共收集东海海洋产业政策相关文本 457 份。

第一节　海洋产业政策的阶段演变

本节立足于政策的时间发展演变，对东海地区海洋产业政策数量、产业分类及产业结构在不同时间段的特征和变化趋势进行比较分析。

一、政策数量的阶段演变

从政策数量来看，1996—2022 年期间，东海海洋产业政策总体呈现先增加后减少的态势，如表 8-1 所示，东海海洋产业政策数量自"九五"时期开始呈现增长态势，直到"十二五"时期达到最大值，而后逐渐下降。海洋产业政策数量变化也体现出不同时期对海洋经济发展的重视转变。具体来看，"九五"期间，国家和地方政府对海洋产业的重视程度处于初级阶段，与东海海洋产业相关的政策数量较少且不连续，这期间政策文本的数量仅占总量的 5% 不到；"十五"至"十一五"期间，国家于 2003 年出台《全国海洋经济规划纲要》，对海洋经济发展的战略目标、海洋区域开发布局和海洋产业布局进行统筹规划，加快海洋经济发展步伐，因此相关海洋产业政策的发布数量在这一时期开始显著增长，其发布数量分别占总量的 7.88% 和 18.60%；"十二五"期间，东海沿岸地区经济快速发展，对海洋产业的投入力度逐年增大，党的十八大报告于 2012 年首次正式提出"海洋强国"战略，国家对海洋事业日益重视，故政策数量呈现出直线式上升的趋势，并在这一时期达到峰值，

---

①　指以具体细分产业名称为主要检索词进行检索得到的政策文本。根据《中华人民共和国海洋及相关产业分类》，对海洋产业划分如下：海洋第一产业（海洋渔业、沿海滩涂种植业），海洋第二产业（海洋水产品加工业、海洋油气业、海洋矿业、海洋盐业、海洋船舶工业、海洋工程装备制造业、海洋化工业、海洋药物和生物制品业、海洋工程建筑业、海洋电力业、海水淡化与综合利用业），海洋第三产业（海洋交通运输业、海洋旅游业）。产业分类标准来源：https：//openstd. samr. gov. cn/bzgk/gb/newGbInfo? hcno =CD643A1B2C7D9F56285AE6A526D8BBB3.

占总量的 33.70%；"十三五"至"十四五"时期，我国海洋产业发展进入稳步发展的时期，政策数量分别占总量的 26.26% 和 11.16%。

表 8-1   各时期东海海洋产业政策发布数量

年份	1996—2000	2001—2005	2006—2010	2011—2015	2016—2020	2021—2022	总计
时期	"九五"	"十五"	"十一五"	"十二五"	"十三五"	"十四五"	457
政策数量	11	36	85	154	120	51	

二、政策产业类型的阶段演变

从产业类型来看，1996—2022 年期间，各海洋产业的政策数量均呈现先上升后下降的趋势，但各类产业政策的变化幅度有明显差异。如图 8-1 所示，综合类产业政策的数量在"九五"时期出现下降趋势，而后自"十五"时期开始呈现跳跃式增长并在"十二五"时期达到峰值，而后在"十三五"和"十四五"时期缓慢下降，但仍保持在较高的水平；海洋第一产业的政策数量在"九五"时期至"十三五"时期呈现稳定增长的趋势；海洋第二产业和海洋第三产业的政策数量总体处于较低的水平，数量较少且呈现出先增后减的趋势，分别于"十一五"和"十三五"时期达到峰值。

图 8-1   各类海洋产业的政策发布数量趋势图

三、政策产业结构的阶段演变

从产业结构来看，1996—2022 年期间，东海海洋产业政策在各产业的分布逐渐由单一片面发展为全面具体，初期主要以第一产业和综合产业政策为主，而后逐渐转向各产业协调均衡发展。具体来看，如图 8-2 所示，"九五"时期，各分类产业的政策数量较少且没有明显差距；"十五"时期，综合产业的发布数量显著高于其他各分类产业，第一、二、三产业的发布数量较少，且没有明显差距；"十一五""十二五"和"十三五"时期，东海沿岸各地区海洋产业政策的发布以综合产业政策和第一产业为主，其发布数量均显著高于第二产业和第三产业；"十四五"时期，各分类产业的政策数量逐渐趋于均衡，说明各地政府逐渐在产业政策的制定和完善方面逐渐加大对结构平衡的重视，推动各类产业协调发展，促进海洋产业现代化发展。

图 8-2　各类产业海洋产业政策发布数量结构

第二节　海洋产业政策的主要特征

东海经济区包含上海、浙江、江苏和福建三省一市，随着各项海洋产业政策及示范项目的实施试点，各地区海洋经济综合实力不断加强。本节基于地区特征，对各地区海洋政策数量、时间发展趋势及产业分类结构进行比较分析。

一、政策数量的地区特征

从政策数量来看，如表 8-2 所示，1996—2022 年期间，福建省海洋产业政策的发布数量最多，为 186 份，占总量的 40.70%；福建省海岸线长，海域面积辽阔，海洋资源丰富，海洋开发的潜力巨大，因此该省份充分利用海的优势，加快发展海洋经济，拓展国民经济新发展空间。其次为浙江省，海洋产业政策的发布数量为 157 份，占总量的 34.35%；浙江省作为海洋大省，海洋资源丰富，区位优势突出，产业基础较好，体制机制灵活，科教实力较强，在全国海洋经济发展中具有重要地位。然后是江苏省，海洋产业政策的发布数量为 78 份，占总量的 17.07%；海洋产业作为海洋经济发展的重要支柱，是推动江苏海洋经济发展的关键源头。相对发布数量最少的为上海市，占总量的 7.88%；上海市具有良好的区位优势和海洋经济基础，兼具人才资源、科技研发和产业制造的优势，制定海洋产业政策以促进海洋经济发展、拓展战略发展空间和培育新的经济增长点，具有重要的现实和战略意义。

表 8-2　各地区海洋产业政策发布数量

地区	上海	江苏	浙江	福建
政策数量	36	78	157	186

二、政策发展趋势的地区特征

从各地区的发展趋势来看：如图 8-3 所示，1996—2022 年期间，福建省海洋产业政策的发布数量呈现先增后减的趋势，"九五"至"十二五"期间迅速增长且增速逐渐上升，"十三五"至"十四五"时期该省海洋产业政策文本的发布数量极速下降，由此可知福建省政策发布后劲不足。浙江省海洋产业政策的发布数量在"九五"至"十二五"期间一直呈现上升的态势，增速较为平稳，"十三五"至"十四五"期间虽略有下降但仍保持在较高的水平。江苏省海洋产业政策的发布数量未出现明显的波动。上海市总体发布数量较少，但"十四五"期间发展态势良好。

图 8-3　各地区海洋产业政策发布数量时间趋势图

三、政策产业分类结构的地区特征

从各地区的产业分类结构来看，如图 8-4 所示，上海市海洋产业政策中综合产业的数量最高，占总量 55.56%；其次为第二产业，占总量 25.00%；

而第一产业和第三产业的政策数量较少。江苏省海洋产业政策中针对第一产业发布的文本数量最高，占总量的 53.85%；其次是综合产业和第二产业，分别占比 19.23% 和 23.08%；最少的是第三产业。浙江省海洋产业政策中综合产业和第一产业的发布数量均占比较大，分别为 36.94% 和 33.76%，其次是第三产业，占比为 25.48%，而第二产业占比最低。福建省海洋产业政策发布数量最高的是第一产业，占比为 47.31% 接近半数，其次是综合产业，占比为 39.25%；而第二产业和第三产业占比较低，需要加强。

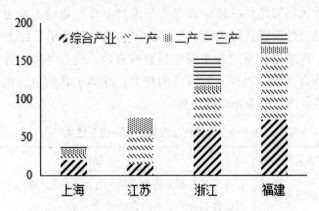

图 8-4 各地区分类产业海洋产业政策发布数量结构

第三节 海洋产业政策工具使用分析

由于在政府的决策过程及其制定的政策本身都会对政策的实施效果产生举足轻重的影响，越来越多的学者开始重视政策制定和执行的过程。本节将政策工具与产业分类进行匹配，构建东海海洋产业政策工具分析框架，对东海海洋产业的各类政策工具使用情况及各分类海洋产业的政策工具使用情况进行分析。

一、海洋产业政策的二维分析框架构建

政策工具是将公共管理学目标转化为具体行动的途径和机制的总称。根据 Rothwell 和 Zegveld 模型（Rothwell R and Zegveld W, 1984）[1] 和已有研究

---

① Rothwell R., Zegveld W. An Assessment of Governmentinnovation Policies [J]. *Review of Policy Research*, 1984, 3 (3-4): 436-444.

(赵海滨，2016；翟燕霞和石培华，2021)①②，本报告将政策工具分为供给型工具、环境型工具、需求型工具，并将这3种分类作为分析东海产业政策的X维度，具体包括15种次级政策工具，如表8-3所示。

其中，供给型政策工具包括基础设施建设、资金支持、科学信息技术、公共服务和人才培养的直接要素支持，表现为政府对海洋产业的推动力；在此类政策工具中政府扮演自上而下的主导角色，从供给端对海洋产业的发展起到直接的推动作用。环境型需求工具主要包括目标规划、金融支持、税收优惠、法规管制和策略性措施，表现为政策对海洋产业的影响力；此类政策工具中政府是通过设置目标规划、制定法律法规等间接引导的方式对海洋产业进行推动。需求型政策工具主要包括政府采购、引进外资、价格补贴、示范项目和对外合作等，表现为对海洋的拉力；此类工具约束力相对较弱，是通过需求端拉动海洋产业市场的发展。

表8-3 海洋产业政策工具分类及描述

工具类型	次级工具名称	描述
供给型	基础设施建设	促进海洋产业发展制定的为直接生产部门和人民生活提供共同条件和公共服务的设施建设
	资金支持	对符合条件的海洋产业企业、项目等给予财务上的支持，如政府直接投资等
	科技信息技术	对海洋产业发展给予技术支持，提高科技现代化水平，提升信息化水平
	公共服务	为帮助与海洋产业相关的公民、法人或其他组织办理有关事务的行为制定的措施
	人才培养	结合海洋产业发展需要，制定海洋产业人才培养规划和培训的体系

① 赵海滨. 政策工具视角下我国清洁能源发展政策分析 [J]. 浙江社会科学，2016（02）：140-144，160.

② 翟燕霞，石培华. 政策工具视角下我国健康旅游产业政策文本量化研究 [J]. 生态经济，2021，37（07）：124-131.

工具类型	次级工具名称	描述
环境型	目标规划	为海洋产业长期发展指定的规划和目标，对海洋产业未来整体性、长期性、基本性问题的描述
	金融支持	通过银行信贷干预、差别化贷款利率管理等放宽金融管制手段以促进海洋产业发展
	税收优惠	利用税收制度，对海洋产业的相关企业实施的减税、税收抵免等措施以减轻负担
	法规管制	为市场运行及企业行为制定相应的规则以确保海洋产业市场有序运行，如海洋产业标准、海洋产业企业规范等
	策略性措施	为促进海洋产业发展所指定的基础性、具体性举措，如给予人员奖励与措施、采取营销措施等
需求型	政府采购	为开展海洋产业日常活动使用财政资金购买相应的货物、工程和服务等
	引进外资	利用其他国家地区的资金（包括设备、材料等）在本土海洋产业相关企业进行固定资产投资
	价格补贴	为弥补因价格体制或政策原因造成的价格过低而对海洋产业进行补贴
	示范项目	对海洋产业发展具有示范、支撑和带动作用的具有鲜明产业特色的项目
	对外合作	鼓励海洋产业企业或机构以互惠互利为目标同国外机构加强合作交流、共同发展

为全面性、多维度地剖析东海海洋政策的特征和规律，本研究将海洋产业分类作为 Y 维度对政策体系进行二维透视。产业结构的状况是国民经济发展水平的重要标志，产业结构优化调整也会对社会经济产生决定性影响。随着我国海洋资源开发和海洋经济的迅速发展，海洋产业结构的优化升级将成为沿海地区拓展经济和社会空间的重要载体。根据本报告对东海海洋产业政策文本的收集情况（以"海洋产业"为主要检索词进行检索得到的政策文本以及涵盖所有分类产业的政策文本，本报告将这类产业政策归类为"综合产业政策"，以及根据《中华人民共和国海洋及相关产业分类》具体细分产业的

名称检索收集的政策文本，归类为第一产业政策、第二产业政策、第三产业政策），将海洋产业政策归类为综合产业政策、第一产业政策、第二产业政策和第三产业政策，并以此产业分类作为东海海洋产业政策分析框架的 Y 维度。

基于上述对东海海洋产业基本政策工具和产业分类两个维度的划分，最终形成东海海洋产业政策二维分析框架，如图 8-5 所示。

图 8-5　东海海洋产业政策二维分析框架图

二、海洋产业的各类政策工具使用分析

在对政策文本编码分析的基础上，对所得编码进行归类，得到东海海洋产业政策中政策工具使用分布结果，如表 8-4 所示。结果表明，从政策工具维度（X 维度）来看，东海海洋产业政策综合使用了多种政策工具，供给型政策工具、环境型政策工具、需求型政策工具均有兼顾，各政策工具对东海海洋产业发展给予了多方面的支持与推动，但 3 种政策工具使用比例有显著差别且其结构不均衡。其中，环境型政策工具占比最大且明显高于其他政策工具，共 328 条，占总量的 71.77%，表明现阶段东海沿岸各地区政府倾向于通过制度环境层面引导海洋产业发展；其次是供给型政策工具，共 93 条，占比为 20.35%；需求型政策工具仅 36 条，占比为 7.88%。由此可见，东海沿岸各地区政府在政策工具的运用上有一定的偏好性，主要是依靠环境型政策工具来推动东海海洋产业的发展，但其推拉作用存在一定的失衡状态，难以发挥政策工具的最大功效。

表 8-4　东海海洋产业政策工具使用分布

产业分类	供给型政策					
	基础设施建设	资金支持	科技信息技术	公共服务	人才培养	总计
综合产业	0	18	12	3	8	41
第一产业	8	7	12	1	11	39
第二产业	0	3	5	0	0	8
第三产业	1	1	1	0	2	5
总计	9	29	30	4	21	93
产业分类	环境型政策					
	目标规划	金融支持	税收优惠	法规管制	策略性措施	总计
综合产业	29	18	2	12	50	111
第一产业	2	11	4	46	71	134
第二产业	1	0	1	8	21	31
第三产业	7	1	0	5	39	52
总计	39	30	7	71	181	328
产业分类	需求型政策					
	政府采购	引进外资	价格补贴	示范项目	对外合作	总计
综合产业	0	0	0	12	2	14
第一产业	0	3	3	5	5	16
第二产业	0	1	0	0	1	2
第三产业	0	1	0	2	1	4
总计	0	5	3	19	9	36

在供给型政策工具的应用中，其次级工具的使用上面临结构不均衡的问题。如图 8-6 所示，科学信息技术和资金支持的占比最高，分别占 32.26% 和 31.18%；技术的运用有利于打通产业链条各环节的壁垒，使得海洋产业朝着智能化、数字化、现代化方向发展，而财政帮扶政策与专项资金是海洋产业发展的重要推动力。其次是人才培养，占比为 22.58%；各地政府通过构建校政、校企等深度合作的协同创新机制与平台来培养高素质和高技能的海洋产业人才。基础设施建设和公共服务较为缺乏，分别占比 9.68% 和 4.30%；基础设施建设是发展海洋产业的前提条件，而完善全面的公共平台是海洋产业

得以稳定运行的重要保障，应大力促进海洋产业发展的基础硬件设施建设和公共服务体系完善，补齐东海海洋产业发展供给型政策的短板和不足。

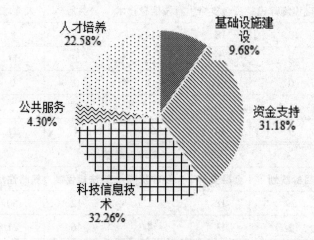

图 8-6 供给型政策次级工具占比

环境型政策工具使用的数量最高，但仍面临结构不够均衡的问题。如图8-7所示，首先是策略性措施比例最大，达到了 55.18%，说明东海海洋产业政策执行的实施规定和规则步骤较为完善，可以避免政策制定和实施的脱节；其次是法规管制，占比达到 21.65%，政府倾向于通过设计东海海洋产业管理的标准来引导和规范海洋产业的发展趋势；再次是目标规划和金融支持，占比分别为 12.93% 和 11.56%；最后是税收优惠，仅占 2.13%。一方面，税收优惠工具的缺失会导致海洋产业释放市场活力的后劲不足，与消费端出现供

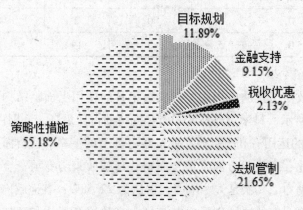

图 8-7 环境型政策次级工具占比

需错位现象；另一方面，海洋产业中项目开发、技术引进、创新投入等均需要长期的投资和较高的成本，需要实质性的政策工具支持以吸引社会资本的投入。因此，在环境型政策工具的使用中，需加强次级工具之间的组合优化，增强层级之间的互动性和协调性。

需求型政策工具的发布数量相对较为缺乏。从分析结果来看，如图8-8所示，示范项目占比最高，达到了52.78%；该政策工具通过构建海洋产业发展的载体整合利用海洋资源，搭建海洋产业集聚平台以充分发挥产业集聚效应和规模效应，促进海洋产业转型升级、培育海洋战略性新兴产业。其次是引进外资和对外合作，分别占比13.89%和25.00%；近年来随着我国综合国力的不断增强和自主创新能力的不断提高，本土企业在技术、设备和创新等方面的对外依存度逐渐下降，东海海洋产业的发展逐渐从单一的对外引进转向以互利共赢为目的的国际交流合作。价格补贴的数量较少，占比为8.33%；而政府采购的数量极度缺失，使得政策工具出现供需失衡的情况，市场和社会的活力难以激发，不利于海洋产业的可持续发展，为后续政策的完善预留了填补空间。

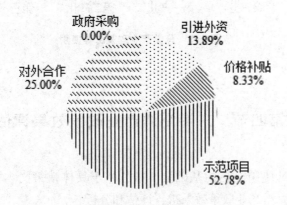

图8-8 需求型政策次级工具占比

三、各类海洋产业的政策工具使用分析

从产业分类维度（Y维度）来看，如图8-9所示，东海海洋产业政策工具在各产业的使用都以环境型政策工具为主，且各产业中不同类型政策工具发布数量的差距较为明显。具体来看，在综合产业、第一产业和第二产业中，环境型政策工具的发布数量均超过半数，说明在这三类产业中，主要依靠政府自上而下的管理，通过市场规范、目标规划等措施来引导海洋产业发展、

营造良好的海洋产业市场；供给型政策工具的发布数量大于需求型政策工具，表明政府倾向于通过人才培养、技术支持等资源直接作用于海洋产业，以改善海洋产业的供给现状，但拉动力稍显不足，后续政策的制定需更加重视产业示范区构建、对外合作项目展开等措施的执行。在第三产业中，虽仍以环境型政策工具的使用为主，但供需较为平衡，供给型政策工具和需求型政策工具的发布数量没有较大差距。

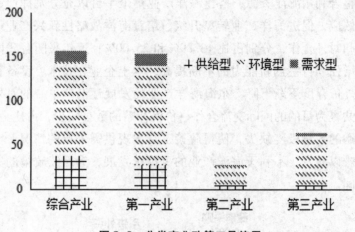

图 8-9 分类产业政策工具使用

第四节 东海海洋产业政策效果评估

在政策工具使用分析的基础上，本节基于具体政策文本的时效性情况，对东海经济区海洋产业政策效果进行评估和分析。

一、各类海洋产业政策效果总体评估

根据北大法宝数据库的分类，如表 8-5 所示，1996—2022 年期间，绝大多数东海海洋产业政策仍在实施，占比达到 86.43%；部分政策文本已经失效，占比为 10.72%，说明东海经济区的海洋产业政策取得了较好的成效，因此得以延续。产业政策需要随着经济环境的变化不断调整其手段、实施重点等，所以少部分政策文本得到了修改和完善，占比为 2.84%。

表 8-5 东海海洋产业政策时效性分类数量

时效性	现行有效	已被修改	失效
政策数量	395	13	49

基于政策工具类型（供给型工具、环境型工具、需求型工具），对东海海洋产业政策时效性的分类进行统计，如图 8-10 所示。结果表明，在供给型和环境型政策工具中，现行有效的政策工具占比最高，均超过 80%；其次是失效政策，占比为 10% 左右；而极少部分的政策文本在修改之后继续实施。在需求型政策工具中，现行有效的政策文本数量最多，占比接近 90%，少部分文本被修改和废止。

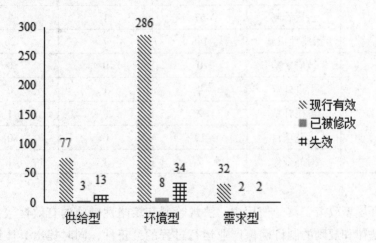

图 8-10 基于政策工具的东海海洋产业政策时效性分类数量

二、具体海洋产业政策工具的使用效果分析

基于次级政策工具，对东海海洋产业政策时效性的分类进行进一步统计，如表 8-6 所示。结果表明，在供给型政策工具的使用上，人才培养和科技信息技术的政策使用情况较好，绝大部分都得以持续运行。政府为新兴产业所需的人才引进提供支持，并积极开发科技信息技术以完善基础设施建设。例如，由舟山市人民政府联合浙江大学、自然资源部第二海洋研究所共同建设的新型研发机构东海实验室立足产业发展需求，打造海洋领域国家战略科技力量。资金支持这一政策工具中失效的政策文本占比较大，说明政府逐步由直接的资金支持转向技术扶持以促进长效化发展。

表8-6 基于次级政策工具的东海海洋产业政策时效性分类数量

政策工具	次级政策工具	现行有效	已被修改	失效
供给型	基础设施建设	6	2	1
	资金支持	23	0	6
	科技信息技术	27	1	2
	公共服务	3	0	1
	人才培养	18	0	3
环境型	目标规划	38	0	1
	金融支持	26	0	4
	税收优惠	7	0	0
	法规管制	67	1	3
	策略性措施	148	7	26
需求型	政府采购	0	0	0
	引进外资	4	1	0
	价格补贴	2	0	1
	示范项目	19	0	0
	对外合作	7	1	1

在环境型政策工具的使用中，法规管制和策略性措施的有效性较高，政府通过法律和规则的制订确保产业运行过程的公正性，同时提出具体策略和措施保障产业运行的有效性，例如，浙江省积极响应国家海洋强国的战略规划，在"十二五"规划纲要中明确了"建设海洋经济强省"的战略目标，制定了《浙江海洋经济发展示范区规划》。另外，税收优惠和目标规划需要加强。在需求型政策工具的使用上，示范项目的开展情况最好，例如，东海经济区的上海临港海洋高新技术产业化基地、江苏大丰海洋生物产业园、福建诏安金都海洋生物产业园和厦门海洋生物产业示范基地经过多年建设，在海洋生物制药、海工装备、海洋新材料、健康养殖等多个领域起到带头示范作用，对海洋新兴产业集聚发展和海洋经济转型升级都起到了重要的推动作用。① 然而，在引进外资、价格补贴和对外合作方面需要加强，应大力促进产

---

① 邬益川，王智祖，周云霄，等. 东海区科技兴海产业示范基地发展模式研究与探索 [J]. 海洋开发与管理，2017，34（08）：100-103.

业贸易与国际开放共享，积极引进新兴技术产品和服务以激发产业活力。

第五节　东海海洋产业政策特点和优化方案

一、东海海洋产业政策特点总结

基于上述分析，东海海洋产业政策呈现以下几个特点：

从时间发展趋势看，东海海洋产业政策在研究期间内总体呈现先增后减的趋势，自"九五"时期开始呈现增长态势，直到"十二五"时期达到最大值，而后逐渐下降。"九五"时期，政策数量较少，各分类产业之间没有明显差距；"十五"时期，综合产业的发布数量呈现跳跃式增长，显著高于第一、二、三产业；"十一五""十二五"和"十三五"时期，东海沿岸各地区海洋产业政策的发布以综合产业政策和第一产业为主，其发布数量均显著高于第二产业和第三产业；"十四五"时期，综合产业和第一、二、三产业的政策数量趋于平衡。

从地区分布特征来看，研究期间内，福建省海洋产业政策的发布数量最多，呈现先增后减的趋势，"九五"至"十二五"期间以较高的速度迅速增长，而"十三五"至"十四五"时期极速下降；其中发布数量最高的是第一产业，其次是综合产业，而第二产业和第三产业占比较低。浙江省海洋产业政策发布数量较多，"九五"至"十二五"期间平稳上升，"十三五"至"十四五"期间虽略有下降但仍保持在较高的水平；其中综合产业和第一产业的发布数量占比较大，其次是第三产业，第二产业占比最低。江苏省海洋产业政策发布数量较少，"九五"至"十四五"期间出现较大波动；其中第一产业发布的文本数量最高，其次是综合产业和第二产业，最少的是第三产业。上海市海洋产业政策发布数量最少，但未来发展势头良好；其中综合产业的数量最高，其次为第二产业，而第一产业和第三产业的政策数量较少。

从政策供需分析来看，在政策工具维度，东海海洋产业政策综合使用了多种政策工具，供给型政策工具、环境型政策工具、需求型政策工具均有兼顾，但三种政策工具在使用数量上有显著差别且结构不均衡；其中，环境型政策工具占比最高，供给型政策工具次之，需求型政策工具使用相对最少。在供给型政策工具的应用中，科学信息技术和资金支持的数量较多，基础设施建设和公共服务较为缺乏；环境型政策工具面临结构不够均衡的问题，策略性措施比例最高，其次是法规管制，再次是目标规划和金融支持，而税费优惠较少；需求型政策工具的发布数量相对较为缺乏，其中示范项目占比最高，其次是引进外资和对外合作，价格补贴的数量较少，政府采购极度缺失。从产业分类维度来看，东海海洋产业政策工具在各产业的使用都以环境型政策工具为主，且各产业中不同类型政策工具发布数量的差距较为明显；在综合产业、第一产业和第二产业中，环境型政策工具的发布数量均超过半数第三产业中，虽仍以环境型政策工具的使用为主，但供需较为平衡。

二、东海海洋产业政策优化方案

对此，针对东海海洋产业政策的制定和完善提出如下优化方案：

首先，因类施策，结合海洋经济发展趋势为不同类型的产业制定针对性的政策。研究期间内，东海沿岸行政主体的海洋产业政策多集中于综合产业和第一产业，针对这两类政策，应逐步提高科技含量，利用互联网、云计算等信息资源构建并推行海洋产业领域智能制造新模式。针对发布数量较少、关注度较低的第二产业和第三产业，应该制定长期发展规划，逐步放宽准入限制，通过资金投入、税收减免等手段发挥政府的引导扶持作用，以实现产业培育。

其次，因地制宜，充分利用不同省市的优势，提高政策的靶向性。根据浙江省、江苏省、福建省和上海市各自的区位优势和产业结构特点，制定差异化的引导、扶持和发展政策，以保证产业的均衡和协调发展。针对资源储量丰富、开发利用程度较高的地区，例如浙江省、福建省，应继续予以政策支持，鼓励其加强新兴海洋产业的开发，提高自主创新能力和信息化水平，推动海洋产业现代化发展。针对海洋结构布局相对不合理、资源开发利用程度较低的地区，例如江苏省，应加强统筹规划和区域协调，充分挖掘自身海洋资源和海洋空间的潜力，采用积极措施对海洋产业进行开发利用。

再次，对政策工具的结构配比进行优化。现阶段东海海洋产业政策工具多以环境型为主，其次是供给型政策工具，而需求型政策工具较为缺乏。针对此现状，第一，应强化供给型政策工具的实施力度，发挥其对海洋产业的推动作用。应注重公共服务体系完善和加强海洋产业基础设施建设，结合科技信息技术这一政策工具，搭建公共服务和信息共享平台，借助互联网和大数据的优势有效解决信息整合问题，加快构建衔接有序、合理分布的公共服务平台。第二，应适当减少环境型政策工具的使用并对其次级工具的使用结构进行优化。在维持目前法规管制和策略性措施政策工具的使用基础上，制定长期目标规划，拓宽金融支持渠道，使得目前单一依靠信贷支持的方式向多元渠道支持发展，加大对风险投资、创业投资的支持力度，鼓励社会资本参与海洋产业投资；同时加大税收优惠力度，简化纳税申报流程，降低税收优惠的门槛，结合金融支持这一政策工具以加强银税信息联动，促进政策工具之间的组合协调。第三，应大大提高需求型政策工具的使用频率，完善强制使用和激励制度，积极开拓海洋产业市场。增加价格补贴力度，扩大政府投资，刺激消费的同时稳定海洋经济增长；对技术创新产品的政府采购予以倾斜，强化财政支出管理，提高财政资金的使用效率。第四，加强政策工具与各产业分类的契合度与协调性，为各分类产业配备最合适的政策工具结构。细化产业布局，突出地方优势，合理配置资源，减少重复建设，避免资源的破坏和浪费。

附 录

一、DEA—SBM 模型

SBM 效率测量方法是 DEA 效率测量方法中的非径向效率测度，其优点在于，直接度量冗余的投入量与不足的产出量，投入与产出到生产前沿面的距离被称作松弛量（Slacks）。具体原理如下：（1）假定 n 个决策单元（DMU），且每个决策单元有 m 种投入 X，S_1 种期望产出 Y^g 和 S_2 种非期望产出向量 Y^b，当没有非期望产出时，则设定为 0。向量形式分别表示为：$x \in R_m$、$y^g \in R_{S_1}$、$y^b \in R_{S_2}$。投入产出矩阵定义为：$X = [x_1, x_2, \cdots, x_m] \in R_{m \times n}$、$Y^g = [y_1{}^g, y_2{}^g, \cdots, y_{S_1}{}^g] \in R_{S_1 \times n}$

$Y^b = [y_1{}^b, y_2{}^b, \cdots, y_{S_2}{}^b] \in R_{S_2 \times n}$。根据实际投入产出，假设 $X > 0$、$Y^g > 0$ 和 $Y^b > 0$，生产可能性集合为 P，即 N 种要素投入 X 所产生的期望和非期望产出的所有组合，可以定义为：$P = \{(x, y^g, y^b) \mid x \geq X\lambda, y^g \leq Y^g\lambda, y^b \geq Y^b\lambda, \lambda \geq 0\}$。一个有效单元 $DMU_0(x_0, y_0{}^g, y_0{}^b)$ 定义为：如果没有向量 $(x, y^g, y^b) \in P$ 使得 $x_0 \geq x$，$y_0{}^g \leq y^g$，$y_0{}^b \geq y^b$ 至少有一个不等式严格成立，那么 DMU_0 在有非期望产出下是有效的。以下介绍一般的加入非期望产出的 SBM-Undesirable，模型如下：

$$\min\rho = \frac{1 - \dfrac{1}{m}\sum_{i=1}^{m} \dfrac{S_i{}^-}{x_{i0}}}{1 + \dfrac{1}{S_1 + S_2}\left(\sum_{r=1}^{S_1} \dfrac{S_r{}^g}{y_{r0}{}^g} + \sum_{r=1}^{S_2} \dfrac{S_r{}^b}{y_{r0}{}^b}\right)} \quad (4-1)$$

$$s.\ t \begin{cases} x_0 = X\lambda + S^-; \ y_0{}^g = Y^g\lambda + S^g; \ y_0{}^b = Y^b\lambda + S^b \\ S^- \geq 0, \ S^g \geq 0, \ S^b \geq 0, \ \lambda \geq 0 \end{cases}$$

（4-1）式中，$S^- \in R_m$ 和 $S^b \in R_{S_2}$ 分别表示投入和非期望产出过度量，$S^g \in R_{S_1}$ 表示期望产出不足量，λ 为权重向量，ρ 为目标函数且是严格递减的，且 $0 < \rho^* \leq 1$。当 $(S^{-*}, S^{g*}, S^{b*}, \lambda^*)$ 为上述问题的解，则有：DMU_0 是有效

的当且仅当 $\rho^* = 1$，$S_i^{-*} = S_i^{g*} = S_i^{b*} = 0$。当 $\rho < 1$ 说明决策单元是无效的，可以通过消除过度投入和非期望产出来达到有效。除了测量各决策单元的效率值外，SBM 模型还能为无效率决策单元提供效率改善方向，具体可表示为：

$$\text{投入冗余：} IE_x = \frac{1}{m} \sum_{i=1}^{m} \frac{S_i^{-}}{x_{i0}} \tag{4-2}$$

$$\text{期望产出不足：} IE_{yg} = \frac{1}{S_1 + S_2} \sum_{r=1}^{s_1} \frac{S_i^{g}}{y_{i0}^{g}} \tag{4-3}$$

$$\text{非期望产出冗余：} IE_{yb} = \frac{1}{S_1 + S_2} \sum_{r=1}^{s_2} \frac{S_i^{b}}{y_{i0}^{b}} \tag{4-4}$$

DEA 测算的技术效率（Technical Efficiency），其含义为被评价 DMU 的生产达到当前（该 DMU 数据所处的时期）技术水平的程度。再具体些说，就是在投入一定的条件下，被评价 DMU 的产出达到最大化的程度，通常表示为被评价 DMU 的产出与在当前（该 DMU 数据所处的时期）技术水平下所能达到的最大产出的比值；或者在产出一定的条件下，被评价 DMU 的投入达到最小化的程度，通常表示为在当前（该 DMU 数据所处的时期）技术水平下所能实现的最小投入与被评价 DMU 的投入的比值。从时间上讲，在评价某一 DMU 的技术效率时，用于参比的"技术"与被评价 DMU 的数据是来自同一时期的。也就是说，技术效率的测量，不存在跨期的比较。技术效率的测量就是被评价 DMU 与同一时期内"表现最好"的 DMUs（也就是构成前沿的 DMUs）进行比较。

二、DEA-Malmquist 指数与分解

由于不同年份的效率值不具有可比性，不能简单地以每年的效率结果进行时序对比分析。故传统的 DEA-CCR、DEA-BCC 模型只能反映决策单元的静态效率情况，无法反映不同时期效率值的变化情况。本文使用的面板数据，因此可借助 DEA-Malmquist 指数来分析效率的动态变化。根据 Fisher 的理想指数思想综合生产率 $M(x^{t+1}, y^{t+1}, x^t, y^t)$ 可以定义为 Malmquist 指数的几何平均，即：

$$M(x^{t+1}, y^{t+1}, x^t, y^t) = (M_t \times M_{t+1})^{1/2}$$

$$= \left[\frac{D_C^{t}(x^{t+1}, y^{t+1})}{D_C^{t}(x^t, y^t)} \times \frac{D_C^{t+1}(x^{t+1}, y^{t+1})}{D_C^{t+1}(x^t, y^t)} \right]^{1/2} \tag{4-5}$$

针对式（4-5）所示的综合生产率存在 FGNZ 与 RD 分解两种方式，区别

在于对规模报酬变动的不同界定。定义：$SE^t(x, y) = D_C{}^t(x, y)/D_v{}^t(x, y)$，FGNZ分解将规模报酬变动定义为：$SE^{t+1}(x^{t+1}, y^{t+1})/SE^t(x^t, y^t)$，即沿不同生产前沿的规模效率变化。而 RD 分解将规模报酬变动定义为：$SE^t(x^{t+1}, y^{t+1})/SE^t(x^t, y^t)$，即映沿着同一生产前沿的规模效率变化。本文主要采用 RD 分解，将式（4-5）分解为：

$$TFPCH = M(x^{t+1}, y^{t+1}, x^t, y^t)$$

$$= \frac{D_V{}^{t+1}(x^{t+1}, y^{t+1})}{D_V{}^t(x^t, y^t)} \times \left[\frac{D_V{}^t(x^t, y^t)}{D_V{}^{t+1}(x^t, y^t)} \frac{D_V{}^t(x^{t+1}, y^{t+1})}{D_V{}^{t+1}(x^{t+1}, y^{t+1})}\right]^{1/2} \times$$

$$\left[\frac{D_C{}^t(x^{t+1}, y^{t+1})/D_V{}^t(x^{t+1}, y^{t+1})}{D_C{}^t(x^t, y^t)/D_V{}^t(x^t, y^t)} \frac{D_C{}^{t+1}(x^{t+1}, y^{t+1})/D_V{}^{t+1}(x^{t+1}, y^{t+1})}{D_C{}^{t+1}(x^t, y^t)/D_V{}^{t+1}(x^t, y^t)}\right]^{1/2}$$

$$= TECH \times TECCH \times SECH$$

$$(4-6)$$

即综合效率（全要素生产率变动）被分解为技术效率变动、技术进步和规模报酬变动。其中涉及的距离函数 $D(\cdot)$ 的计算可以通过 CRS 下的基于产出导向的 DEA－CCR 模型来测算。根基式（4-6）可知：技术效率变动（TECH）通过比较不同时期决策单元相对于生产前沿的距离来反映技术效率变动，这种决策单元向生产前沿推进的情形也被称为追赶效应。技术进步（TECCH）通过比较不同时期生产前沿的移动来反映。规模报酬（SECH）通过比较不同时期投入在同一生产前沿上的规模效率反映了规模报酬变动。SECH>1 说明规模报酬呈现递增性质 SECH<1 说明规模报酬呈现递减性质。

附表1　上海市国内海洋捕捞和远洋捕捞效率

年份	TE_ I	X1_ I	X2	Y_ I	TE_ O	X1_ O	X2	Y_ O
2007	1.0000	0.0000	0.0000	0.0000	1.0000	0.0000	0.0000	0.0000
2008	1.0000	0.0000	0.0000	0.0000	0.9282	0.0303	0.0386	0.0402
2009	1.0000	0.0000	0.0000	0.0000	0.8581	0.0498	0.1678	0.0386
2010	1.0000	0.0000	0.0000	0.0000	1.0000	0.0000	0.0000	0.0000
2011	1.0000	0.0000	0.0000	0.0000	1.0000	0.0000	0.0000	0.0000
2012	1.0000	0.0000	0.0000	0.0000	0.9504	0.0991	0.0000	0.0000
2013	0.9382	0.0485	0.0164	0.0314	1.0000	0.0000	0.0000	0.0000

年份	TE_ I	X1_ I	X2	Y_ I	TE_ O	X1_ O	X2	Y_ O
2014	0.9140	0.1390	0.0018	0.0170	0.7201	0.1455	0.0410	0.2592
2015	0.7734	0.3777	0.0046	0.0459	0.7898	0.2288	0.0049	0.1182
2016	1.0000	0.0000	0.0000	0.0000	0.9988	0.0025	0.0000	0.0000
2017	1.0000	0.0000	0.0000	0.0000	1.0000	0.0000	0.0000	0.0000
2018	0.7719	0.4561	0.0000	0.0000	0.9234	0.1532	0.0000	0.0000
2019	0.9924	0.0152	0.0000	0.0000	1.0000	0.0000	0.0000	0.0000
2020	1.0000	0.0000	0.0000	0.0000	1.0000	0.0000	0.0000	0.0000

附表 2   浙江省国内海洋捕捞和远洋捕捞效率

年份	TE_ I	X1_ I	X2	Y_ I	TE_ O	X1_ O	X2	Y_ O
2007	1.0000	0.0000	0.0000	0.0000	0.4777	0.9362	0.0103	0.1027
2008	1.0000	0.0000	0.0000	0.0000	1.0000	0.0000	0.0000	0.0000
2009	0.8323	0.0566	0.0011	0.1669	1.0000	0.0000	0.0000	0.0000
2010	0.8751	0.0708	0.0089	0.0972	1.0000	0.0000	0.0000	0.0000
2011	0.9003	0.1028	0.0266	0.0389	0.9919	0.0163	0.0000	0.0000
2012	0.8992	0.0159	0.0041	0.1010	0.7744	0.4414	0.0019	0.0051
2013	0.9047	0.0139	0.0075	0.0935	0.8539	0.2527	0.0110	0.0167
2014	0.9175	0.0132	0.0074	0.0786	0.9533	0.0122	0.0446	0.0192
2015	1.0000	0.0000	0.0000	0.0000	1.0000	0.0000	0.0000	0.0000
2016	1.0000	0.0000	0.0000	0.0000	0.8302	0.3396	0.0000	0.0000
2017	1.0000	0.0000	0.0000	0.0000	0.8820	0.2359	0.0000	0.0000
2018	0.9852	0.0156	0.0129	0.0006	0.9275	0.1450	0.0000	0.0000
2019	1.0000	0.0000	0.0000	0.0000	1.0000	0.0000	0.0000	0.0000
2020	1.0000	0.0000	0.0000	0.0000	1.0000	0.0000	0.0000	0.0000

附表3　江苏省国内海洋捕捞和远洋捕捞效率

年份	TE_I	X1_I	X2	Y_I	TE_O	X1_O	X2	Y_O
2007	0.9792	0.0416	0.0000	0.0000	0.4002	0.9769	0.2163	0.0080
2008	0.9522	0.0219	0.0428	0.0163	1.0000	0.0000	0.0000	0.0000
2009	0.9662	0.0163	0.0502	0.0006	1.0000	0.0000	0.0000	0.0000
2010	1.0000	0.0000	0.0000	0.0000	1.0000	0.0000	0.0000	0.0000
2011	0.9020	0.0705	0.0474	0.0433	0.9465	0.0432	0.0149	0.0258
2012	1.0000	0.0000	0.0000	0.0000	0.9214	0.1572	0.0000	0.0000
2013	0.9827	0.0346	0.0000	0.0000	1.0000	0.0000	0.0000	0.0000
2014	0.9800	0.0401	0.0000	0.0000	0.9310	0.1380	0.0000	0.0000
2015	0.9613	0.0773	0.0000	0.0000	1.0000	0.0000	0.0000	0.0000
2016	1.0000	0.0000	0.0000	0.0000	0.9030	0.1940	0.0000	0.0000
2017	0.9694	0.0612	0.0000	0.0000	1.0000	0.0000	0.0000	0.0000
2018	1.0000	0.0000	0.0000	0.0000	1.0000	0.0000	0.0000	0.0000
2019	1.0000	0.0000	0.0000	0.0000	1.0000	0.0000	0.0000	0.0000
2020	1.0000	0.0000	0.0000	0.0000	1.0000	0.0000	0.0000	0.0000

附表4　福建省国内海洋捕捞和远洋捕捞效率

年份	TE_I	X1_I	X2	Y_I	TE_O	X1_O	X2	Y_O
2007	0.9413	0.0063	0.0522	0.0313	1.0000	0.0000	0.0000	0.0000
2008	0.9251	0.0033	0.0069	0.0754	1.0000	0.0000	0.0000	0.0000
2009	0.9337	0.0051	0.0065	0.0648	1.0000	0.0000	0.0000	0.0000
2010	0.9724	0.0078	0.0043	0.0222	1.0000	0.0000	0.0000	0.0000
2011	0.9409	0.0011	0.0297	0.0465	1.0000	0.0000	0.0000	0.0000
2012	0.9285	0.0021	0.0551	0.0461	0.7031	0.5446	0.0099	0.0280
2013	0.9303	0.0023	0.0565	0.0433	0.7389	0.4621	0.0116	0.0327
2014	0.9588	0.0083	0.0739	0.0002	0.7001	0.4945	0.0201	0.0608

续表

年份	TE_ I	X1_ I	X2	Y_ I	TE_ O	X1_ O	X2	Y_ O
2015	0.9629	0.0400	0.0202	0.0073	0.7471	0.4406	0.0116	0.0359
2016	1.0000	0.0000	0.0000	0.0000	0.7010	0.5810	0.0155	0.0010
2017	0.9892	0.0014	0.0200	0.0001	0.8100	0.3296	0.0083	0.0260
2018	1.0000	0.0000	0.0000	0.0000	0.8377	0.2924	0.0054	0.0160
2019	0.9770	0.0460	0.0000	0.0000	1.0000	0.0000	0.0000	0.0000
2020	1.0000	0.0000	0.0000	0.0000	1.0000	0.0000	0.0000	0.0000

附表 5　海水养殖加总 DEA 效率

时间	海水养殖技术效率	投入冗余率				产出不足率
		海水养殖面积	海水鱼苗投放	养殖渔船	养殖从业人员	海水养殖产量
	TE_ B	X3	X4	X5	X6	Y_ B
2007	1.0000	0.0000	0.0000	0.0000	0.0000	0.0000
2008	0.8907	0.1015	0.0568	0.1152	0.0044	0.0447
2009	0.8710	0.2020	0.0011	0.1293	0.0014	0.0523
2010	0.8796	0.2811	0.0000	0.1775	0.0228	0.0000
2011	0.9256	0.1543	0.0000	0.1211	0.0222	0.0000
2012	1.0000	0.0000	0.0000	0.0000	0.0000	0.0000
2013	1.0000	0.0000	0.0000	0.0000	0.0000	0.0000
2014	1.0000	0.0000	0.0000	0.0000	0.0000	0.0000
2015	0.9654	0.0832	0.0000	0.0312	0.0242	0.0000
2016	1.0000	0.0000	0.0000	0.0000	0.0000	0.0000
2017	0.9109	0.0907	0.2090	0.0015	0.0404	0.0041
2018	0.9262	0.0473	0.1660	0.0007	0.0141	0.0181
2019	1.0000	0.0000	0.0000	0.0000	0.0000	0.0000
2020	1.0000	0.0000	0.0000	0.0000	0.0000	0.0000

附表 6　浙江省海水养殖效率

年份	TE_B	X3	X4	X5	X6	Y_B
2007	1.0000	0.0000	0.0000	0.0000	0.0000	0.0000
2008	0.8624	0.2802	0.1928	0.0471	0.0032	0.0079
2009	1.0000	0.0000	0.0000	0.0000	0.0000	0.0000
2010	1.0000	0.0000	0.0000	0.0000	0.0000	0.0000
2011	1.0000	0.0000	0.0000	0.0000	0.0000	0.0000
2012	0.7904	0.2456	0.3005	0.2921	0.0000	0.0000
2013	0.7602	0.2508	0.4049	0.3035	0.0000	0.0000
2014	0.8160	0.1927	0.2663	0.2770	0.0000	0.0000
2015	0.7697	0.1388	0.6445	0.1378	0.0000	0.0000
2016	0.6875	0.2722	0.6543	0.3145	0.0090	0.0000
2017	0.8840	0.0006	0.0626	0.1644	0.0421	0.0550
2018	0.8127	0.0238	0.4324	0.0845	0.0023	0.0634
2019	0.8365	0.0050	0.4348	0.0216	0.0099	0.0545
2020	1.0000	0.0000	0.0000	0.0000	0.0000	0.0000

附表 7　江苏省海水养殖效率

年份	TE_B	X3	X4	X5	X6	Y_B
2007	1.0000	0.0000	0.0000	0.0000	0.0000	0.0000
2008	0.8708	0.0000	0.0166	0.4095	0.0907	0.0000
2009	1.0000	0.0000	0.0000	0.0000	0.0000	0.0000
2010	1.0000	0.0000	0.0000	0.0000	0.0000	0.0000
2011	0.8168	0.0117	0.4503	0.0596	0.1134	0.0300
2012	0.9451	0.0275	0.1562	0.0288	0.0000	0.0019
2013	1.0000	0.0000	0.0000	0.0000	0.0000	0.0000
2014	1.0000	0.0000	0.0000	0.0000	0.0000	0.0000

年份	TE_ B	X3	X4	X5	X6	Y_ B
2015	0.9332	0.0000	0.0717	0.1955	0.0000	0.0000
2016	0.9683	0.0145	0.0000	0.1124	0.0000	0.0000
2017	1.0000	0.0000	0.0000	0.0000	0.0000	0.0000
2018	1.0000	0.0000	0.0000	0.0000	0.0000	0.0000
2019	1.0000	0.0000	0.0000	0.0000	0.0000	0.0000
2020	1.0000	0.0000	0.0000	0.0000	0.0000	0.0000

附表 8　福建省海水养殖效率

年份	TE_ B	X3	X4	X5	X6	Y_ B
2007	1.0000	0.0000	0.0000	0.0000	0.0000	0.0000
2008	0.8861	0.0590	0.2676	0.0197	0.0232	0.0242
2009	0.8364	0.1126	0.3484	0.0193	0.0419	0.0395
2010	0.8407	0.1247	0.3573	0.0491	0.0009	0.0313
2011	0.8440	0.1271	0.3148	0.0292	0.0222	0.0387
2012	0.8598	0.1522	0.3086	0.0187	0.0814	0.0000
2013	0.9171	0.1688	0.0774	0.0153	0.0701	0.0000
2014	0.9139	0.1448	0.0481	0.0067	0.0327	0.0306
2015	0.8912	0.1483	0.1984	0.0001	0.0398	0.0137
2016	1.0000	0.0000	0.0000	0.0000	0.0000	0.0000
2017	0.8296	0.0200	0.5418	0.0306	0.0059	0.0251
2018	0.9636	0.0289	0.0557	0.0285	0.0005	0.0083
2019	1.0000	0.0000	0.0000	0.0000	0.0000	0.0000
2020	1.0000	0.0000	0.0000	0.0000	0.0000	0.0000

附表 9　上海市海洋捕捞（国内、远洋）全要素生产率与分解

序号	年份区间	国内海洋捕捞				远洋捕捞			
		TFPCH	TECH	TECCH	SECH	TFPCH	TECH	TECCH	SECH
1	2007—2008	—	—	—	—	0.9257	1.0000	0.9375	0.9874
2	2008—2009	0.8470	0.9375	0.9341	0.9673	0.7242	1.0000	0.7293	0.9930
3	2009—2010	0.8619	1.3727	0.9390	0.6687	0.6128	1.0000	0.6452	0.9497
4	2010—2011	1.0380	0.9154	1.0109	1.1216	1.1195	1.0000	1.1576	0.9671
5	2011—2012	1.1731	2.1484	0.7817	0.6985	1.1033	1.0000	1.1123	0.9918
6	2012—2013	0.9633	0.3554	2.7101	1.0000	0.9545	1.0000	0.9545	1.0000
7	2013—2014	0.9040	0.8947	0.9690	1.0428	1.4274	1.0000	1.4297	0.9984
8	2014—2015	0.9445	1.1325	0.7891	1.0568	1.1208	1.0000	1.1514	0.9735
9	2015—2016	1.5574	2.7765	—	—	0.8027	1.0000	0.8115	0.9891
10	2016—2017	1.2306	1.0000	—	—	1.0623	1.0000	1.0863	0.9779
11	2017—2018	0.5128	1.0000	—	—	1.3073	1.0000	1.2768	1.0239
12	2018—2019	1.1454	1.0000	—	—	1.1823	1.0000	1.1978	0.9871
13	2019—2020	0.9085	1.0000	—	—	0.8670	1.0000	0.8659	1.0013
	均值	1.0072	1.2111	1.1620	0.9365	1.0161	1.0000	1.0274	0.9877

附表 10　浙江省海洋捕捞（国内、远洋）全要素生产率与分解

序号	年份区间	国内海洋捕捞				远洋捕捞			
		TFPCH	TECH	TECCH	SECH	TFPCH	TECH	TECCH	SECH
1	2007—2008	1.0342	1.0135	0.9963	1.0242	—	—	—	—
2	2008—2009	1.1776	1.0000	1.1606	1.0146	0.9078	1.0000	0.8978	1.0111
3	2009—2010	1.0929	1.0000	1.0755	1.0161	1.3016	1.0000	1.2972	1.0034
4	2010—2011	1.0756	1.0000	1.0749	1.0006	0.7487	1.0000	0.7364	1.0166
5	2011—2012	0.9973	1.0000	1.0174	0.9802	0.9046	1.0000	0.9059	0.9985
6	2012—2013	1.0101	1.0000	1.0101	1.0000				

序号	年份区间	国内海洋捕捞				远洋捕捞			
		TFPCH	TECH	TECCH	SECH	TFPCH	TECH	TECCH	SECH
7	2013—2014	1.0186	1.0000	1.0201	0.9986	0.4880	0.6681	0.8003	0.9127
8	2014—2015	1.0922	1.0000	1.0780	1.0131	1.3187	1.4008	1.1070	0.8504
9	2015—2016	1.0355	1.0000	1.0275	1.0077	1.1864	1.0686	1.2536	0.8856
10	2016—2017	0.9447	1.0000	0.9257	1.0205	0.7740	1.0000	1.0066	0.7689
11	2017—2018	0.9446	1.0000	0.9399	1.0050	1.2658	1.0000	1.2658	1.0000
12	2018—2019	0.9829	1.0000	0.9666	1.0169	1.2611	1.0000	1.3591	0.9279
13	2019—2020	0.9522	1.0000	0.9510	1.0012	1.0260	1.0000	1.0781	0.9517
	均值	1.0276	1.0010	1.0187	1.0076	1.0166	1.0125	1.0643	0.9388

附表 11 江苏省国海洋捕捞（国内、远洋）全要素生产率与分解

序号	年份区间	国内海洋捕捞				远洋捕捞			
		TFPCH	TECH	TECCH	SECH	TFPCH	TECH	TECCH	SECH
1	2007—2008	0.9463	1.0351	0.9163	0.9977	—	—	—	—
2	2008—2009	1.0102	1.0256	0.9852	0.9999	0.7194	0.6500	1.1068	1.0000
3	2009—2010	1.0462	1.0718	0.9762	0.9999	1.0290	1.3929	0.7387	1.0000
4	2010—2011	0.8966	0.8867	1.0081	1.0030	1.1547	0.9730	1.1867	1.0000
5	2011—2012	1.0488	0.9858	1.0558	1.0076	0.6999	1.1352	0.6166	1.0000
6	2012—2013	0.9783	0.9761	1.0023	1.0000	1.4197	1.0000	1.4197	1.0000
7	2013—2014	0.9945	1.0010	0.9967	0.9968	0.8974	1.0000	0.9009	0.9961
8	2014—2015	0.9819	1.0104	0.9677	1.0043	1.3239	1.0000	1.3125	1.0087
9	2015—2016	1.0357	1.0180	1.0194	0.9981	0.5941	0.4910	1.2123	0.9981
10	2016—2017	0.9547	1.1405	0.8371	1.0000	1.1950	1.3769	0.8679	1.0000
11	2017—2018	0.9563	0.9486	1.0100	0.9981	0.6546	0.5368	1.2449	0.9795
12	2018—2019	0.9960	0.9849	1.0121	0.9992	0.6119	0.8957	0.6831	1.0000
13	2019—2020	0.9559	0.9667	0.9889	0.9999	1.0054	1.2804	0.7854	0.9998
	均值	0.9847	1.0039	0.9828	1.0003	0.9421	0.9777	1.0063	0.9985

附表 12 福建省海洋捕捞（国内、远洋）全要素生产率与分解

序号	年份区间	国内海洋捕捞				远洋捕捞			
		TFPCH	TECH	TECCH	SECH	TFPCH	TECH	TECCH	SECH
1	2007—2008	0.9957	0.9882	1.0103	0.9973	—	—	—	—
2	2008—2009	1.0202	0.9928	1.0213	1.0061	1.1306	1.0000	1.1303	1.0003
3	2009—2010	1.0623	1.0285	1.0015	1.0312	0.8383	1.0000	0.9319	0.8996
4	2010—2011	0.9741	0.9809	1.0197	0.9739	1.1289	1.0000	1.1079	1.0189
5	2011—2012	1.0022	0.9890	1.0158	0.9976	0.4692	0.9756	0.6925	0.6945
6	2012—2013	1.0053	1.0180	0.9875	1.0000	1.0857	0.9033	1.2019	1.0000
7	2013—2014	1.0471	1.0289	0.9997	1.0180	0.7749	0.6099	1.3149	0.9662
8	2014—2015	0.9683	0.9984	0.9982	0.9715	1.0460	1.0379	1.0484	0.9613
9	2015—2016	1.0584	1.0075	1.0270	1.0228	0.8215	1.0030	0.8583	0.9542
10	2016—2017	0.9107	1.0521	0.8453	1.0241	1.3915	1.7534	0.8103	0.9794
11	2017—2018	0.9932	0.9849	0.9979	1.0105	1.0562	0.9866	1.0747	0.9962
12	2018—2019	0.9343	0.9203	0.9908	1.0246	1.2476	1.0330	1.1155	1.0827
13	2019—2020	0.9759	0.9974	0.9664	1.0124	1.0879	1.0000	1.1384	0.9557
	均值	0.9960	0.9990	0.9909	1.0069	1.0065	1.0252	1.0354	0.9591

附表 13 浙江省海水养殖全要素生产率与分解

序号	年份区间	TFPCH	TECH	TECCH	SECH
1	2007—2008	0.7378	0.7676	1.0279	0.9351
2	2008—2009	0.9398	0.8697	1.0316	1.0474
3	2009—2010	1.1431	1.0424	1.0135	1.0820
4	2010—2011	1.0597	1.3648	0.7754	1.0013
5	2011—2012	0.9964	1.0111	0.9839	1.0016
6	2012—2013	1.0009	0.9771	1.0242	1.0001
7	2013—2014	1.0422	1.0216	1.0163	1.0039

序号	年份区间	TFPCH	TECH	TECCH	SECH
8	2014—2015	0.9905	0.9779	1.0133	0.9996
9	2015—2016	1.0223	1.0014	1.0197	1.0011
10	2016—2017	1.2488	1.0798	1.1562	1.0003
11	2017—2018	0.9767	1.0000	0.9730	1.0038
12	2018—2019	1.0366	1.0000	1.0379	0.9987
13	2019—2020	1.1950	1.0000	1.2001	0.9957
	均值	1.0300	1.0087	1.0210	1.0054

附表14 江苏省海水养殖全要素生产率与分解

序号	年份区间	TFPCH	TECH	TECCH	SECH
1	2007—2008	0.9338	0.9119	1.0330	0.9913
2	2008—2009	1.1686	1.1223	1.0468	0.9947
3	2009—2010	1.0724	1.0445	1.0284	0.9984
4	2010—2011	0.7511	0.6311	1.1481	1.0366
5	2011—2012	1.1739	1.5527	0.7570	0.9987
6	2012—2013	1.0373	0.9928	1.0448	1.0000
7	2013—2014	0.9867	0.9785	1.0161	0.9924
8	2014—2015	0.9822	0.9982	0.9785	1.0055
9	2015—2016	1.0332	1.0388	0.9810	1.0139
10	2016—2017	1.0225	0.9579	1.0549	1.0120
11	2017—2018	1.0127	1.0350	0.9776	1.0008
12	2018—2019	0.9948	1.0000	0.9936	1.0011
13	2019—2020	0.9684	0.9177	1.0727	0.9837
	均值	1.0106	1.0140	1.0102	1.0022

附表 15 福建省海水养殖全要素生产率与分解

序号	年份区间	TFPCH	TECH	TECCH	SECH
1	2007—2008	0.9044	1.0000	0.9082	0.9957
2	2008—2009	0.9508	1.0000	0.9712	0.9790
3	2009—2010	1.0219	1.0000	1.0248	0.9972
4	2010—2011	1.0105	1.0000	1.0221	0.9886
5	2011—2012	1.0338	1.0000	1.0408	0.9933
6	2012—2013	1.0497	1.0000	1.0622	0.9882
7	2013—2014	1.0313	1.0000	1.0299	1.0014
8	2014—2015	1.0083	1.0000	0.9970	1.0113
9	2015—2016	1.0192	1.0000	1.0137	1.0054
10	2016—2017	1.0397	1.0000	0.9766	1.0647
11	2017—2018	1.1339	1.0000	1.2141	0.9339
12	2018—2019	1.0606	1.0000	1.0654	0.9955
13	2019—2020	0.9933	1.0000	0.9737	1.0201
	均值	1.0198	1.0000	1.0231	0.9980

参考文献

［1］Ayres R., Kneese A. Production, Consumption, and Externalities ［J］. *The American Economic Review*, 1969, 59 (3).

［2］Battese G., Coelli T. A Model for Technical Inefficiency Effects in a Stochastic Frontier Production Function for Panel Data ［J］. *Empirical Economics*, 1995, 20 (2).

［3］Battese G., Coelli T. Frontier Production Functions, Technical Efficiency and Panel Data: With Application to Paddy Farmers in India ［J］. *Journal of Productivity Analysis*, 1992, 3 (6).

［4］Battese G., Coelli T. Prediction of Firm Level Efficiencies with a Generalized Frontier Production Function and Panel Data ［J］. *Journal of Econometrics*, 1988, 38.

［5］Blundell R., Bond S. Initial Conditions and Moment Restrictions in Dynamic Panel Data Models ［J］. *Journal of Econometrics*, 1998, 87.

［6］Brandt L., Tombe T., Zhu X. Factor Market Distortions across Time, Space and Sectors in China ［J］. *Review of Economic Dynamics*, 2013, 16 (1).

［7］Brandt L., Zhu X. Accounting for China's growth ［J］. *IZA Discussion Paper*, 2010, No. 4764.

［8］Carson R. *Silent Spring* ［M］. New York: Houghton Mifflin Harcourt, 2002.

［9］Dixit A., Stiglitz J. Monopolistic Competition and Optimum Product diversity ［J］. *The American Economic Review*, 1977, 67 (3).

［10］Easterly W., Levine R. What Have We Learned from a Decade of Empirical Research on Growth? It's not Factor Accumulation: Stylized Facts and Growth Models ［J］. *World Bank Economic Review*, 2001, 15 (2).

［11］Farsi M., Fillipini M., Kuenzle M. Cost Efficiency in Regional Bus Companies: An Application of Alternative Stochastic Frontier Models ［J］. *Journal of Transport Economics and Policy*, 2006, 40 (1).

[12] Froese R. Keep it Simple: Three Indicators to Deal with Over Fishing [J]. *Fish and fisheries*, 2004, 5 (1).

[13] Greene W H. Reconsidering Heterogeneity in Panel Data Estimators of the Stochastic Frontier Model [J]. *Journal of Econometrics*, 2005, 126.

[14] Hsieh C., Klenow P. Misallocation and Manufacturing TFP in China and India [J]. *The Quarterly journal of economics*, 2009, 124 (4).

[15] Jin L., Liu X., and Tang S. High-technology Zones, Misallocation of Resources among Cities and Aggregate Productivity: Evidence from China [J]. *Applied Economics*, 2022, 54 (24).

[16] Levinsohn J., Petrin A. Estimating Production Functions using Inputs to Control for Unobservables [J]. *Review of Economic Studies*, 2003, 70.

[17] Olley G., Pakes A. The Dynamics of Productivity in the Telecommunications Equipment Industry [J]. *Econometrica*, 1996, 64 (6).

[18] Patel C. Industrial Ecology [J]. *Proceedings of the National Academy of Sciences*, 1992, 89 (3).

[19] Pitt M., Lee L. The Measurement and Sources of Technical Inefficiency in the Indonesian Weaving Industry [J]. *Journal of Development Economics*, 1981, 9.

[20] Rothwell R., Zegveld W. An Assessment of Government Innovation Policies [J]. *Review of Policy Research*, 1984, 3 (3-4).

[21] Sadovy Y. The Threat of Fishing to Highly Fecund Fishes [J]. *Journal of Fish Biology*, 2001, 59.

[22] Van Biesebroeck J. Robustness of Productivity Estimates [J]. *Journal of Industrial Economics*, 2007, 55 (3).

[23] Van Biesebroeck J. The Sensitivity of Productivity Estimates: Revisiting Three Important Debates [J]. *Journal of Business and Economic Statistics*, 2008, 26 (3).

[24] 陈东景, 郑伟, 郭惠丽, 付元宾. 基于物质流分析方法的生态海岛建设研究——以长海县为例 [J]. 生态学报, 2014, 34 (01).

[25] 陈坚, 陈博. 宁波破解"大港小航"窘境的对策建议 [J]. 宁波经济 (三江论坛), 2021 (05).

[26] 陈俊杰, 凌旻. 宁波舟山港深耕航运服务业 [N]. 中国水运报, 2022-09-23 (005).

[27] 陈效兰. 生态产业发展探析 [J]. 宏观经济管理，2008 (06).

[28] 邓英淘. 新发展方式与中国的未来 [M]. 北京：中信出版社，1992.

[29] 翟燕霞，石培华. 政策工具视角下我国健康旅游产业政策文本量化研究 [J]. 生态经济，2021，37 (07).

[30] 葛慧，汤建华，王燕平等. 基于 SWOT-PEST 矩阵分析的江苏省远洋渔业发展研究及建议 [J]. 中国渔业经济，2020，38 (06).

[31] 金永明. 中国建设海洋强国的路径及保障制度 [J]. 毛泽东邓小平理论研究，2013，(02).

[32] 李京梅，王娜. 海洋生态产品价值内涵解析及其实现途径研究 [J]. 太平洋学报，2022，30 (05).

[33] 李周. 生态产业初探 [J]. 中国农村经济，1998 (07).

[34] 李周. 生态产业发展的理论透视与鄱阳湖生态经济区建设的基本思路 [J]. 鄱阳湖学刊，2009 (01).

[35] 梁蕊娇. 数字经济背景下生态产业高质量发展路径探析 [J]. 时代经贸，2022，19 (11).

[36] 林香红. 我国海洋渔业科技进步贡献率研究 [D]. 上海海洋大学，2017.

[37] 刘赐贵. 关于建设海洋强国的若干思考 [J]. 海洋开发与管理，2012，29 (12).

[38] 刘建波，温春生，陈秋波，彭懿. 海南生态产业发展现状分析 [J]. 热带农业科学，2009，29 (01).

[39] 罗胤晨，李颖丽，文传浩. 构建现代生态产业体系：内涵厘定、逻辑框架与推进理路 [J]. 南通大学学报（社会科学版），2021，37 (03).

[40] 米俣飞. 产业集聚对海洋产业效率影响的分析 [J]. 经济与管理评论，2022，38 (02).

[41] 倪乐雄. 中国海权战略的当代转型与威慑作用 [J]. 国际观察，2012，(04).

[42] 彭超. 我国海岛可持续发展初探 [D]. 中国海洋大学，2006.

[43] 秦曼，刘阳，程传周. 中国海洋产业生态化水平综合评价 [J]. 中国人口·资源与环境，2018，28 (09).

[44] 任洪涛. 论我国生态产业的理论诠释与制度构建 [J]. 理论月刊，2014 (11).

[45] 邵文慧.海洋生态产业链构建研究[J].中国渔业经济,2016,34(05).

[46] 施含嫣.浙江省海洋渔业资源可持续开发利用研究[D].南昌大学,2020.

[47] 王芳.中国海洋强国的理论与实践[J].中国工程科学,2016,18(02).

[48] 王金南,王志凯,刘桂环,马国霞,王夏晖,赵云皓,程亮,文一惠,於方,杨武.生态产品第四产业理论与发展框架研究[J].中国环境管理,2021,13(04).

[49] 王如松,杨建新.产业生态学和生态产业转型[J].世界科技研究与发展,2000(05).

[50] 王肖丰,洪宇翔,唐伟耀.携手构建全球港航命运共同体[N].中国交通报,2021-10-22(008).

[51] 王琰,杨帆,曹艳,张锐.以生态产业化模式实现海洋生态产品价值的探索与研究[J].海洋开发与管理,2020,37(06).

[52] 邬益川,王智祖,周云霄,等.东海区科技兴海产业示范基地发展模式研究与探索[J].海洋开发与管理,2017,34(08).

[53] 谢峰,张敏,陈新军."十四五"上海市远洋渔业科技发展思路与重点任务研究[J].水产科技情报,2021,48(03).

[54] 杨正勇.论渔业资源与环境经济学的研究体系[J].高等农业教育,2011(09).

[55] 叶士琳,曹有挥.地理学视角下的港航服务业研究进展[J].经济地理,2018,38(11).

[56] 叶向东,叶冬娜,陈思增.现代海洋战略规划与实践[M].北京:电子工业出版社.2013:95.

[57] 殷克东,卫梦星,张天宇.我国海洋强国战略的现实与思考[J].海洋开发与管理,2009,26(06).

[58] 张军,吴桂英,张吉鹏.中国省际物质资本存量估算:1952—2000[J].经济研究,2004(10).

[59] 张耀光.中国还有经济地理学[M].南京:东南大学出版社,2015.

[60] 赵海滨.政策工具视角下我国清洁能源发展政策分析[J].浙江社会科学,2016(02).

[61] 赵昕.海洋经济发展现状、挑战及趋势[J].人民论坛,2022(18).

[62] 郑莉,林香红,付瑞全.区域海洋渔业科技进步贡献率的测度与分析——基于面板数据模型的实证[J].科技管理研究,2019,39(12).

后 记

《东海海洋经济高质量发展的实践与探索》是一本关于东海地区海洋经济发展的专题研究书籍，它凝聚了宁波大学东海研究院和浙江省海洋发展智库联盟诸多专家学者和年轻学子们的集体智慧和共同努力。

在这本书中，我们对东海地区在海洋经济领域取得的实践经验和创新成果进行了全面系统的剖析和深入的研究。通过对东海各行各业相关企业、科研机构、政府部门等主体进行调研和案例分析，揭示了其中蕴含的成功之道和值得借鉴的经验。

在撰写过程中，我们也面临了许多挑战。从资料收集到论证推理，每一个环节都需要我们付出极大的努力。但正是这些困难与挑战，让我们更加深入地理解了东海地区海洋经济发展面临的问题和机遇。我们希望通过这本书的出版，能够引起更多人对于海洋经济发展的关注，并为推动东海地区乃至全国范围内的海洋经济高质量发展贡献自己的智慧与力量。

本书得以顺利完成并出版，我要感谢参与本书撰写的团队成员，陈琦、余杨、靳来群、朋文欢、蒋伟杰、余璇、于冰分别主笔完成了第一、第五、第三、第四、第五、第七和第八章，博士生马劲韬主笔完成了第二和第六章。感谢黄晖副教授参与撰写第六章。感谢陈琦和马劲韬对全文的通稿和校对。本书能得以顺利完成，还要感谢我的研究生团队，感谢博士研究生魏昕伊、靳玥和蔡丹丰，感谢硕士研究生王睿敏、单亦轲、吴正杰、曹诗媛、黄黎静和林龙协助校稿。

我们要感谢所有为本书付出辛勤努力的作者们和参与者们，同时也感谢出版社和编辑团队给予我们的支持和帮助。

希望读者们能够从中获得启示和收获，进一步加强学术界与实践界之间的互动与合作，共同推动东海地区乃至全国范围内的海洋经济高质量发展。

限于我的经验、学识和创新能力，书中难免存在错、误、谬、浅、漏之处。敬请各位同仁不吝赐教。作为第一作者，也是全书的负责人，我本人对本书稿可能存在的所有瑕疵和问题承担全部责任。

胡求光写于 2022 年 12 月 30 日